致敬经典的冬日编织

日本宝库社　编著　　蒋幼幼　如鱼得水　译

河南科学技术出版社
·郑州·

keitodama

目　录

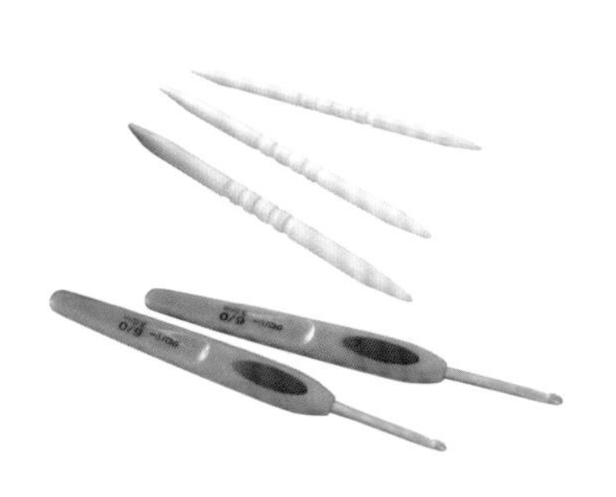

芬兰

芬兰编织爱好者们的夏日编织盛典

上/Titityy毛线店内。有很多美丽的毛线
下/编织艺术节会场的入口

2023年7月上旬，中芬兰区最大的城市于韦斯屈莱（Jyväskylä）举办夏季编织艺术节。2023年是新冠疫情以来的第二届，如果从第一届2016年算起，已经是第五届了。编织艺术节并不局限于夏天，每年还会举办几次流行的编织展，相关情况也会在Instagram（照片墙）上公布。

2023年是7月6~9日举办的。主办方是芬兰有名的毛线店Titityy。Titityy本义形容的是欧洲大山雀的叫声。毛线店所在的Toivolan Vanha Piha是本次展会的会场。这里有着中芬兰区古老的街道，还有中芬兰区地方博物馆。2022年夏天的编织艺术节有超过6000人参观，据说2023年来参观的人更多。7月6日是周四，街上可以看到很多边走边织毛衣的人。周五和周六的编织讲习会在市政府会议室举行。

讲师都是在芬兰很有人气的编织设计师。近年来，他们经常在Instagram上发布编织信息，让人感觉很亲近，但有机会亲眼见到这些设计师，还是更加令人兴奋。在新冠疫情之前，其他国家的著名编织设计师也来举办过讲座，主办方说，新冠疫情结束了，今后还想再邀请这样的设计师。在编织艺术节的会场内，染色家们销售着原创的毛线。平时只能通过网上购买，所以对于粉丝们来说，这是切实体会毛线质感的绝佳机会。

在室外快乐地编织。日落很晚，可以编织到很晚

除此之外，每天晚上场内都有音乐会，可以一边织毛衣一边体验各种活动。7月初的日落时间是23点左右，所以晚饭后在室外织毛衣也十分明亮。一边享受着短暂的夏天，一边享受着编织的乐趣，真是完美。芬兰编织爱好者们的夏日编织盛典今后会越来越热闹。

撰稿/兰卡拉美穗子

法国

在新冠疫情中开业的巴黎毛线店

上/毛线编织的轻便运动鞋造型的婴儿靴。充满巴黎的气息
下/戴着原创设计的帽子的店主格拉西亚努·菲佐

由于席卷全球的新冠疫情，巴黎的手工艺商店也有一些被迫闭店停业。不过，有一个令人振奋的消息：Elie Fitzo毛线店开业了！地点是蒙马特。众所周知，这一带是大型针织和手工艺商店聚集的地方。

格拉西亚努·菲佐是一位非常喜欢手工制作的店主。店内墙面的架子上，毛线密密麻麻，直抵天花板，美观且一目了然。另外，还放着织好的帽子和包，这些都是店主自己设计和编织的。可以参考这些样品编织相同或者不同颜色的东西，也可以直接购买成品。现场采访期间，有几对来访的母子（母女）试戴了几顶帽子，然后买走了喜欢的。这里的东西，承担着满足以与众不同为座右铭的巴黎人的欲求的作用，也接受定制。

店里有名为“WASHI”的宛如和纸的黏胶纤维，也有店主独创的颜色。另外，常见的毛线和棉线也有很多，仔细看它们的颜色就会感受到一种微妙的考究质感。格拉西亚努女士眼光独到且很有品位，为大家挑选了许多精美的线材。从她的职业经历来看，这也不难理解，开店之前，她曾在高奢时装品牌Givenchy（纪梵希）工作了40年。

买下旧的毛线店，改造成全新感觉的Elie Fitzo毛线店，以毛线为主，也经营灯罩。如果你去巴黎，一定要来这里看看。

撰稿/后藤绮子

Elie Fitzo毛线店

英国

势头有增无减？装饰邮筒的“帽子”

威尔士街道的广场上，树上装饰着钩编的彩旗

为了感谢在新冠疫情3年期间工作在一线岗位上的人们，英国民间自发举行了一场给邮筒戴上帽子的编织活动（post box toppers）。实际上，历经3年，这场活动进一步升级了。

《毛线球35》的“世界手工新闻”中也介绍过此项活动，它起初是为了赞扬在封锁森严的日子里，为大众的生命健康辛苦工作的医疗工作者。电视和报纸等各种媒体也多次报道过，它已经完全成为英国人熟悉的存在。虽然在大众眼中这项活动因新冠疫情而起，但根据英国皇家邮政集团介绍，最早的“邮筒帽子”起源于2012年的圣诞节。但是，广泛传播到全英国范围内，是这几年发生的事情，而且，这种势头有增无减。

教会前的“邮筒帽子”，以牧师为中心进行邮筒装饰

邮筒装饰编织的主题，有来自当地特产和象征物的，有涉及圣诞节、复活节等节日活动的，还有纪念女王伊丽莎白二世即位70周年的白金禧年，也有纪念逝世的国王查尔斯三世加冕仪式的等，很多主题都和英国王室的重大事件有关。可以说，只要是有创意的装饰主题，任何想法都可以做成“邮筒帽子”。据说，夏天去威尔士度假时，一位喜欢编织的女性用钩针编织的装饰品装饰了整条街道，还在邮箱上方装饰了威尔士的象征——红龙。据说，这件事情前不久还被当地媒体报道过。

最近在手工制作网站上也能看到装饰图案和成品在销售。我还发现一个写着“如果你喜欢这个邮筒装饰，希望你能捐款”的邮筒，可以通过旁边的二维码向当地教会捐款。

虽然邮筒装饰已经完全多样化，有各种各样的类型和设计，但基本都是用钩针编织而成的。它具备让看到的人感受到快乐进而不禁扑哧一笑的幽默感，这点也是很重要的。

撰稿/坂本美雪

2022年女王伊丽莎白二世即位70周年庆典之际，出现了这种造型的邮筒装饰

右上/上面用威尔士语写着“欢迎光临”，红龙在向前来观光的游客们问候
右下/装饰主题是公园的风景
下/曾经是市场的伦敦科文特花园的邮筒上，装饰着卖花女

Nostalgic

再编一次
令人怀念的圆育克毛衣

胸前点缀着几何花样或传统花样。带着怀旧气息的圆育克毛衣，
有些款式只需要环形编织，不需要缝合，胁边平整稳定，非常好穿，这也是它的魅力之一。
大家不用拘泥于编织经典的款式，尽情设计属于自己的圆育克毛衣穿上吧。

photograph Shigeki Nakashima styling Kuniko Okabe,Yuumi Sano hair&make-up Chie Ishikawa model ALICE (171cm),Henri (180cm)

Yoke Knit

古典花样的圆育克毛衣

古典的编织花样，改变其中1列的颜色，就会给人耳目一新的感觉，形成时尚的设计。慢慢减针，编织花样也越来越小，配色花样带着圆育克特有的韵律。

设计 / 风工房
编织方法 /102 页
使用线 /itoito

配色编织的插肩袖款圆育克毛衣

这是一款环形编织的插肩袖款式的圆育克毛衣。粗花呢色调的毛线编织的配色花样，通过改变配色线的颜色，形成渐变色的感觉，可以在编织过程中体验色彩变化的乐趣。

设计 / 宇野千寻
编织方法 /100 页
使用线 /Keito

复古风格
圆育克毛衣

传统的复古风格编织花样，只运用在育克部分。背部的育克部分只编织少许配色花样，其他用配色线做下针编织。普通的套头毛衣款式，很适合不喜欢环形编织的人。

设计 / 冈 真理子
制作 / 水野 顺
编织方法 /97 页
使用线 / 毛线 Pierrot

Nostalgic York Knit

植物图案
圆育克毛衣

对比鲜明的色彩搭配，让传统的圆育克毛衣带给人全新的感觉，华丽中带着几分可爱。植物图案很容易让人想起北欧花样，非常适合使用柔和的色调编织，穿在身上毫不张扬，而且非常雅致。

设计 / 奥住玲子
编织方法 /99页
使用线 / 毛线Pierrot

现代风格的圆育克毛衣

如果不喜欢传统的毛衣，就一定要尝试一下这一款。充满现代感的设计和色彩搭配非常引人注目，充满动感的编织花样和配色花样的组合，令人耳目一新。穿着这样一件毛衣出门，一定会收到很多赞美。

设计 / 笠间 绫
编织方法 /104 页
使用线 / 手织屋

中性圆育克毛衣

这款圆育克毛衣使用了正统的怀旧风格配色花样，中性的款式，宽松的衣身和衣领，男女都可以穿着。色调柔和、大方，不会过于显眼，可以说是非常经典的圆育克毛衣。

设计 /YOSHIKO HYODO
制作 / 仓田静香
编织方法 /106 页
使用线 / 手织屋

镂空花样纯色圆育克毛衣

这款花样优美的圆育克毛衣使用了灯笼袖的设计，收紧的袖口也精心设计了花样。镂空花样的运用，给毛衣增添了雅致的感觉。没有使用配色编织，既可以搭配女孩子喜欢的荷叶边裙装，也可以搭配男性化的牛仔风格衣物。

设计/岸 睦子
编织方法/114页
使用线/奥林巴斯

拉针花样圆育克毛衣

圆滚滚的拉针花样圆育克毛衣，很想也给自己编织一件。配色和花样的组合堪称绝妙，让人感受到遇见全新的圆育克毛衣的可能性。

设计 / 河合真弓
制作 / 石川君江
编织方法 /108 页
使用线 / 奥林巴斯

北欧风格圆育克开襟毛衣

前后身片连在一起编织，育克的花样交界处，设计了雅致的装饰。充满女人味的款式，很适合搭配在短款衣物外面穿着。沉静的北欧风格色调，也很适合成人穿着。

设计 /yohnKa
编织方法 /112 页
使用线 / 内藤商事

几何图案圆育克毛衣

几何图案和圆育克是绝妙的搭配。渐渐收缩的编织花样，不会过于张扬。巧妙的配色，让平面的编织花样充满立体感，仿佛是那些给人错觉的神奇绘画，非常有趣。

设计/伊藤直孝
编织方法/110页
使用线/内藤商事

Nostalgic York Knit

圆育克毛衣的编织要点

圆育克毛衣的编织方法，大致可以分为从领口向下编织和从下向上编织两种。
育克编织大多使用环形编织的方法，因为一直看着正面编织，所以比较适合初学者。
较少需要缝合，对于讨厌缝合的人来说，这一点也是魅力之一。

从下向上编织

身片和衣袖，均是从下向上编织（不限于环形编织，有时也会往返编织进行缝合），然后三片连在一起编织育克。育克部分需要减针，随着编织的进行，针目不断减少，会感觉越来越轻松。编织花样有时会变成非常不可思议的图案，只要对齐相同标记编织即可。

从领口向下编织

用平面的编织方法图表示立体的织物，有时只看编织图会觉得它的形状很奇特，或者有很多对齐标记，乍看之下编织方法很复杂，但实际编织起来则会比想象中简单很多。育克部分完成之后，身片和衣袖的针目要分开编织，三个部分分别做环形编织。

编织圆育克毛衣
特别推荐使用可拆卸式环形针

软线一头套上扣头，环形针还可以当作2根针使用。

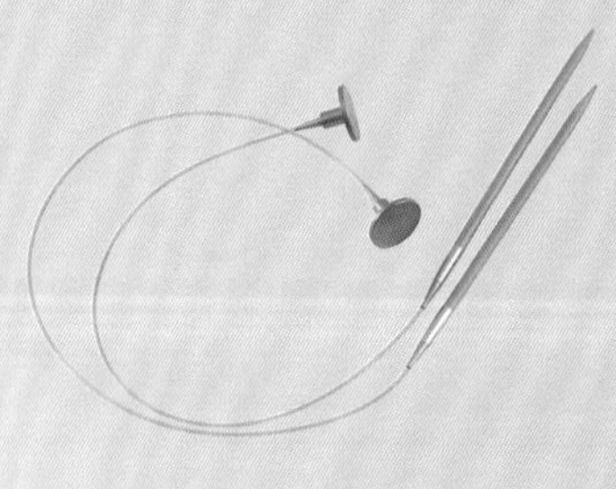

在编织中途，转接头成为软线的一部分。

在编织中途休针时，可以取下针头，套上扣头。从领口开始编织时，编织完育克将衣袖和身片分别编织时，就需要将相应的针目移到其他软线上休针，套上扣头会很方便。

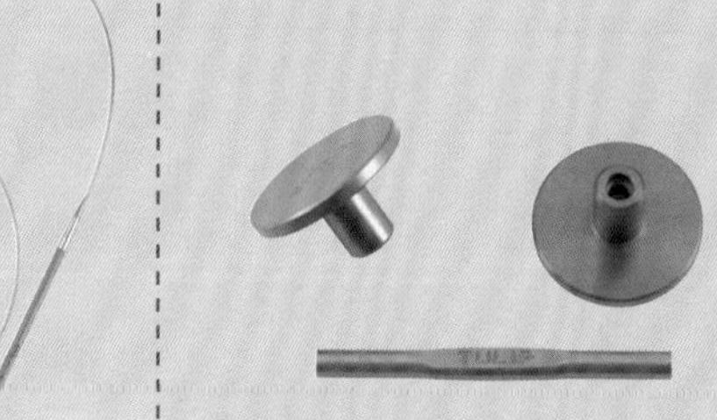

使用转接头将2根软线连接在一起。如果有转接头，可以随时将环形针改成需要的长度。有时也用于休针的情况。

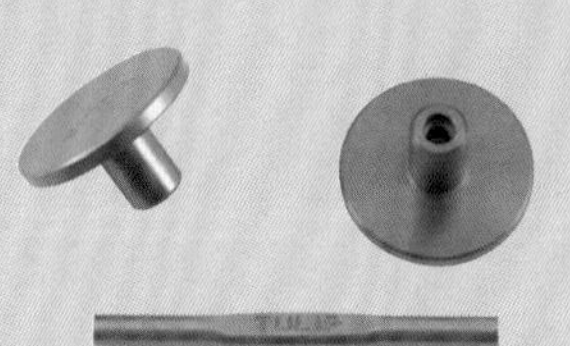

这是非常不可思议的扣头和转接头。在软线端头套上扣头，可以防止针目脱落。转接头可以将软线连接在一起。

因为圆育克毛衣经常要一圈圈环形编织，所以特别推荐大家使用环形针。如果有一副软线可拆卸式环形针，会更加方便。

[第29回] 野口光的织补缝大改造

织补缝是一种修复衣物的技法，在不断发展、完善中。

野口 光

创立“hikaru noguchi”品牌的编织设计师。非常喜欢织补缝，还为此专门设计了独特的蘑菇形工具。处女作《妙手生花：野口光的神奇衣物织补术》中文简体版已由河南科学技术出版社引进出版，正在热销中。第2本书《修补之书》由日本宝库社出版。

【本期话题】

和传统的费尔岛毛衣争辉的荧光色

photograph Toshikatsu Watanabe styling Terumi Inoue

本期使用的织补工具

这件传统的费尔岛开襟毛衣，来自设得兰群岛。大约30年前入手，但其实一次也没有穿过。每年到了秋天，拿出来想穿的时候，套上之后站在镜子前一看，虽然大小很合适，但总觉得似乎哪里不太对劲。这件开襟毛衣，手感说不上特别好，也不算特别结实，V领的款式也不太保暖，仿佛它就是一个开襟毛衣外形的“物件”，一年一次拿出来欣赏一下。 但是它实在太有韵味了！花样和配色自不必说，罗纹针和纽扣也非常漂亮。这样美好的东西能为自己所有，何其有幸！

这件开襟毛衣上，出现了几处虫蛀的孔洞。我尝试使用可以再现编织针目纹理效果的瑞士织补技法进行了修复。一边幻想着能再现优美的费尔岛花样，一边使用荧光色的羊毛线一针一针进行修复。如此完美的款式，竟然遭到了虫蛀，不断用色彩鲜明的荧光色羊毛线进行修复，它们的搭配会诞生怎样的交响曲呢？真令人期待不已。

[第21回] michiyo **四种尺码的毛衫编织**

本次介绍的是非常适合当作外套穿着的阿兰花样的开襟毛衣。
经典的灰蓝色，穿起来一定不会出错。

photograph Shigeki Nakashima styling Kuniko Okabe,Yuumi Sano hair&make-up Hitoshi Sakaguchi model XENIA (176cm)

阿兰花样的开襟毛衣

想要一款像阿兰花样的围巾那样温暖的开襟毛衣，然后就设计成了这种款式。使用稍粗的线材，很快就可以编织好，这也是优点之一。

前门襟重叠穿着，前身片斜向的效果，不是在前门襟减针，而是在胁边均匀减针形成的。袖窿针目平整，减针很容易看明白。

下摆的罗纹针稍宽，将其拉伸到指定尺寸后熨烫定型，以免收缩。

这款在胁边缝上带子的毛衣，前后身片分开编织然后缝合胁边，会更平整且不易变形。

这款略厚的开襟毛衣非常暖和，在数九寒天到来之前都可以一直穿着。可以说，它是一款名副其实的冬季毛衣。

这款开襟毛衣像一件宽松的外袍，可以当作外套穿着。前门襟设计了阿兰花样，增加了保暖性。前身片整体都布局了花样，前端斜着的线条是在肋边减针形成的效果。编织花样部分没有减针，所以编织起来相对轻松。

制作/饭岛裕子
编织方法/117页
使用线/芭贝

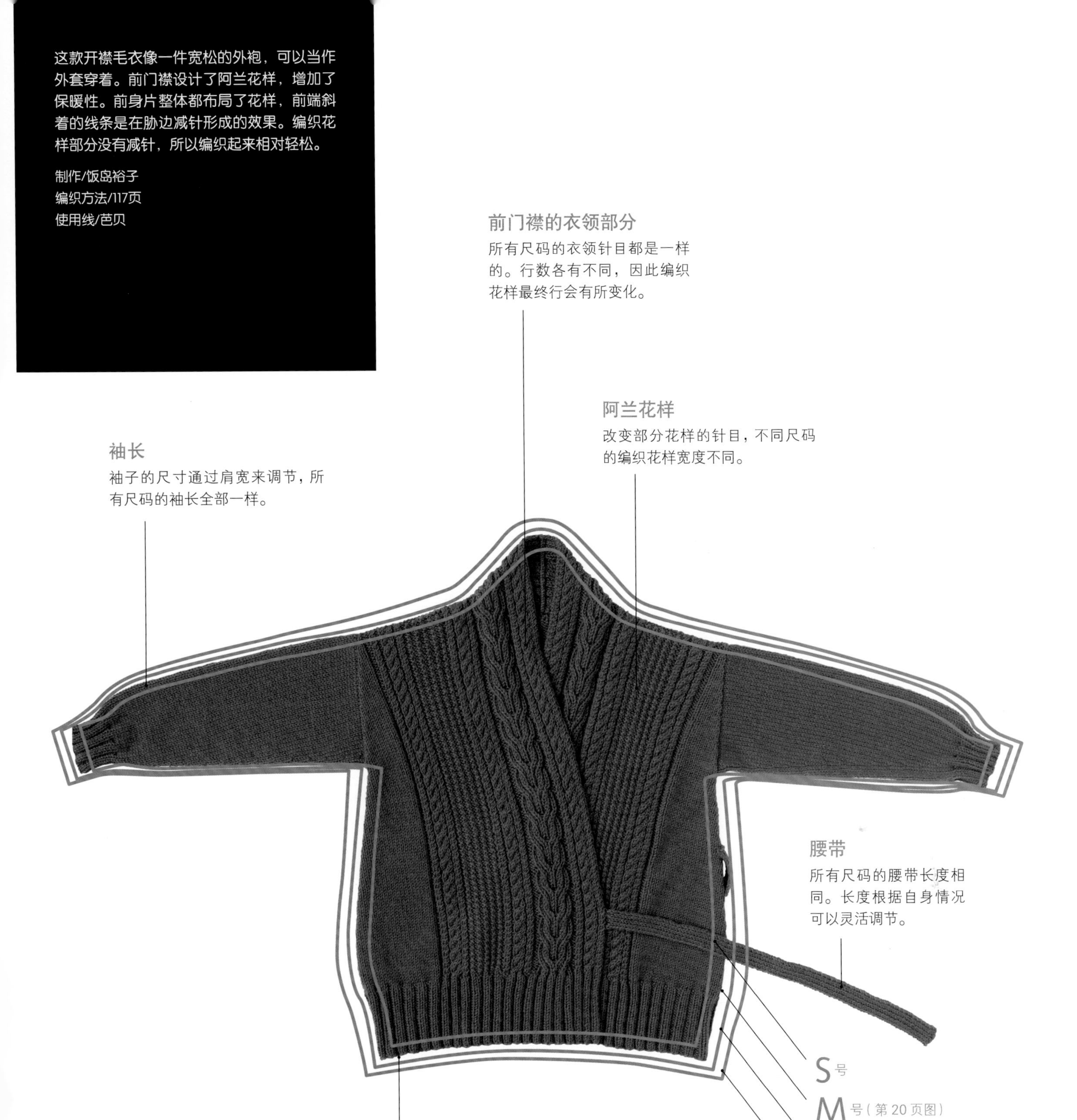

michiyo

曾在服装企业做过编织策划工作，1998年开始以编织作家的身份活跃。作品风格稳重、简洁，设计独特，从婴幼儿到成人服饰均有涉及。著书多部。现在主要以网上商店Andemee为中心发布设计。

以编织花样为基础调整尺寸，尺寸大小并不均匀。

孜孜以求，步履不停

「凪」

photograph Bunsaku Nakagawa text Hiroko Tagaya

用万寿菊染色后纺成的毛线

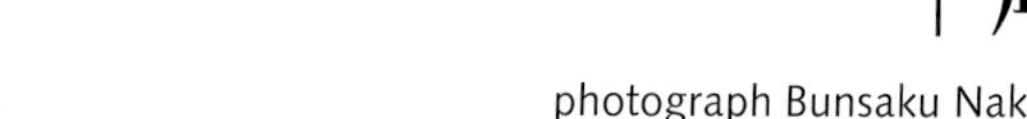

常用的一部分工具

阿兰毛衣是最喜欢的毛衣之一

用第一份工资购买的纺车

采访当天完成的费尔岛毛衣

凪(Nagi)
出生于日本神户，现居东京都。是一名爱好音乐和时装的公司职员。喜欢古着，因此被传统编织的魅力所吸引。在美国留学期间接触到芬兰的科什奈斯毛衣，以此为契机，短时间内陆续自学了多种传统编织技法。因为“想用自己纺的线编织”，所以现在正在学习手工纺线。也很喜欢骑行和户外活动。
Instagram: nagis_knits

本期邀请的嘉宾是凪，他编织的传统花样毛衣在社交网站上备受好评。这么雅致的名字是他的真名，据说是母亲希望他成为“沉着稳重的孩子”而取的。不负所愿，26 岁的他比同龄人更加成熟稳重，或许是因为包括编织在内，他的各种兴趣爱好都很传统吧。“也没有那么好（笑）。只是在购买衣服前，我喜欢研究一下那件衣服的细节。”

衣服的细节？

“比如，有一个叫 Lee 的牛仔服装品牌。Lee 的牛仔夹克衫前身片的纽扣是金属的，后身片的纽扣是塑料的。查找原因后才得知是为了避免骑马时受伤。有据可查的细节处理让我感觉很有意思。”

喜欢一探究竟的性格不只表现在服装上，他好像对所有的事物都是如此。比如，发现喜欢的乐队时就开始寻根溯源，听说他对 20 世纪 50 年代的摇滚乐也了如指掌。一直热衷于探求事物本源的凪对传统纹样产生兴趣或许也是必然的吧。虽然已经编织了好多件毛衣，其实编织经历竟然只有 9 个月。

“我本来就很喜欢时装，也在古着店买过毛衣。那是一件 Jamieson's（英国著名的羊毛公司）的设得兰毛衣，标签上写着英格兰制造，我想应该是件不错的毛衣吧（笑）。经过一番搜索发现，原来是温莎公爵和保罗·麦卡特尼也爱穿的传统毛衣，于是更加喜爱了。或许就是从那时候开始喜欢毛衣的吧。”

从那以后，探索的速度越发惊人。“我还从当地购买了阿兰和洛皮等传统花样的毛衣。但是没找到科什奈斯毛衣，所以才开始自己动手编织的。当知道还会用到钩针时我不禁愕然，不会吧？（笑）练习钩针也好，条纹针也罢，都挺难的。”

无论是阿兰、洛皮毛衣，还是其他毛衣，不断地买回来，不断地编织。

“阿兰毛衣有着类似家族标志的氏族纹样，我选择了其中设计可爱、名字发音也很相似的 MAGEE 氏族纹样（笑）。”

要说当初为什么会被编织所吸引，“以冰岛毛线 Alafosslopi 为例，您不觉得质感有点粗糙吗？有极粗的部分，也有纤细的部分，甚至还夹杂着干草。我很喜欢这种手作的感觉，或者说是不那么完美、有点杂乱的感觉。我希望编织的毛线也能有这种手作的感觉，便想尝试一下自己动手纺线。”

成功编织出最先接触的设得兰毛衣是开始编织时的目标。如今已经达成了这个目标，接下来的计划是用购买的纺车学习如何纺线。

“我喜欢时装的各个方面，而编织的整个过程都可以手动完成这一点深深吸引着我。无论编织，还是纺线，一切才刚刚开始，我会继续努力的。”

一向喜欢探索各种事物本质的凪会纺出什么样的毛线呢？让我们一起期待凪今后的发展。

1/他说还是对传统编织更感兴趣。图中是喜欢的氏族纹样　2/户外活动时也不忘编织的凪　3/将女款毛衣调整尺寸后编织给自己穿（自学）　4/向我们展示了常用的工具　5/第一次纺的毛线。现在正在学习手工纺线　6/有的地方可能比较粗糙，但是从作品中可以看到他很大的潜力和惊人的学习能力　7/穿上亲手编织的毛衫，很上镜　8/使用的是新西兰制造的纺车　9/还拥有一台梳理机。很专业的样子　10/处理线头的动作也非常娴熟

1	2	3
4	5	6
7		8
9	10	

amuhibi+ROWAN品牌 饱含空气的毛衣

轻柔的毛线，温暖蓬松。
编好的毛衣穿在身上柔若无物，而且温暖至极。

photograph Shigeki Nakashima styling Kuniko Okabe,Yuumi Sano hair&make-up Chie Ishikawa model ALICE（171cm）

蜂窝花样宽松套头衫

使用纤维较长的毛线，编织蜂窝花样，呈现若有若无的镂空感。轻柔的手感，让心情也变得轻快。前后身片有差行，款式宽松，长度适中，取得一种恰到好处的平衡感。它还可以搭配时尚的衣物穿着哟！

设计/梅本美纪子
制作/中山佳代
编织方法/120页
使用线/ROWAN

短袖V领短上衣

等针直编的短身片，宽松的袖窿，马海毛特有的蓬松质感又带来了几分可爱的感觉。随意套在衬衫外面，就会给人很时尚的感觉。搭配连衣裙也非常漂亮。

设计/梅本美纪子
制作/中山佳代
编织方法/119页
使用线/ROWAN

A

B

C

简单，有趣
来自 Keito

供应来自世界各地的独特纱线
只为与您分享编织的乐趣
网店通过“世界购物车”服务
支持全球配送

世界手工艺纪行㊼（罗马尼亚）

特兰西瓦尼亚的传统刺绣

伊拉索绣

采访、撰文/谷崎圣子　摄影/Ferencz Anikó（p.28上、A~H），谷崎圣子（p.28下、p.30、I、J），森谷则秋（K），Vargyasi Levente（L）　协助编辑/春日一枝

绳子一般粗厚的刺绣针脚栩栩如生地勾勒出了宛如绳纹的植物图案。伊拉索绣（Írásos）是特兰西瓦尼亚地区（Transylvania）的代表性传统刺绣。使用由锁链绣变化而来的“开口锁链绣”技法，仅用单色线就可以清晰地绣出原生态的自然景致，仿佛一个个精彩的童话世界。

俯瞰卡罗他塞古地区佩特里村的风景。羊群在平缓的山丘上悠闲地散步

伊拉索绣的历史

特兰西瓦尼亚位于罗马尼亚的西北部，三面环绕着喀尔巴阡山脉（Carpathian Mountains），在第一次世界大战前很长一段时间都是匈牙利王国的一部分。无论从地理还是历史角度看都比较独特的这片土地到处散发着古色古香的欧洲气息。

位于该地区中心的克卢日纳波卡（Cluj-Napoca）曾经被称为科洛斯堡（Kolozsvár），居住着匈牙利人。在其西侧是绵延起伏的平缓山丘，散布着大约30个村庄，这里就是卡罗他塞古（Kalotaszeg，卡罗他河三角洲的意思）。贫瘠的山丘并不适合农业，所以自古以来男性以木雕为业，女性以刺绣和织布维持生计。

古代的伊拉索绣主要用于装饰床铺。从美术史学家马洛纳伊·德热（Malonyay Dezső）的著作中可以了解到，大部分伊拉索绣都是绣在枕套或者长布条上的，与现代受贵族刺绣影响的不对称作品相比，多为细线条的图案。从19世纪后半期开始，随着朱红色和黑色羊毛刺绣线的普及，出现了很多一眼无法分辨的复杂图案。而且，据说19世纪之前，也有更为小巧的伊拉索绣（锁链绣）。

其中用于婚礼和葬礼的长布条是古老的绣品，将布条缠在公牛的角上，让其走在迎亲或送葬队伍的最前面。仪式结束后，再将布条挂到床上架设的木棍上作为装饰。以前，人们还会在这里挂上衣服等物品，相当于衣柜的作用。另外，年轻女性罩衫的袖子部位也会绣上几何图案的伊拉索绣。

到了19世纪末，卡罗他塞古精美的服饰广受好评，甚至引起了民俗学家、美术史学家和艺术家们的关注。不仅哈布斯堡王室，就连维也纳和布达佩斯上流阶级的王公贵族也对其青睐有加，顿时卡罗他塞古的刺绣作品在整个欧洲声名鹊起。据说当时的伊丽莎白王后也对卡罗他塞古的抽纱绣白色床单一见钟情并下了单。卡罗他塞古出生的加尔马蒂·齐格（Gyarmathy Zsigáné）女士在各地介绍卡罗他塞古的手工艺，同时在文字工作方面也做出了很大贡献。据说她为村里的女性们带来了订单，她还将当时小巧密集的伊拉索绣图案放大延长，为了迎合贵族的喜好提议用白色线刺绣，虽然褒贬不一。

从一战到二战期间，科尼娅·朱拉（Kónya Gyuláné）女士接过了这副重担，结合当时的流行趋势对卡罗他塞古的伊拉索绣和抽纱绣进行了调整，设计出了适合城市销售的腰带、鞋子、宴会包、童装等，并且用故乡巴尔克村（音译，下同）的伊拉索绣设计了一款男士背心。

20世纪后半期，辛科·卡塔林（Sinko Kalló Katalin）女士开始收集伊拉索绣的图案，并在1980年出版了一本图案集《卡罗他塞古的大型伊拉索绣》。再加上当时民俗文化复兴热潮的影响，城市里刺绣的人也越来越多，伊拉索绣备受喜爱。另一方面，在卡罗他塞古的很多村庄，用古老的方法绘制图案的传统也在一定程度上得以延续下来。

图案和技法

伊拉索绣正如词根ír（写，画）所示，第一步是直接在布面上描绘图案。郁金香、玫瑰、马郁兰、叶子、爱心、小鸟、花瓶等基础图案的种类其实并不多。不过最大的特点是，构图和图案的组合可以自由发挥，演绎出无穷变化。通常情况下，图案不会单独出现，而是采取连续花样的形式。因此，绝对不会单调，反而呈现出富有生机和活力的节奏感。

佩特里村的村民们正在门前刺绣。这是过去稀松平常的场景，如今几乎看不到了

A/捷尔摩诺斯托尔村的“清洁屋”。放了9个枕套的床铺、窗帘、彩绘的盘子和水壶装饰着整个房间　B/19世纪末到20世纪初制作的婚嫁用品——长条的装饰布　C/科尼娅女士设计的巴尔克村男士背心。从20世纪中期开始，村里将其作为民族服装穿着　D/应该是用于床头装饰板上的挂毯，上面还绣有文字

辛科・卡塔林女士将图案的构成细分为7种。第1种名为"枝丫"，主要有5个分枝的构图（图E）；第2种是以家徽、爱心、刀等图案为主的构图（图H）；第3种正方形构图和第4种圆形构图，都是从中心向外呈放射状展开的图案（图F）；第5种是横向连续图案（图I）；第6种是设计在转角的图案（图J）；最后一种是常用于罩衫上的几何连续图案（图G）。

村里绘图的手工艺人在绘制图案时，一般使用图案的纸型，细节部分则徒手仔细地勾勒。因为不是全部描摹，所以很多情况下制好的图案仅此一件，发展到现代积累了大量的设计。

在伊拉索绣的中心地区且非常有名的巴尔克村有一位著名的手工艺人文森·伊丽莎白（布吉奶奶）。辛科・卡塔林传承了科尼娅女士的图案，而布吉奶奶将这些图案收集起来，从1960年代开始自己绘制图案。其中有枕套、挂毯、桌布、床单、背心的手绘图案。布吉奶奶贯彻的原则是，忠实于上游地区的传统图案，只做最小限度的调整，她坚持画图到2017年左右。

巴尔克村的绘图手工艺人布吉奶奶。她正在用玻璃笔描绘着图案

现居佩特里村的托罗古妮・安娜奶奶一直用自己设计的花样和新的构图方法制作图案。当在教堂做礼拜看到前排座位上女性的围巾花样时，她就会将该花样用到新的图案中，形成自己的独创风格。不过，仅靠一人设计、曾一时流行的图案还不能称为传统图案，只有被集体接受并传至后代的才能被称为传统图案。安娜奶奶绘制的图案后来被制作成挂毯装饰在教堂的墙壁上，也成为村里不可缺少的一部分。

伊拉索绣

佩特里村的人们常说："刺绣精湛的人即使不擅长手绘图案，也能制作出优秀的作品。而不擅长刺绣的人即使图案画得再精美，也制作不出好作品。"但是，只有同时拥有绘制图案的手以及绣出精美图案的手，才能发展出刺绣文化。伊拉索绣是1940年代一位牧师夫人传入佩特里村的，并没有太长的历史，但是从20世纪后半期到21世纪初期，可以说佩特里村已然成为伊拉索绣的发展中心。

伊拉索绣的背景

过去，每个家庭都有一个叫作"清洁屋"的空间。与日常生活空间不同，也可以称其为"神圣的空间"。婚丧嫁娶等各种人生重大仪式都会在这个房间举行，刺绣作品就会用来装饰这个房间。高高地叠至天花板的枕套、一层加一层的床单，还有挂毯和桌布，全部都是女性们亲手绣制的。在卡罗他塞古的部分地方，伊拉索绣的各种物品就承担了这样的作用，为村民们的人生重要节点增添色彩。看着母亲制作的刺绣成长的少女以此为榜样也会自己拿起针，不久就会准备好自己的全套嫁妆，迎接出嫁的日子。世世代代女性们重复着这样的循环，逐渐变成了习俗。这是村庄的传统刺绣，许多名不见经传的设计师和手工艺人们将其传承至今。

另一方面，如果发生了不幸的事，红色刺绣就会被换成黑色刺绣，从节庆的颜色换成丧葬的颜色。在房间里重叠着放上刺绣或纺织的黑色挂毯和枕套，装饰成祭坛，就变成了吊唁死者的空间。另外，使用刺绣的床单作为陪葬品的习俗一直延续至今。如上所述，女性的手工艺与人们的生死紧密相关。

即使现代不再在家里举行传统的婚礼和葬礼，伊拉索绣的各种用品仍然是卡罗他塞古的加尔文派教堂不可缺少的室内装饰。在手工刺绣包围的空间内，一个人出生时接受祝福新生儿的洗礼，长大后通过洗礼仪式宣告成人，然后与心爱的伴侣举行婚礼，最后在黑色的丧葬颜色中与世人告别。同样，在这里一起迎接春天，一起挥别冬天，四季轮回，周而复始。

有时会听到这样的感叹，村子里已经没有人传承刺绣了，不仅如此，离开村子的女性们对传统刺绣根本不感兴趣。当今，无论社会还是个人都处在瞬息万变的浪潮中。即便如此，特兰西瓦尼亚的匈牙利人依然需要身份认同才能延续自己的存在。这个身份可以是语言、文学、历史、音乐、服装，也可以是刺绣。与村民生活息息相关的传统刺绣伊拉索绣，作为特兰西瓦尼亚的匈牙利人的精神依托，相信今后也会继续传承下去。

熟练刺绣的双手也有一种别样的美

E/伊拉索绣的代表性构图“枝丫”。佩特里村，20世纪中期　F/绘图手工艺人安娜奶奶设计的桌布。这是从中心向外扩展的构图。佩特里村，21世纪初期　G/罩衫肩部的刺绣。卡扬特村，大约20世纪初期　H/安娜奶奶和绣了图案“刀”的挂毯。佩特里村，21世纪初期　I/郁金香家徽等组成的连续图案。巴尔克村，20世纪后半期　J/郁金香家徽组成的转角图案。巴尔克村，20世纪后半期　K/现代伊拉索绣手工艺人创作的书皮。20世纪70~80年代的奶奶们精心绣制而成　L/佩特里村的教堂，平时装饰着白色的抽纱绣挂毯，但是节假日就会换成红色图案的伊拉索绣挂毯，举办葬礼时则换成黑色图案的挂毯。选自《绚烂的卡罗他塞古传统刺绣》(日本诚文堂新光社)

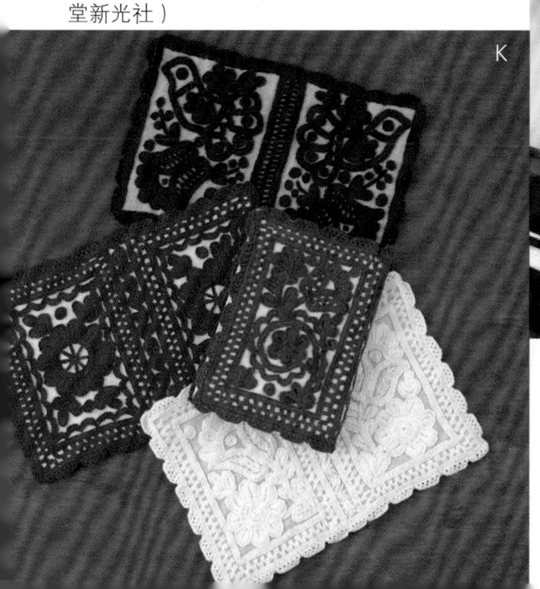

谷崎圣子(Seiko Tanizaki)

日本传统刺绣研究专家。出生于宫崎县。大阪外国语大学匈牙利语专业毕业后，作为匈牙利政府奖学金资助学生进入布达佩斯大学民俗专业学习。2008年移居特兰西瓦尼亚。2011年开始定期在日本各地举办展览和刺绣讲习会。2021年开始策划名为“来自特兰西瓦尼亚的传统刺绣”的线上讲习会。著书有《特兰西瓦尼亚的传统刺绣 伊拉索绣》(日本文化出版局)。

圣诞森林

制作圣诞蛋糕装饰起来，泡好美味的茶，放松一下。
用低调沉稳的颜色装点出一个雅致的成人圣诞节，如何？

photograph Toshikatsu Watanabe styling Terumi Inoue

圣诞树桩蛋糕卷

在北欧的冬至节庆活动 “Yule” 中，人们会燃起柴火，祈祷无病无灾。据说圣诞节的特色树桩蛋糕卷的创意就是源于燃烧的圆木。

设计/松本薰
编织方法/122页
使用线/和麻纳卡

圣诞色

加上草莓、圣诞老人、柊树枝作为装饰，红色、绿色、白色，充满圣诞氛围。也不要忘了小巧的圣诞树冷杉哦。

设计 / 松本薰
编织方法 /122 页
使用线 / 和麻纳卡

巧克力色的蛋糕卷模仿了树桩，加上逼真的漩涡，看上去美味极了！用拉针表现出了树皮的凹凸不平。草莓的珠子是最后缝上的，非常简单。3种颜色的冷杉从树顶往下钩织，慢慢增加树叶。还有大腹便便、红装白须的圣诞老人。圣诞老人其实有不同的形象，但这个让人一下就能想起的红装白须形象据说源于家喻户晓的红白LOGO商家（可口可乐）的圣诞营销活动。商业广告的力量真是惊人呀！

乐享毛线 Enjoy Keito

终于迎来了真正的编织季节。下面为大家介绍使用Keito的原创和热推毛线编织的单品。

photograph Hironori Handa styling Masayo Akutsu hair&make-up Yuri Arai model Cosima（173cm）

Keito Calamof

马海毛40%、羊毛35%、羊驼绒25% 颜色数/4 规格/每桄100g 线长/约220m 线的粗细/中粗 使用针号/8~10号

这是Keito的原创毛线。以羊毛为芯线，加入马海毛和羊驼绒混纺，是一款“纯天然纤维”的拉毛纱花式线。由日本匠人一桄一桄手工染色制作而成。

连帽围巾

这是一款连帽围巾，形状简单，厚实保暖。既可以戴上帽子，也可以不戴帽子一圈圈围起来，都非常可爱。

设计/Keito
制作/须藤晃代
编织方法/125页
使用线/Keito Calamof

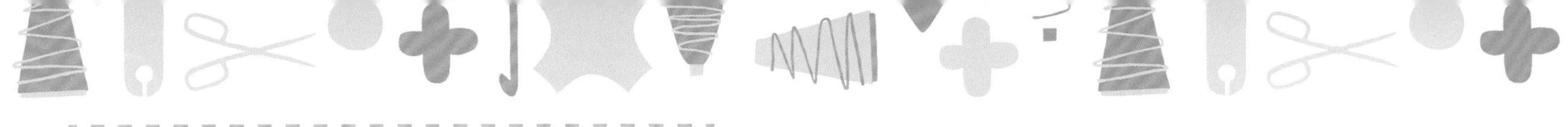

我们是一家经营世界各地优质特色毛线的毛线店。从2023年开始主营网络商城。

Silk HASEGAWA SEIKA

马海毛60%、真丝40% 颜色数/47 规格/每团25g 线长/约300m 线的粗细/极细
除盛夏以外的任何季节都可以编织的万能真丝马海毛线。因为芯线是真丝，所以散发着雅致的光泽。也适合与稍细的毛线合股编织，可以增加一定的质感和光泽感。

LANA GATTO BABY SOFT

超细美利奴羊毛100% 颜色数/21 规格/每团50g 线长/约170m 线的粗细/中细 使用针号/棒针6号
手感柔软，也非常适合编织婴幼儿衣物。经过芦荟成分涂层处理，更加软糯细腻。

棱纹套头衫

这是一款上、下针编织的棱纹简约套头衫。合股的2种线材颜色都很丰富，不妨选择自己喜欢的颜色编织。

设计/miu_suyarn
制作/须藤晃代
编织方法/126页
使用线/Silk HASEGAWA SEIKA、LANA GATTO BABY SOFT

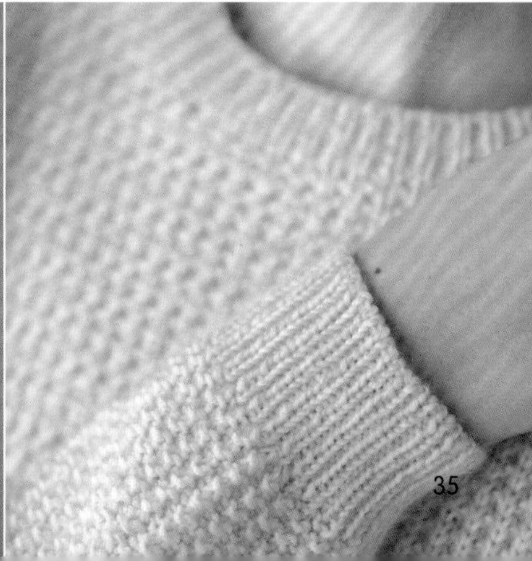

6 加一点阿兰元素

编织季来临，绝对不能错过阿兰花样！
下针编织加一点阿兰元素，可以演绎出各种不同的花样。

photograph Shigeki Nakashima styling Kuniko Okabe,Yuumi Sano
hair&make-up Hitoshi Sakaguchi model XENIA (176cm)

从上往下编织的阿兰毛衣

前、后身片的中心加入了不同大小的麻花花样，编织出了既简单又方便穿着的阿兰毛衣。波纹麻花将 2 条麻花并列的双麻花夹在了中间。从上往下编织，也省去了缝合的麻烦！这是一款可以快速编织完成的阿兰毛衣。

设计 / 风工房
编织方法 /128 页
使用线 / 手织屋

新颖别致的原白色阿兰毛衣

这是一款原白色的阿兰毛衣，各种麻花花样组合在一起，打造出别具一格的美感，俨然给人一种“王者风范”的感觉。中间的锯齿麻花新颖别致，让人不由得注视良久。衣袖上也分别加入了一半的相同花样。

设计/原田・卡桑德拉
制作/杉浦由纪惠
编织方法/130页
使用线/手织屋

传统阿兰花样斗篷和暖袖套装

斗篷和暖袖上阿兰花样的阴影别有一种细腻的美感。生命之树与麻花花样、中间的龙虾钳与泡泡针，这是融合了传统花样的设计。都是非常实用的单品，可以分开或者配套使用。

设计/玉村利惠子

编织方法/132页

使用线/钻石线

落肩袖短款毛衫

厚重的麻花花样集中在衣袖上，身片是简洁的下针编织和上针花样，带着一点阿兰元素。流行的短款设计与当季单品很好搭配，又方便穿着，令人惊喜。下摆和衣领的交叉花样类似缩褶绣的效果，十分可爱。

设计/冈本真希子
编织方法/126页
使用线/钻石线

渐变色段染线的乐趣

只要连续编织，段染线就会呈现出漂亮的渐变效果。编织技法、织物宽度、编织方向的不同将带给我们意想不到的体验。

photograph Hironori Handa styling Masayo Akutsu hair&make-up Yuri Arai model Cosima（173cm）

斜向浮针花样圆领套头衫

简单的下针编织是展现渐变效果最直接的方法。环形编织，或者分成前、后身片编织，以及编织宽度的不同都将直接影响渐变色的呈现效果。斜向移动的浮针花样增加了流动感，真是有趣的设计。

设计/津曲健仁
编织方法/135页
使用线/内藤商事

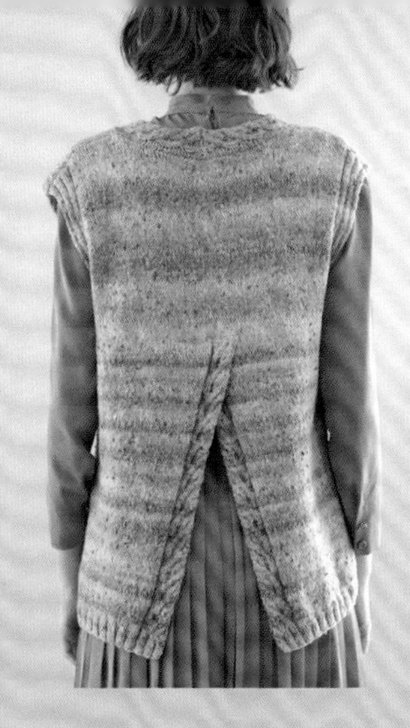

后背开衩的V领条纹背心

这款背心的后背设计十分可爱，身片的下半部分是前后连起来编织的。下半部分的编织幅度很宽，渐变条纹比较细，而身片的上半部分分成左右两边编织，渐变条纹就比较宽。在编织的过程中可以感受到段染线特有的变化。

设计/镰田惠美子
制作/有我贞子
编织方法/137页
使用线/内藤商事

印染风连接花片系带开衫

同样是钩针编织，相较于一般的编织花样，连接花片的色彩呈现效果截然不同。发挥段染线的特点，另辟蹊径编织出了类似于印染的花样。往返编织的花片呈现出无法预测的渐变效果，透着不可思议的灵动感，如绘画般令人赏心悦目。

设计/柴田 淳
编织方法/142页
使用线/alize

长针和枣形针的两片式毛衫

编织线上下翻动钩织的长针和枣形针花样与段染线相得益彰，韵味十足。这款毛衫是从领口往下连续编织身片和衣袖，自然的渐变效果非常漂亮，浑然天成。前、后身片各1团，一共使用2大团线编织而成。

设计 / 河合真弓
制作 / 关谷幸子
编织方法 /139页
使用线 /alize

拼接风雅致毛衫

这是一款精美雅致的套头衫，通过段染线的配色呈现出更加富有韵味的渐变效果。不同间距和颜色相互组合变换，充分展现了段染线的魅力，让人再也挪不开视线。

设计 / 岸 睦子
制作 / 加藤明子
编织方法 / 150页
使用线 / 钻石线

色彩微妙的格纹套头衫

加入拉针的花样彰显了段染线的趣味。后面编织的花样重叠在前面已织的花样上，微妙的色彩变化成为一大亮点，复杂的渐变效果以及花样的和谐感是配色编织难以实现的。

设计/武田敦子
制作/松野香织
编织方法/146页
使用线/钻石线

调色板

Color Palette

网格花样毛衫

本期在流行的网格花样毛衫基础上尝试了各种颜色和款式。
搭配日常服饰，给人的印象各不相同。

photograph Shigeki Nakashima styling Kuniko Okabe,Yuumi Sano
hair&make-up Hitoshi Sakaguchi model XENIA（176cm）

设计／冈 真理子
制作／须藤晃代（粉紫色、浅绿色、蓝色）、
铃木裕子（红色、浅米色）
编织方法/152页
使用线／奥林巴斯

粉紫色

短款设计看起来比较时尚，冬天也照样可以穿！宽宽的身片加上又长又宽、袖口收紧的灯笼袖，整体设计突显了苗条的身材。

浅绿色

如果想要不挑年龄、随意穿着的版型，这款就很不错。与粉紫色套头衫相比，稍微加宽、加长了衣身，缩短了袖长。穿起来更加宽松舒适。

蓝色
宽松的背心很方便穿着。保留了短款设计，经典色调耐看百搭，是比较传统的风格。

红色
无袖的长款设计可以像背心一样随意穿着。选择亮一点的颜色，或许可以给平时的穿搭风格带来一点变化。

浅米色
与浅绿色款的长度相同，改成了比较修身的无袖设计。自然的色调很适合同色系的穿搭风格，冬日穿着格外清新。除了炎热的夏天，这款背心可以穿上好几个季节，非常实用。

冬日穿搭的别样风采

终于迎来了编织季，不妨用高级线材编织几款独具特色的作品。一起来欣赏手感顺滑、用2根棒针就可以编织的花样和设计吧。

photograph Shigeki Nakashima styling Kuniko Okabe,Yuumi Sano hair&make-up Hitoshi Sakaguchi model XENIA（176cm）

配色编织的松软三角形披肩

披上这款松软的三角形披肩，不仅可以保暖，作为漂亮的饰品也是冬日特有的一道风景线，是冬季女性的必备单品。用真丝线和马海毛线单股或者合股进行配色编织也是手编独有的乐趣。

设计 / 西村知子
制作 / 八木裕子
编织方法 /154页
使用线 /Silk HASEGAWA

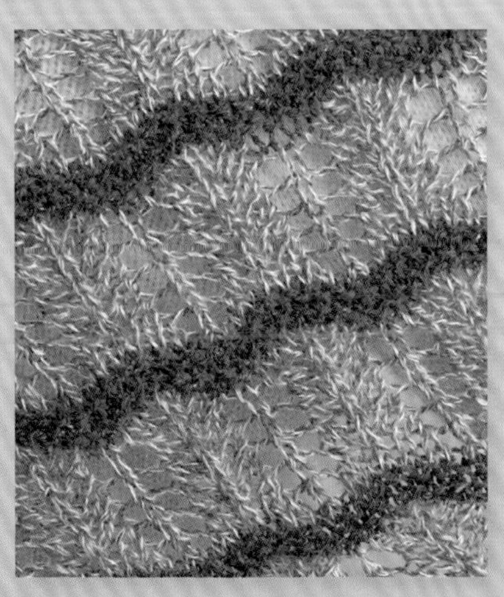

蕾丝花样中袖套头衫

手工编织的妙趣在于，不是买来的面料，而是用设计的花样制作出独一无二的织物。即使是蕾丝镂空花样，只要按符号图编织就可以获得满意的效果。这款作品使用的线材也很特别，手感舒适，超级轻柔。

设计/奥住玲子
编织方法/162页
使用线/Silk HASEGAWA

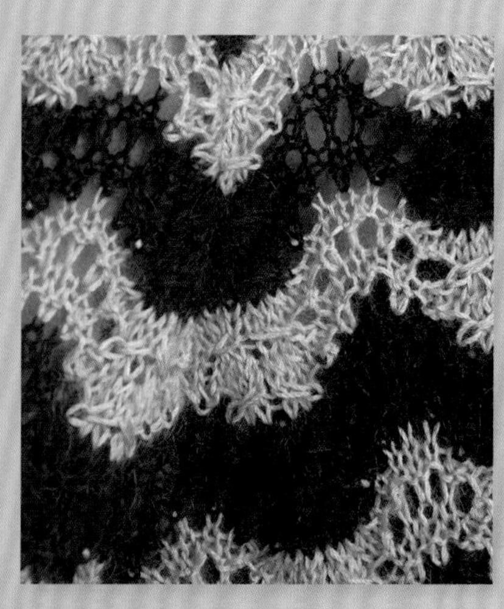

波浪形花样的圆领精美外套

这是一款用特殊线材编织的精美外套，优雅至极！因为不易起皱，随身携带很方便。更重要的是，虽然等针直编却呈现出漂亮的波浪形花样，奇妙的镂空花样编织起来别有一番趣味。

设计/冈本启子
制作/本谷智惠子
编织方法/160页
使用线/Silk HASEGAWA

纹理独特的无袖连衣裙

巧妙的花样编织出百褶裙般的下摆，十分可爱。这是用2种特别的线材合股编织的连衣裙。除了可以随心所欲地编织花样，还可以通过搭配不同的颜色和线材打造出独具特色的纹理效果，这也是手编的魅力所在。

设计/大田真子
制作/须藤晃代
编织方法/163页
使用线/Silk HASEGAWA

球球花样的少女风开襟小短衫

简洁的下针编织平整美观，加上立体花样的阴影，呈现出浮雕般的视觉效果。这款开襟小短衫只用了3颗纽扣固定，袖口收紧的少女风衣袖是设计的一大亮点。

设计/川路由美子
制作/土田里美
编织方法/156页
使用线/奥林巴斯

交叉花样的包肩背心

这款背心的交叉花样呈现出缩褶绣般的效果，十分可爱。线材的光泽感和独特的版型很漂亮。多种花样的组合让人百织不倦，而且总能发现新的花样，这也是编织者的乐趣所在。

设计 /YOSHIKO HYODO
制作 /Yukie
编织方法 /159 页
使用线 / 奥林巴斯

Yarn Catalogue

「秋冬毛线推荐」

质感轻软、手感舒适、颜色精美……
考虑用什么样的毛线编织也是一件幸福的事。

photograph Toshikatsu Watanabe styling Terumi Inoue

SILK&WOOL
奥林巴斯

粗细适中的纯色线可以突显花样的精致，真丝成分增加了光泽感。轻柔的质感也是这款线材的魅力之一。可以编织出手感舒适、松软轻暖的作品。

参数
羊毛70%、真丝20%、幼马海毛10%　颜色数/8　规格/每团50g　线长/约205m　线的粗细/粗　适用针号/5~7号棒针，5/0~6/0号钩针

设计师的声音
与真丝混纺，质感轻柔，针目饱满，织物非常漂亮。编织起来毫无压力，作品柔软顺滑，富有高级感。（YOSHIKO HYODO）

Incanto
内藤商事

Incanto 在意大利语中表示“魅惑”的意思，在段染线中加入棉结形成粗花呢般的效果，是一款比较粗的花式线。锁链式的捻合方式使作品更加柔软轻滑。

参数
羊毛49%、棉26%、锦纶13%、腈纶8%、人造丝4%　颜色数/7　规格/每团40g　线长/约140m　线的粗细/粗　适用针号/6~8号棒针，7/0号钩针

设计师的声音
柔和的渐变色调加上棉结的点缀，可以一边编织一边享受色彩的变化。各种混纺原材料的特性得到充分发挥，可以感受到线材的温暖、轻柔，以及舒适的手感，适合的编织人群非常广泛。（镰田惠美子）

Nuage
后正产业 Pierrot Yarns

超细美利奴羊毛柔软顺滑，手感舒适。这是一款中粗毛线，蓬松轻柔，富有弹性，也不易劈线，而且粗细适中，容易编织。

参数

羊毛98%、羊绒2% 颜色数/16 规格/每团40g 线长/约69m 线的粗细/中粗 适用针号/7~9号棒针，6/0~8/0号钩针

设计师的声音

兼具平直毛线的稳定性和羊毛的蓬松柔软。带灰色调的颜色丰富齐全，使用方便，适合编织各种类型的作品。（奥住玲子）

Fine Merino
后正产业 Pierrot Yarns

温和、蓬松、软糯，三要素相互融合，打造出了极为柔滑和富有弹性的手感。因为具有超好的保温性，所以织物特别保暖。极细的羊毛纤维即使接触皮肤也不会刺痒，穿着时非常亲肤。特别适合编织直接接触皮肤的作品。

参数

羊毛（超细美利奴羊毛）100% 颜色数/19 规格/每团30g 线长/约87m 线的粗细/粗 适用针号/5~6号棒针，3/0~5/0号钩针

设计师的声音

非常蓬松轻柔，即使流行的大尺寸套头衫也只需300g左右就能编织完成。手感爽滑，穿着的舒适度也是满分。（冈 真理子）

alize
Angora Gold
Ombre Batik
寺井株式会社

超长距离的颜色深浅渐变十分优美。可以编织出轻柔又保暖的衣物。

参数
腈纶80%、羊毛20% 颜色数/12 规格/每团150g 线长/约825m 线的粗细/粗 适用针号/4~6号棒针，4/0~6/0号钩针

设计师的声音
长距离的渐变色非常漂亮。虽然有马海毛似的绒毛，但是很容易编织，毛线很少会缠在一起。即使编织错误，也很容易解开。不妨编织大号披肩等作品，一边编织一边欣赏色彩的变化。(河合真弓)

alize
Super Wash
Artisan
寺井株式会社

有段染线和纯色线可供选择，既可以单独使用，也可以搭配起来使用，是一款应用范围十分广泛的线材。无论纯色编织还是合股编织都很漂亮。将作品放入洗衣袋，在40℃以下的温水中可以直接用洗衣机清洗。

参数
羊毛75%、聚酰胺纤维25% 颜色数/18 规格/每团100g 线长/约420m 线的粗细/中细 适用针号/0~4号棒针，3/0~5/0号钩针

设计师的声音
因为是短距离的段染线，不同的花样和编织方向可以编织出不同的纹理效果，充满乐趣。同色系的纯色线也很齐全，设计的范围十分广泛。(柴田 淳)

编织报道：

鲁赫努岛的编织

撰文/林琴美

我在参观爱沙尼亚维尔扬迪（Viljandi）举办的“手创营”时有幸见到了阿努·品克（Anu Pink）老师，听说她对鲁赫努岛（Ruhnu）的编织非常精通，于是拜访了她的工作室兼门店。当时她正在编写计划2023年12月出版的《鲁赫努编织》一书。说起鲁赫努编织，我只知道在白色基底上编织上针八芒星花样的毛衣，原来那只是一部分的毛衣而已。

普通的鲁赫努毛衣无论男女都是用灰色（羊毛的本色）线编织英式罗纹针，袖口和领窝用布条做包边处理。尤其引人注目的白色毛衣据说是女性在去教堂等特殊场合参加活动穿着的。下摆微喇的褶裥设计十分可爱，袖口会加入藏青色的提花花样。听说白色的半指手套也是去教堂时佩戴的，虽然是小件物品，设计却很精致。特点是用白色和藏青色2种颜色的线起针，与一般的起针方法有很大差别。第1行使用2种颜色的线编织，从下往上一边交叉扭转一边交替挂线起针，然后用白色线编织1行下针（环形编织的情况）。接着按基努岛横向锁链针（Kihnuvits）的要领，将2根线拉至织物的前面，与起针时一样从下往上一边交叉扭转一边编织上针。至此，起针完成。毛衣的特点是类似八芒星的花样，而半指手套组合使用了细腻的之字形流动花样和毛衣中也常用到的藏青色提花花样。短袜是白色的，长筒袜则在藏青色中嵌入了白色提花，并在袜口设计了细腻的几何提花花样。有趣的是红色长筒袜，据说女性们迎接外出捕猎海豹归来的丈夫时就会穿上这样的袜子。

我有机会在爱沙尼亚国家博物馆看见过几款古老的鲁赫努编织藏品，发现半指手套的起针是76针，与穆胡岛（Muhu）和基努岛（Kihnu）起针超过100针的手套相比，用线可能更粗一点。与上针或下针组合的之字形流动花样也是鲁赫努编织的特点。看到实物之后更加跃跃欲试了。

右上/建于1644年的“鲁赫努木质教堂（Ruhnu Wooden Church）”是爱沙尼亚最古老的木结构建筑之一　左上/阿努·品克老师向我们展示的起针　左/品克老师在她的店门前。她对爱沙尼亚编织的各方面都深有研究，至今已经出版了好几本著作

1/半指手套，复杂的之字形流动花样引人注目。拇指也加入了花样（SM_10379_94T）

2/短袜。起针与半指手套相同，也加入了横向锁链针（ERM_A509_5287）

3/长筒袜。嵌入技法编织的花样在这里使用了2股线（ERM_A992_30）

4/长筒袜。家人在外出捕猎海豹的丈夫归来等特殊的日子穿着（ERM_A509_5282）

※（ ）内是爱沙尼亚国家博物馆的藏品编号

我家的狗狗最棒！

和狗狗在一起

photograph Bunsaku Nakagawa

39

像不像乖巧的小弟弟？

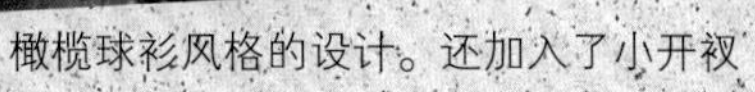

橄榄球衫风格的设计。还加入了小开衩

洛伊安是2021年的圣诞节那一天来到家里的。小主人璃真一开始完全不知道，第一次看到洛伊安就高兴得跳了起来，马上宣称："这是我的狗狗弟弟！"

洛伊安是混血狗狗，爸爸是玩具贵宾犬，妈妈是查尔斯王骑士猎犬。刚来家里时，是一只体重1.6kg的狗宝宝。

到家后，它在笼子里一圈圈地转悠，畅快地进食，很快又学会了上厕所，也可以听懂各种指令，比如"握手""换手""等一等"，感觉是非常聪明优秀的小狗。然后体重逐渐增加，全家猜想也许会长到狗爸爸和狗妈妈的平均体型吧，结果超了大约1kg，现在已经长成6kg的活力小狗啦。

有点出乎意料的是它精力太旺盛了。放在桌子上的报纸撕咬下边缘就跑，叼起刚洗完的毛巾就躲进沙发底下，真是一只淘气包。

如今看到这个架势，璃真觉得比起"狗狗弟弟"，可能"狗狗表弟"的距离感刚刚好……（笑）洛伊安给整个家庭带来了生机和活力。

设计/藤田光莉
编织方法/166页
使用线/奥林巴斯

狗狗档案

狗狗　洛伊安 ♂
　　　混血 2岁
性格　爱撒娇、淘气
主人　璃真

Let's Knit in English!

西村知子的英语编织⑬

让人满怀期待的圣诞节

photograph Toshikatsu Watanabe styling Terumi Inoue

随着冬日寒意渐浓，不由得想起幼时对圣诞节的期盼。自从记事以来，比起向圣诞老人许下什么愿望，我更乐于制作一些形状和配色上很有圣诞气氛的装饰品。长大后，从生活中寻找圣诞气息，感受那份愉悦，也是很治愈的小时光。

本期介绍的花样本身与圣诞的关系并不大，不过换个角度看很像圣诞树。下面就为大家介绍这款花样。

从很少的针数开始，以1个花样为单位有规律地加针，所以编织起点侧就是圣诞树的顶部，然后一点一点放大。最后的大小可以随个人喜好调整，编织技法上也没有什么难度。

编织要点是在行中心的1针里进行放针的加针。这里是重复“下针和上针”进行加针。在日本，更常用的方法是重复“下针和挂针”。因为交替编织下针和上针，所以每编织1针就要前后移动编织线。只要注意这一点就可以了。

本期介绍的是1个花样的针数，如果重复几个花样也可以编织出精美的作品。请大家务必试一试。其实写这篇文稿时，我也在不停地思索。不妨一边编织一边度过愉快的假日吧。

<Pattern> Smaller piece stops at Row 40 with Bottom edging.

CO 7 sts.
Set-up rows：Knit 3 rows.
Row 1: K3, (k1, p1) into next st, k3. (8 sts)
Row 2: K3, p2, k3.
Row 3: K to end.
Row 4: Repeat Row 2.
Row 5: K4, yo, k4. (9 sts)
Row 6: K3, p3, k3.
Row 7: K to end.
Row 8: Repeat Row 6.
Rows 9 and 10: K to end.
Row 11: K4, (k1, p1, k1) into next st, k4. (11 sts)
Row 12: K3, p5, k3.
Row 13: K to end.
Row 14: Repeat Row 12.
Rows 15 and 16: K to end.
Row 17: K3, k2tog, [(k1, p1) twice, k1] into next st, ssk, k3. (13 sts)
Row 18: K3, p7, k3.
Row 19: K to end.
Row 20: Repeat Row 18.
Rows 21 and 22: K to end.
Row 23: K3, k2tog, k1, [(k1, p1) twice, k1] into next st, k1, ssk, k3. (15 sts)
Row 24: K3, p9, k3.
Row 25: K3, k2tog, yo, k5, yo, ssk, k3.
Row 26: Repeat Row 24.
Rows 27 and 28: K to end.
Repeat these 6 rows for pattern.
Row 29: K3, k2tog twice, [(k1, p1) three times, k1] into next st, ssk twice, k3. (17 sts)
Row 30: K3,p11, k3.
Row 31: K3, k2tog, yo, k7, yo, ssk, k3.
Row 32: Repeat Row 30.
Rows 33 and 34: K to end.
Row 35: K3, k2tog twice, k1, [(k1, p1) three times, k1] into next st, k1, ssk twice, k3. (19 sts)
Row 36: K3, p13, k3.
Row 37: K3, k2tog, yo, k9, yo, ssk, k3.
Row 38: Repeat Row 36.
Rows 39 and 40: K to end.
Row 41: K3, k2tog three times, [(k1, p1) four times, k1] into next st, ssk three times, k3. (21 sts)
Row 42: K3, p15, k3.
Row 43: K3, k2tog, yo, k11, yo, ssk, k3.
Row 44: Repeat Row 42.
Rows 45 and 46: K to end.
Row 47: K3, k2tog three times, k1, [(k1, p1) four times, k1] into next st, k1, ssk three times, k3. (23 sts)
Row 48: K3, p17, k3.
Row 49: K3, (k2tog, yo) twice, k9, (yo, ssk) twice, k3.
Row 50: Repeat Row 48.
Rows 51 and 52: K to end.
Row 53: K3, k2tog four times, yo, [(k1, p1) four times, k1] into next st, yo, ssk four times, k3. (25 sts)
Row 54: K3, p19, k3.
Row 55: K3, (k2tog, yo) twice, k11, (yo, ssk) twice, k3.
Row 56: Repeat Row 54.
Rows 57 and 58: K to end.
Row 59: K3, k2tog three times, k1, k2tog, yo, [(k1, p1) four times, k1] into next st, yo, ssk, k1, ssk three times, k3. (27 sts)
Row 60: K3, p21, k3.
Row 61: K4, (k2tog, yo) twice, k11, (yo, ssk) twice, k4.
Row 62: Repeat Row 60.
Rows 63 and 64: K to end.
Bottom edging: Knit 3 rows. BO knitwise from WS.

<花样> 较小的样片编织至第40行，然后编织“边缘的起伏针”。

起针：7针。
准备行：编织3行下针（起伏针）。
第1行：3针下针，在下一个针目里编织“1针下针，1针上针”，3针下针。（共8针）
第2行：3针下针，2针上针，3针下针。
第3行：编织下针至最后。
第4行：重复第2行。
第5行：4针下针，挂针，4针下针。（共9针）
第6行：3针下针，3针上针，3针下针。
第7行：编织下针至最后。
第8行：重复第6行。
第9、10行：编织下针至最后。
第11行：4针下针，在下一个针目里编织“1针下针，1针上针，1针下针”，4针下针。（共11针）
第12行：3针下针，5针上针，3针下针。
第13行：编织下针至最后。
第14行：重复第12行。
第15、16行：编织下针至最后。

※星形装饰花片的编织方法请参见第151页

第17行：3针下针，左上2针并1针，在下一个针目里编织“（1针下针，1针上针）2次，1针下针”，右上2针并1针，3针下针。（共13针）
第18行：3针下针，7针上针，3针下针。
第19行：编织下针至最后。
第20行：重复第18行。
第21、22行：编织下针至最后。
第23行：3针下针，左上2针并1针，1针下针，在下一个针目里编织“（1针下针，1针上针）2次，1针下针”，1针下针，右上2针并1针，3针下针。（共15针）
第24行：3针下针，9针上针，3针下针。
第25行：3针下针，左上2针并1针，挂针，5针下针，挂针，右上2针并1针，3针下针。
第26行：重复第24行。
第27、28行：编织下针至最后。
重复以上6行形成新花样。
第29行：3针下针，左上2针并1针编织2次，在下一个针目里编织“（1针下针，1针上针）3次，1针下针”，右上2针并1针编织2次，3针下针。（共17针）
第30行：3针下针，11针上针，3针下针。
第31行：3针下针，左上2针并1针，挂针，7针下针，挂针，右上2针并1针，3针下针。

编织用语缩写一览表

缩写	完整的编织用语	中文翻译
k	knit	下针
p	purl	上针
k2tog	knit 2 stitches together	左上2针并1针
ssk	slip,slip,knit	右上2针并1针
yo	yarn over	挂针
BO	bind off	收针，伏针
WS	wrong side	织物的反面

西村知子（Tomoko Nishimura）：
幼年时开始接触编织和英语，学生时代便热衷于编织。工作后一直从事英语相关工作。目前，结合这两项技能，在举办英文图解编织讲习会的同时，从事口译、笔译和写作等工作。此外，拥有公益财团法人日本手艺普及协会的手编师范资格，担任宝库学园的“英语编织”课程的讲师。著作《西村知子的英文图解编织教程+英日汉编织术语》（日本宝库社出版，中文版由河南科学技术出版社引进出版）正在热销中，深受读者好评。

第32行：重复第30行。
第33、34行：编织下针至最后。
第35行：3针下针，左上2针并1针编织2次，1针下针，在下一个针目里编织“（1针下针，1针上针）3次，1针下针”，1针下针，右上2针并1针编织2次，3针下针。（共19针）
第36行：3针下针，13针上针，3针下针。
第37行：3针下针，左上2针并1针，挂针，9针下针，挂针，右上2针并1针，3针下针。
第38行：重复第36行。
第39、40行：编织下针至最后。
第41行：3针下针，左上2针并1针编织3次，在下一个针目里编织“（1针下针，1针上针）4次，1针下针”，右上2针并1针编织3次，3针下针。（共21针）
第42行：3针下针，15针上针，3针下针。
第43行：3针下针，左上2针并1针，挂针，11针下针，挂针，右上2针并1针，3针下针。
第44行：重复第42行。
第45、46行：编织下针至最后。
第47行：3针下针，左上2针并1针编织3次，1针下针，在下一个针目里编织“（1针下针，1针上针）4次，1针下针”，1针下针，右上2针并1针编织3次，3针下针。（共23针）
第48行：3针下针，17针上针，3针下针。
第49行：3针下针，（左上2针并1针，挂针）编织2次，9针下针，（挂针，右上2针并1针）编织2次，3针下针。
第50行：重复第48行。
第51、52行：编织下针至最后。
第53行：3针下针，左上2针并1针编织4次，挂针，在下一个针目里编织“（1针下针，1针上针）4次，1针下针”，挂针，右上2针并1针编织4次，3针下针。（共25针）
第54行：3针下针，19针上针，3针下针。
第55行：3针下针，（左上2针并1针，挂针）编织2次，11针下针，（挂针，右上2针并1针）编织2次，3针下针。
第56行：重复第54行。
第57、58行：编织下针至最后。
第59行：3针下针，左上2针并1针编织3次，1针下针，左上2针并1针，挂针，在下一个针目里编织“（1针下针，1针上针）4次，1针下针”，挂针，右上2针并1针，1针下针，右上2针并1针编织3次，3针下针。（共27针）
第60行：3针下针，21针上针，3针下针。
第61行：4针下针，（左上2针并1针，挂针）编织2次，11针下针，（挂针，右上2针并1针）编织2次，4针下针。
第62行：重复第60行。
第63、64行：编织下针至最后。
边缘的起伏针：编织3行下针（起伏针）。从反面做下针的伏针收针。

第3回 阅读、调研、试编

林琴美的快乐编织

photograph Toshikatsu Watanabe, Noriaki Moriya(process) styling Terumi Inoue

立体多米诺编织＋毡化处理，双重乐趣

2008年在美国出版的薇薇安的书。其中也有镂空的设计，很多作品对多米诺编织的可能性进行了探索

这些书中刊登了多米诺编织＋毡化处理的作品

编织完成时的状态（毡化处理前）

毡化处理后，织物的纹理发生了变化，尺寸随之缩小一圈

将多米诺编织的包包进行毡化处理后的效果

《毛线球47》为大家介绍了多米诺编织，主要是平面连接的设计。但是多米诺编织的乐趣更在于可以编织出立体的作品。不过，如果事先没有考虑好，是很难顺利连接起来的，这也是多米诺编织的妙趣所在。编织2片织物后组合成立体结构，这并不难想象。但是在平面织物的基础上一边编织一边形成立体的袋状结构，这种编织方法令人惊奇。或许与折纸中制作立体效果的思路有点相似。一旦了解这种立体编织的方法，意想不到的惊喜会让你在编织和连接中乐此不疲。

据说薇薇安是在电脑上精心设计并且确定颜色之后再开始编织的，而她的德国老师舒尔兹并没有提前确定颜色，而是直接从放着线团的容器里随机取出线，然后自由地选择线材编织。尽管如此却编织出了精彩的作品。我一直都想试试，可惜到现在还没试过。

在我编著的《多米诺编织进阶教程》一书中也介绍了毡化作品。感觉这种毡化定型的方法在日本的认知度还很低。究其原因，或许是因为毛衣发生过缩水，或者穿着时流汗导致个别部位缩绒，“收缩”问题往往给人负面的印象吧。毡化就是特意让织物收缩的过程，有其独特的原理和效果。我第一次知道编织物的毡化是在2000年参加北欧编织研讨会的时候。虽然不是每次都有，恰好那年的研讨会在交易日举办了参观者和商家组成的小集市。当时看见的一款毛毡外套上有着花朵图案。在那之前我知道揉搓羊毛制作物品的方法，但是不曾看见过有如此细致的图案。于是向卖家询问了制作方法，竟然是在织物上刺绣后再清洗毡化所得。难怪可以勾勒出细腻的图案，同时对这种使织物收缩的毡化方法惊叹不已。卖家还告诉我，“编织完成时的尺寸大得让人难以置信哟”。但是，事先对清洗时间和收缩程度进行试验，然后再确定尺寸，这一点好像很难。

多米诺编织的毡化作品只需要简单的收缩，针目紧致又结实，特别适合用于包包的定型处理。颜色也有一点晕开的效果，与编织完成时的印象略有不同。根据薇薇安的建议，最好是收缩到可以看到织物纹理的程度。毡化的方法是将织物放入洗衣袋里再照常用洗衣机清洗，如果觉得收缩效果不太理想，可以再洗一次。这便是“编织和毡化”，既有编织的乐趣，也有清洗后感受变化的二次乐趣。试试用这种方法制作一款多米诺包包吧。

多米诺编织的敞口圆桶包

调整多米诺编织的连接方法，就可以制作出立体的效果。
中途加入1排双层编织，形成了有趣的形状。
继续增加花片又会变成怎样的设计呢？思考的过程也充满了乐趣。
轻柔地清洗毡化后，织物变得非常结实，形状也很端正。

设计 / 林琴美
编织方法 /168页
使用线 / 芭贝

花片的排列图

1. 编织并连接花片1~16，制作底部。
2. 编织花片17~20。
3. 分别在花片17~20的两侧编织花片21~28。
4. 分别从花片21~28上挑针，编织花片29~36形成双层结构。
5. 接着编织侧面的花片37~44、45~52。

立体多米诺编织的连接方法

❶ 基础的多米诺编织方法与《毛线球47》中介绍的方法相同。

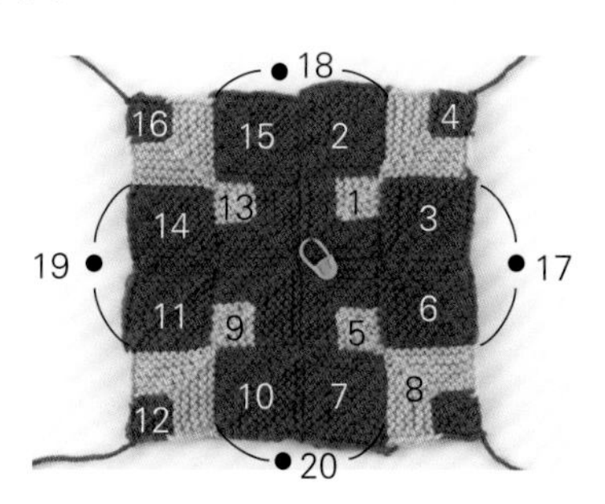

❷ 底部的16个花片连接完成后的状态。如图●是接下来要挑针的位置。

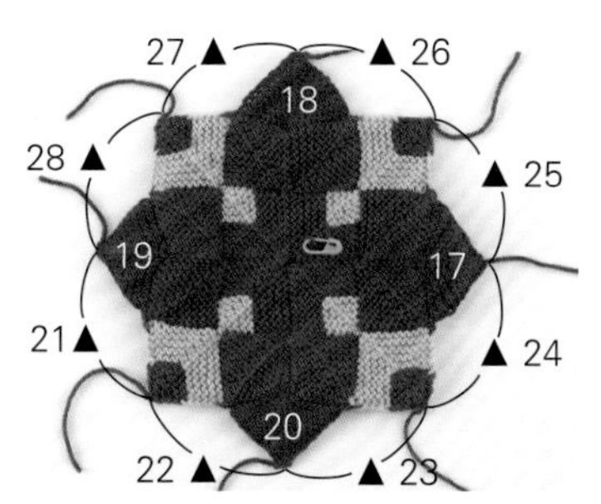

❸ 从●上挑针编织4个花片完成后的状态如图。接着从▲位置挑针编织。

❹ 这是1个花片从▲位置挑取1行后的状态。

❺ 1个花片完成。

❻ 从▲位置挑针编织的花片（21~28）全部完成。已经呈现出立体的结构。

❼ 接着从花片21~28上挑针，进行双层编织。

❽ 从花片28的正面挑针，编织花片29。使用环形针更容易编织。

❾ 完成后的花片重叠在刚才挑针的花片上。

❿ 花片的立体感更强了。参照排列图继续编织。

林琴美（Kotomi Hayashi）

从小喜爱编织，学生时代自学缝纫。孩子出生后开始设计童装，后来一直从事手工艺图书的编辑工作。为了学习各种手工艺技法，奔走于日本国内外，加深了与众多手工艺者的交流。著作颇丰，新书有《北欧编织之旅》（日本宝库社出版）。

玛蒂娜的编织毛衫和小物

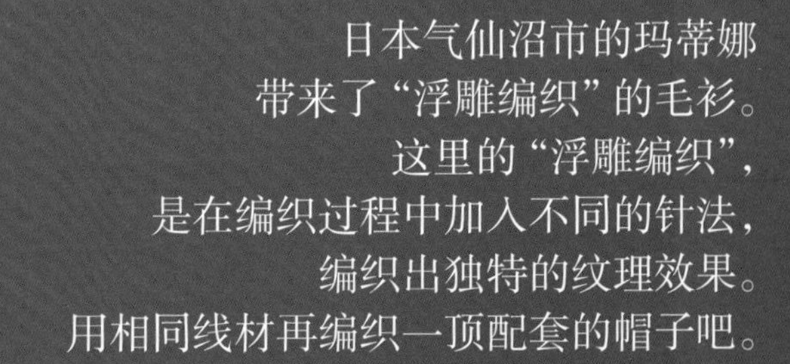

日本气仙沼市的玛蒂娜
带来了“浮雕编织”的毛衫。
这里的“浮雕编织”，
是在编织过程中加入不同的针法，
编织出独特的纹理效果。
用相同线材再编织一顶配套的帽子吧。

photograph Hironori Handa styling Masayo Akutsu
hair&make-up Yuri Arai model Cosima（173cm）

横向编织的段染线
球球套头衫

这款套头衫在编织中加入了枣形针，一颗颗小球立体感十足，可以感受“浮雕编织”特有的趣味。选择段染线中的不同颜色突显浮雕效果，给人的印象也大相径庭。与段染线合股的原白色线当然也可以用于浮雕编织。

设计/梅村·玛蒂娜
制作/铃木裕美
编织方法/165页
使用线/Opal毛线，Uni

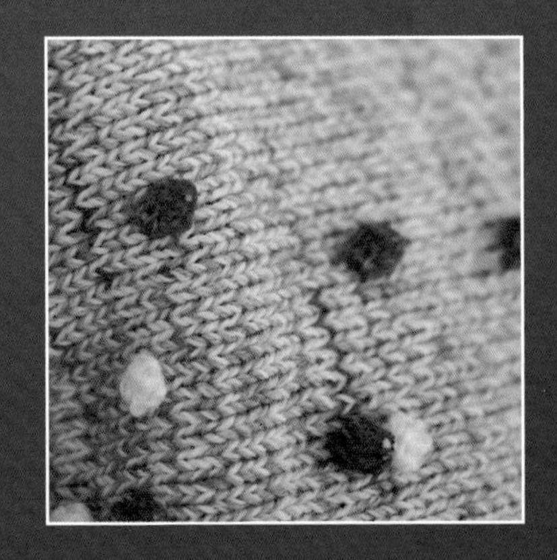

浮雕编织的翻边毛线帽

帽子在浮雕编织中将枣形针的颜色锁定在黄绿色和白色，给人清爽的印象。当然，用于浮雕编织的颜色可以根据个人喜好改变。帽子的翻折部分无须做浮雕编织，显得更加简洁。

设计/梅村・玛蒂娜
制作/铃木裕美
编织方法/165页
使用线/Opal毛线，Uni

来自玛蒂娜的寄语

连续编织下针的过程中仅将一部分编织成上针，该部分就会浮现出花样。按照这个思路，用段染线中特定的颜色编织不同的针法，就可以得到突显的花样，我将这种编织方法命名为“浮雕编织”。

本期介绍的套头衫和帽子用纯色线和段染线合股编织，是浮雕编织的拓展应用。与原白色（NATURAL WHITE）的纯色线合股编织的是Relief 2的紫色系（FLIEDER）段染线，用于这里的浮雕编织再合适不过了。

“浮雕编织”不需要很难的技术。在编织过程中改变一下编织方法，保持一点“玩”的心态，就可以随心所欲地展现花样。即使这个花样与预想的不太一样，那也不算“失败”，而是“全新的发现”。希望大家以这种心态，享受各种作品的创作乐趣。

东海绘里香的配色编织

本期为大家带来了东海绘里香老师的编织新作。一起来欣赏不断创新的配色编织作品吧。

photograph Hironori Handa styling Masayo Akutsu hair&make-up Yuri Arai model Cosima（173cm）

球根植物图案的套头衫

郁金香、番红花、风信子……从品种繁多、耐活好养的球根植物中选择了常见的3种，用粗线编织成细腻的配色图案。应该有很多朋友至少培育过其中一种吧。从设计上看，身片比较宽，衣长偏短，穿着很方便。

协助制作/新居香奈子

几何格纹背心

这是用平直毛线和马海毛线合股配色编织的几何格纹背心。因为全部采用了纵向渡线编织，织物很轻，表面平整美观。像这样多彩的穿搭很漂亮，建议大家尽量搭配单色调的服装，更能彰显背心的色彩。

协助制作/铃木贵美子

球根植物图案的斜挎包

配色编织的初学者不妨从风信子图案的小挎包开始尝试吧。后侧只做下针编织，内袋用手缝完成也毫无问题。皮绳可以打结，调节成自己喜欢的长度。

协助制作/金子真由美

几何格纹围脖

与背心相比，这款围脖增加了马海毛线的用量，手感更加舒适。围成2圈佩戴，翻折位置不同，呈现的图案效果也随之变化。橙色的鲜艳色块的展示位置非常关键。

协助制作/菅原真生

熊猫图案的单肩包

仿皮草线配色编织的熊猫图案占据了包包的整个侧面。因为后侧只使用平直毛线编织，为了与前侧的密度一致，编织时需要进行调整。加上包包的尺寸偏大，务必在肩带缝上内衬以免拉伸变形。

协助制作/龟田 爱

熊猫图案的开衫

想要配色编织范围比较大、颜色数量比较少的动物图案，所以选择了熊猫。毛纤维较长的仿皮草线以及前门襟和袖口部分的交叉针增加了作品的立体感。为了避免给人过于甜美的印象，底色选择了比较沉稳的颜色。搭配颜色稍暗的下装，整体会更加协调。

协助制作 / 龟田 爱

暖和又可爱的冬日小物

为了迎接冬季的到来，我们汇集了一些温暖的毛线小物。
先从哪一款开始编织呢？期待！期待！

photograph Shigeki Nakashima styling Kuniko Okabe,Yuumi Sano
hair&make-up Chie Ishikawa model ALICE（171cm）

简单别致的帽子

简单的毛线帽是冬季的必备单品。清晨睡了一会儿懒觉没时间打理头发，随意佩戴一顶帽子就可以快速解决了。编织花样的排列和马海毛线编织的帽顶是设计的亮点，不挑性别，百搭实用。作为礼物送人也再合适不过了。

设计/宇野千寻
编织方法/138页
使用线/达摩手编线

双色混搭风镂空毛线筒袜

即使不是袜子编织迷，每个季节还是想编织1双新的毛线袜。浅灰蓝色和橘红色，所谓的“海湾色（Gulf Colors）”是风靡汽车圈的双色混搭风格，可爱的色调也非常适合编织镂空花样。

设计/奥住玲子
编织方法/170页
使用线/Ski毛线

祖母花片的盖毯

祖母花片盖毯暖和又可爱。怀旧的气息也非常适合用作室内装饰的点缀。虽然花片的颜色五彩缤纷，只要最后一行使用相同的颜色，整体就很和谐，真是不可思议，也令人欣喜。

设计/Hobbyra Hobbyre
编织方法/172页
使用线/Hobbyra Hobbyre

绚烂的小花花边围脖

钩针编织的小物绚烂又可爱。这款段染线围脖是一边钩织松软的小花一边做连接，然后从花片上挑针钩织主体。无须锁针起针后挑针，钩织起来轻松无压力。

设计 /Hobbyra Hobbyre
编织方法 /186 页
使用线 /Hobbyra Hobbyre

荷叶边的少女风收纳包

轻薄的荷叶边勾起满满的少女心。如果钩织成大包，使用起来可能有点不好意思。小包就让人不由得为之心动，既可以放一些重要物品出门，也可以用作包中包。

设计 / 木之下 薫
编织方法 /174 页
使用线 /Hobbyra Hobbyre

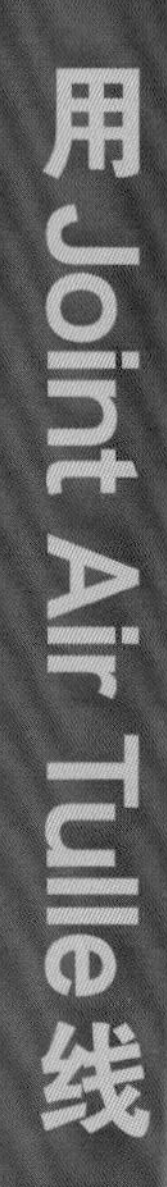

用Joint Air Tulle线 编织雅致的包包

经常穿厚重外套的季节，包包最好又轻又结实！
因为使用的是粗线，编织起来很快就能完成。

photograph Hironori Handa styling Masayo Akutsu hair&make-up Yuri Arai model Cosima（173cm）

仿竹篮花样的方底大包

交错钩织的2针中长针并1针看上去宛如竹篮花样。方形包底更方便存放物品，整体包型方便实用。也可以用作平时的购物包。提手部分与包口一起钩织。

设计/冈 真理子
编织方法/176页
使用线/Joint

圈圈针的可爱手提包

短针的圈圈针仿佛一排排的褶边，十分可爱。这款包包的底部是规整的椭圆形。提手部分最后缝在主体上，简单的结构即使初学者也能一目了然。

设计/冈 真理子
编织方法/177页
使用线/Joint

作者简介：上田文子

羊毛加工坊和上田编织教室的主理人，编织作家。1998年，曾在武藏野美术大学银座画廊举办个展。之后，主要制作苏格兰传统编织作品，在个展和群展上发布作品。在神奈川等地开设沙龙形式的教室。

牧羊人和羊群。设得兰岛的风景/摄影 上田文子

Spinning Lace Yarn

庆祝《传统的棒针编织蕾丝 设得兰蕾丝》新书发行

蕾丝线的纺制

经过羊毛清洗和手工纺线，编织变得更加充满乐趣！本文将为大家介绍蕾丝线的纺制过程。

上田文子

photograph Yasuo Nagumo

将设得兰群岛的羊毛纺成纱线，再用这种极细羊毛线编织的棒针蕾丝就是设得兰蕾丝。

第一次看到设得兰蕾丝是在大约 30 年前。《毛线球》上有一篇文章，其中介绍的纤细的双股手纺线编织的蕾丝精美细腻，让人陶醉不已。我本来就爱好手工纺线，马上尝试着纺出了细线，并且编织完成了一条蕾丝披肩。如今，我经常将羊毛手工纺成线，再进行编织……完成后的喜悦以及蕾丝的精美总是让我为之感动，所以会一直持续做下去。

只要掌握了要点和诀窍，蕾丝线的纺制其实并没有那么难。羊毛存在个体差异，而且身体部位不同，毛质也不尽相同。可以纺出各种质感的毛线，比如柔软细腻的毛线、松软有弹性的毛线、富有韧性和光泽的毛线……根据羊毛的特性纺成合适的粗细，在捻合时用力要均匀、粗细要一致，这样才是手纺线最理想的状态。这里将为大家介绍一些新书中没有详细展开的蕾丝线的纺制步骤。

纺制步骤

❶选择原毛（剪下的羊毛）

设得兰绵羊生活在岛上严峻的自然环境下，最大的特点是能够产出富有韧性的纤细羊毛。其中用于纺制蕾丝线的羊毛出自特别精心饲养的绵羊，可以纺出富有韧性和光泽的细线，非常适合用来编织蕾丝作品。

❷筛选

这是特别重要的步骤，将原毛摊开，确认来自的部位。即使是大型蕾丝作品，100~200g 的羊毛也足够了。我们使用的是颈部和肩部柔软的羊毛。其他部位的羊毛也根据不同的用途，清洗后纺成粗纺毛纱。

❸梳毛

不要破坏羊毛束，捏住羊毛束的末端拉直，用细齿梳或梳毛刷将羊毛梳理成相同方向的纤维。

❹纺成毛纱

从毛纤维根部一点点拉出纤维并加捻。像蕾丝一样特细的线在纺制前需要进行设置，提高纺车的转速，降低进纱量。虽然纱线很细难以确认，还是要保持正常的捻劲，注意不要太松或太紧。

❺双股纱

将纺成毛纱的单股线捻合成双股线。单股线纺纱结束后过了较长时间，或者有羊脂杂质残留，都会影响捻合效果，所以要适当加强双股线的捻度。

❻清洗纱线

将纺好的线绕成桄，在 3 处松松地打上 8 字结固定，使用 MONOGEN（羊毛专用洗涤剂）进行浸洗。

1 第 1 次浸洗
  MONOGEN 5g/L 60℃ 60 分钟
2 第 2 次浸洗
  MONOGEN 3g/L 50℃ 30 分钟
3 第 1 次漂洗
  45℃ 10 分钟
4 第 2 次漂洗
  40℃ 10 分钟
5 用毛巾吸掉水分，晾干
  根据线量，在桄线的下方铺上毛巾挤压去除水分。

新书推荐

《传统的棒针编织蕾丝 设得兰蕾丝》（日本宝库社出版，中文版即将由河南科学技术出版社引进出版）

上田文子 著

设得兰蕾丝是用苏格兰设得兰群岛的羊毛线编织的传统针织蕾丝。上田文子是设得兰当地编织比赛中荣获2次大奖的第一位日本人，本书是作者的第一本作品集。精美细腻的花样以起伏针和挂针为基础，由简单的针法织成，令人称奇。书中收录了用极细羊毛线精心编织的头巾、披肩、围巾等共12款作品，介绍了作者与设得兰蕾丝的邂逅、基础编织方法、手纺作品的参考花样等。从基础技法到定型要领，简单易懂地进行了图文并茂的讲解。

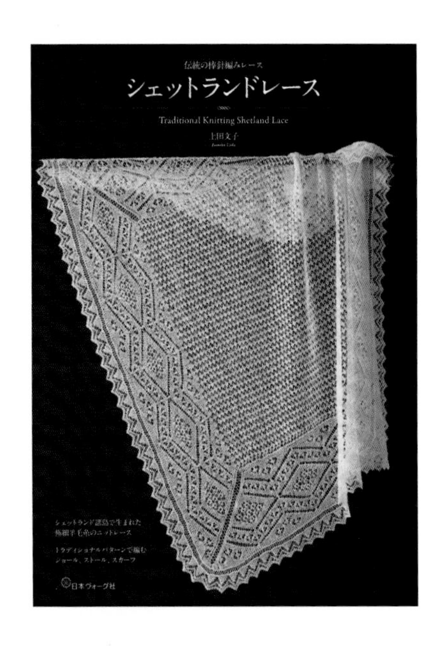

1/梳理工作。用梳子将羊毛梳理成相同方向的纤维 2/设得兰绵羊的原毛。光是羊毛束也让人印象非常深刻 3/梳理前的羊毛束和梳理后的羊毛纤维 4/纺线时注意不要捻得太紧或太松 5/纺好并绕成桄的设得兰羊毛蕾丝线 6/作者会在北海道牧羊场进行纺线和作品的创作

2024年
和麻纳卡编织大赛

主办机构：和麻纳卡株式会社
和麻纳卡（广州）贸易有限公司

参赛对象

全年龄段、全段位的编织爱好者

参赛说明

*编织技法不限于棒针和钩针
*比赛组别分：成衣组、配饰小物组
*所有参赛作品仅限原创设计
*必须由参赛者自行设计和制作（禁止机编）
*所发的初选图片不能修图

参赛日程

*报名截止日期为2024年6月底
*初选日期为2024年7月中旬
*最终结果将于2024年10月18—20日现场公布

特邀评审

滨中知子女士（日本）、
广濑光治老师（日本）、张博蔚老师、
中村和代老师（日本）、滕灵芝女士

奖项设置

*初选约20名入围者，所有入围者均颁发证书
*从入围作品里评选出金奖、银奖、铜奖和优秀奖
*金奖、银奖、铜奖和优秀奖均颁发奖座

参赛咨询

020-83200489（09：00—17：00）

报名网站

www.hamanaka.com.cn

Couture Arrange

志田瞳优美花样毛衫编织新编⑳

喇叭袖套头衫

photograph Hironori Handa styling Masayo Akutsu hair&make-up Yuri Arai model Cosima（173cm）

冬天到了，不如在温暖的房间里悠闲地享受难得的手编时光吧。本期介绍的套头衫就非常适合度过这样的时间，整件作品排满花样，编织起来很有成就感。

这次改编的作品选自秋冬刊的日文版《志田瞳优美花样毛衫编织6》，是一款3种交叉花样纵向排列的套头衫。

线材上选择了100%羊毛的平直毛线，可以呈现清晰的花样，也很容易编织。颜色上选择了适合任何花样的原白色。交叉花样进行了很大程度的改编，只保留了最主要的菱形花样，变成了一款截然不同的套头衫。袖口和下摆加入了三角插片，呈现出喇叭形状。洋裁上必须裁剪布料缝合的三角插片应用在编织上，无须断线慢慢减针即可完成。一般情况下，我们都是通过改变花样的大小或者在花样之间加针逐渐放大织物的。不过，这次加入了不同花样的三角插片，使用了不同于往常的编织方法。对我来说，这是一次非常有趣的尝试，而且三角插片还有更多的可能性值得探索。

选自日文版《志田瞳优美花样毛衫编织6》

原作是一款泡泡针套头衫，身片的中间是菱形花样。

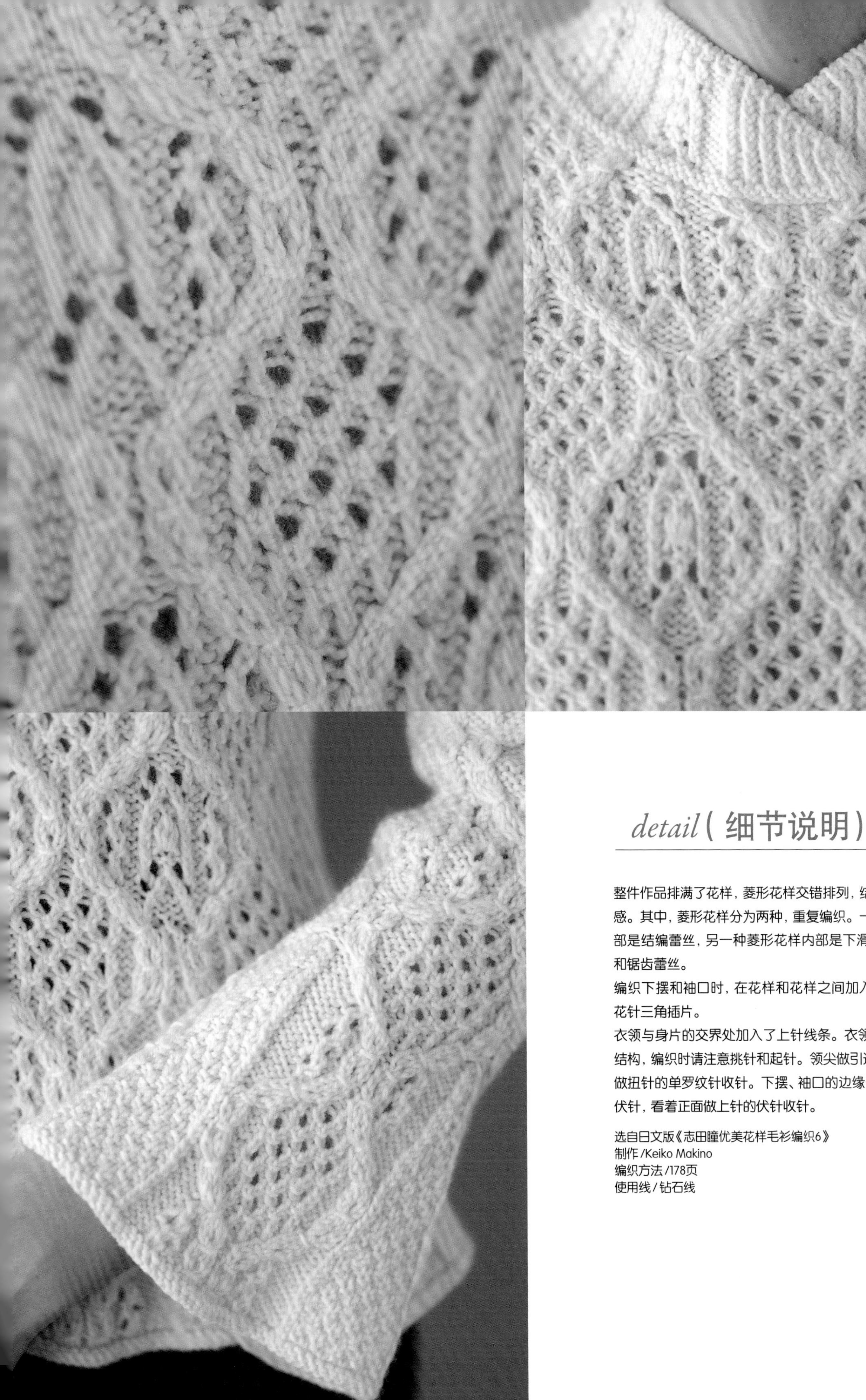

detail（细节说明）

整件作品排满了花样，菱形花样交错排列，结编增加了圆润感。其中，菱形花样分为两种，重复编织。一种菱形花样内部是结编蕾丝，另一种菱形花样内部是下滑编织的泡泡针和锯齿蕾丝。

编织下摆和袖口时，在花样和花样之间加入了1针2行的桂花针三角插片。

衣领与身片的交界处加入了上针线条。衣领中间是重叠的结构，编织时请注意挑针和起针。领尖做引返编织，结束时做扭针的单罗纹针收针。下摆、袖口的边缘分别编织2行起伏针，看着正面做上针的伏针收针。

选自日文版《志田瞳优美花样毛衫编织6》
制作/Keiko Makino
编织方法/178页
使用线/钻石线

冈本启子的 Knit+1 第38回

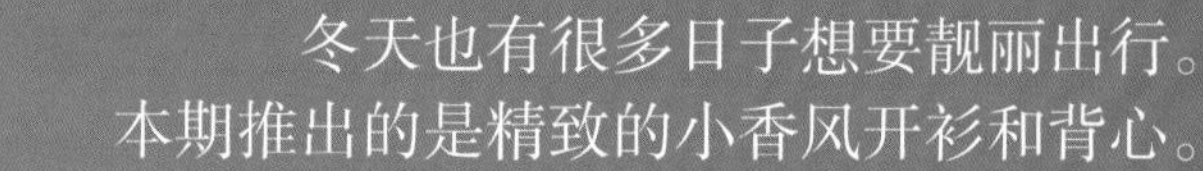

冬天也有很多日子想要靓丽出行。
本期推出的是精致的小香风开衫和背心。

photograph Shigeki Nakashima styling Kuniko Okabe,Yuumi Sano
hair&make-up Hitoshi Sakaguchi model XENIA（176cm）

延续上一期的话题，为大家继续介绍编织中使用的动物纤维。

骆驼毛线是用双峰骆驼的毛加工而成的。据说，双峰骆驼只有1年1次换毛时长出的柔软细毛才能用来加工毛线。骆驼毛细长轻柔，富有光泽，而且具有良好的保湿性。还有不太为人熟知的牦牛绒，取自青藏高原地区作为家畜饲养的牦牛，用梳子梳理下牛毛，只有柔软的绒毛才会用来加工毛线。牦牛绒不仅柔软富有光泽，保暖性和透气性也特别好，是不可多得的线材。

紫貂是生活在北欧、西伯利亚、中国东北等地区的鼬科动物，俗称“黑貂”，而貂皮是众所周知的高级毛皮。相信大家一定听说过顶级毛皮“俄罗斯紫貂”的大名。貂毛极为纤细，毛纤维中间存在空隙，轻柔又保暖；不过长度比较短，常与羊绒等纤维一起加工成混纺毛线。

此外，本期的小香风开衫和背心使用了马海毛线。世上并没有叫作马海的动物，马海毛其实是取自安哥拉山羊的毛。虽然是耳熟能详的名字，还是有很多人不知道是什么样的动物吧。马海毛拥有丝绸般的光泽，是兼具弹性和韧性的纤维，手感柔软、舒适、轻滑，还有不易变形的优点。作为点缀，这次使用的CASSATA线中合捻了结粒花式线，是一款略粗的马海毛线。因为成品软糯轻薄，背心和开衫配套穿着也非常时尚。

冈本启子（Keiko Okamoto）

Atelier K's K的主管。作为编织设计师及指导者，活跃于日本各地。在阪急梅田总店的10楼开设了店铺K's K。担任公益财团法人日本手艺普及协会理事。著作《冈本启子钩针编织作品集》《冈本启子棒针编织作品集》（日本宝库社出版，中文简体版均由河南科学技术出版社引进出版）正在热销中，深受读者好评。

线名/CASSATA、DRAGÉE、MACARON

流苏下摆V领背心

第82页作品/这款背心自成焦点，极具存在感。装饰口袋和下摆的流苏是设计的亮点所在。也可以和开衫配套穿着。

制作/中川好子
编织方法/182页
使用线/K' sK

小香风格纹花样开衫

本页作品/给格纹花样加上黑色边缘，起到瞬间收拢视觉的效果。仿佛虚线的白色线条增添了柔和感和节奏感。

制作/森下亚美
编织方法/184页
使用线/K' sK

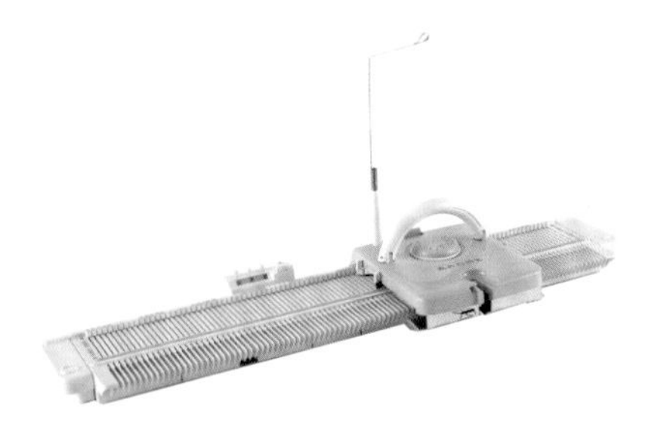

可以快速编织，
乐趣十足

面向初学者的

新编织机讲座⑧

本期让我们一起挑战交叉针的编织吧。
使用移圈针交叉针目，编织麻花花样。

photograph Hironori Handa styling Masayo Akutsu hair&make-up Yuri Arai model Cosima（173cm）

混搭风双层围脖

双层围脖是用2种线材编织成圆环连接在一起的。充分发挥线材的特点，按下针和交叉针编织。尝试用移圈针和修改针挑战交叉针编织吧！

设计/奥村利惠子（银笛编织研究会）
编织方法/187页
使用线/NV YARN

露指手套和双色围脖套装

围脖改变了第84页作品中下针编织的颜色和线材。露指手套中间的花样将交叉改成了对称设计。基本操作还是一样的，只是稍作改变就诞生了不同的花样。与围脖一起佩戴也很不错。

设计/奥村利惠子（银笛编织研究会）
编织方法/187页
使用线/NV YARN

交叉花样落肩袖套头衫

套头衫的中心是稍大一点的交叉花样，两侧是间隔不等的交叉花样。通过不同花样的组合，或者改变针数和行数，就可以编织出专属于自己的原创作品。

设计/奥村利惠子（银笛编织研究会）
编织方法/188页
使用线/芭贝

新编织机讲座

交叉花样的立体感很强，编织过程充满乐趣。
用机器编织时，只需借助移圈针交换针目的位置即可，
操作简单，令人惊喜。
再结合修改针的操作，越发有机器编织的感觉了。

摄影/森谷则秋

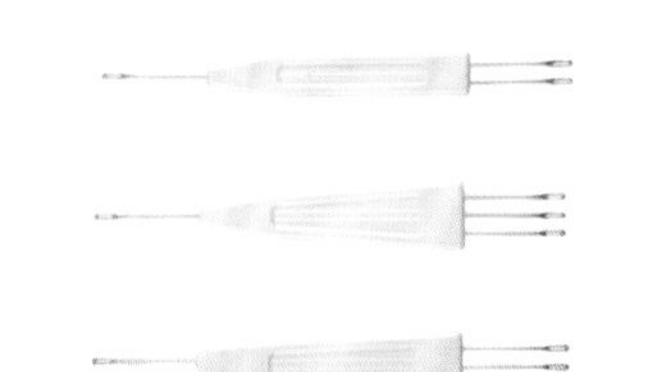

移圈针 1爪/2爪
※编织机Amimumemo主体附件

移圈针 1爪/3爪
※可选购

移圈针 2爪/3爪
※可选购

左上3针交叉

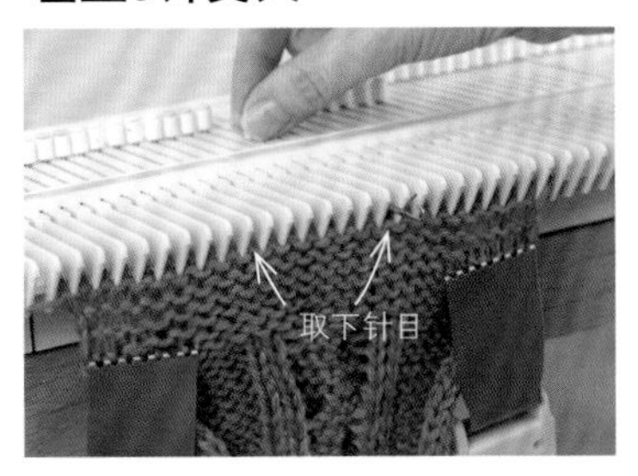

1
编织至交叉位置，两侧分别取下1针。

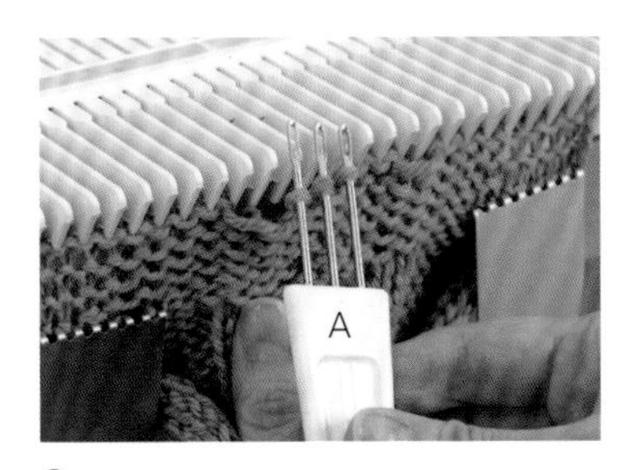

2
用移圈针A取下左边的3针。

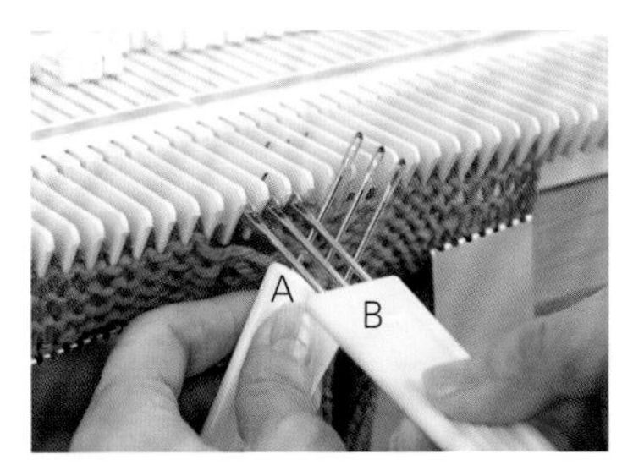

3
用移圈针B取下右边的3针，挂在步骤2空出来的机针上。

4
将步骤2取下的3针挂在右侧的空针上。

5
将步骤1取下的针目拆开进行改针。当改针的针目为2针时，一针一针依次取针、改针。

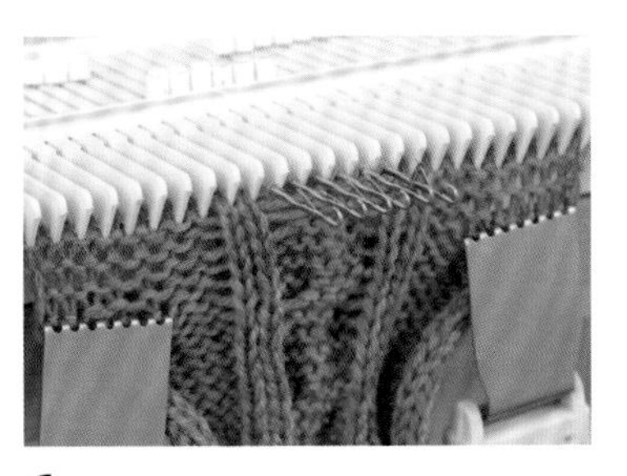

6
将交叉后的机针推出至D位置，编织下一行。

7
从正面看到的状态。

<改针的时机>

如果先将交叉部分两侧的针目取下，交叉针目时就比较容易操作。当织物的伸缩性比较小，或者操作不太熟练时，建议使用这种方法。如果交叉的操作已经很熟练了，也可以先完成两侧针目的改针，将针目挂回机针上后再进行交叉的操作。

右上3针交叉

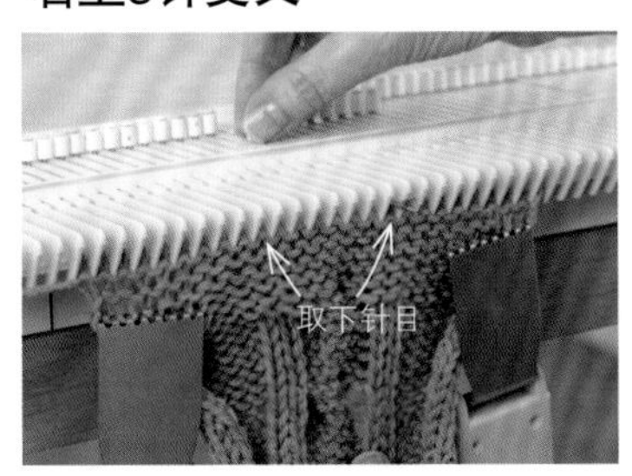

1
编织至交叉位置，两侧分别取下1针。

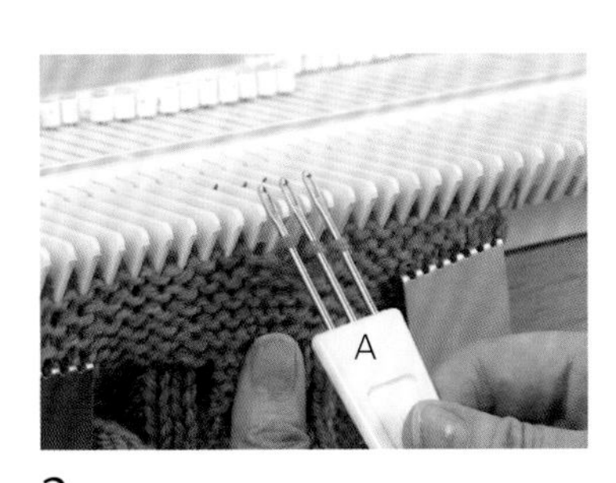

2
用移圈针A取下右边的3针。

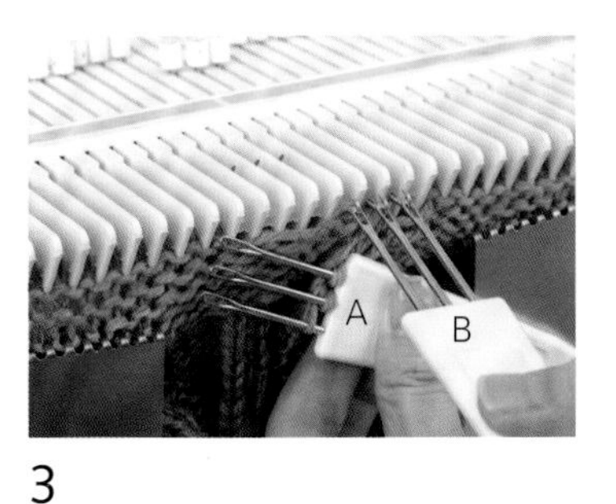

3
用移圈针B取下左边的3针，挂在步骤2空出来的机针上。

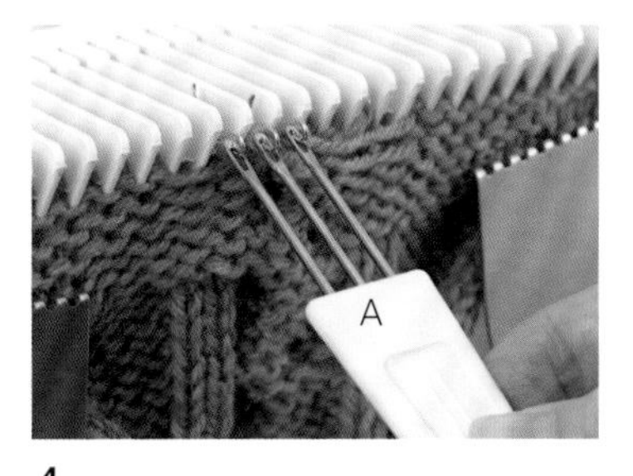

4
将步骤2取下的3针挂在左侧的空针上。

5
将步取1取下的针目拆开进行改针。当改针的针目为2针时，一针一针依次取针、改针。

6
将交叉后的机针推出至D位置，编织下一行。

7
从正面看到的状态。

photograph Toshikatsu Watanabe　styling Terumi Inoue

编织方法/190页
使用线/DMC

中里华奈

2009年创立了Lunarheavenly品牌，致力于用极细蕾丝线钩编自然界中的花草。目前主要在日本关东地区忙于举办个展、活动参展、委托销售等工作。著作有《中里华奈的迷人蕾丝花饰钩编》和《钩编+刺绣 中里华奈的迷人花漾动物胸针》（中文版均由河南科学技术出版社出版）。

中里华奈的微钩花草 ①

装点冬季的花朵 圣诞玫瑰

色彩斑斓的布和线，各种形状的手艺工具。母亲过去是和服裁缝，因此对我来说，自幼便在手工艺的世界中耳濡目染。我时常想起房间里陈列着的大号和裁机。其他的诸如刺绣和编织，也自然而然触手可及。做完拆，再做再拆，直到完成想要的东西，是我一直不曾改变的坚持。

我尝试过各种各样的手工艺领域，最后爱上了蕾丝钩编。在钩编的过程中，我被自然界中优美的植物姿态深深打动，开始思考用线呈现它们的样子，包括花朵和叶子的颜色、外形、姿态。无论是自然界中生长的植物，还是经过人工干预的植物，都令人心动不已。

本次钩编的是花盆中栽种的圣诞玫瑰。我特别喜欢黑色等稳重的颜色，同时也尝试用更多的颜色来表现玫瑰的优美姿态。玫瑰微微低着头静静盛开的样子，给人一种难以言说的绝妙美感。

植物落下的影子也美好至极。我想继续用线描绘美丽的植物世界。

编织师的极致编织

【第48回】书写、折叠、传递——编织的小纸条

某一堂课
正在抄着黑板上的笔记
嘭、嘭、嘭
有人在轻轻地敲后背

回头一看，听到一声低语
“往前，往前，传给小M（Merino）。”
那是折成爱心形状的信纸

过了一会儿
前面的同学突然转过身
“传给后面的小A（Alpaca）。”
这次是折成草莓形状的活页纸

下一堂课
从很远的右前方传来了
折成瓶子形状的便利贴
打开一看
“今天吃面包什么的吧！早点去小卖部！！”

抬头看看空中的云朵，不由得思绪纷飞

编织师203gow：
持续编织非同寻常的“奇怪的编织物”。成立让编织充满街头的游击编织集团“编织奇袭团”，还涉足百货店的橱窗、时尚杂志背景、美术馆、画廊展示等的设计以及讲习会等活动。

文、图/203gow 作品

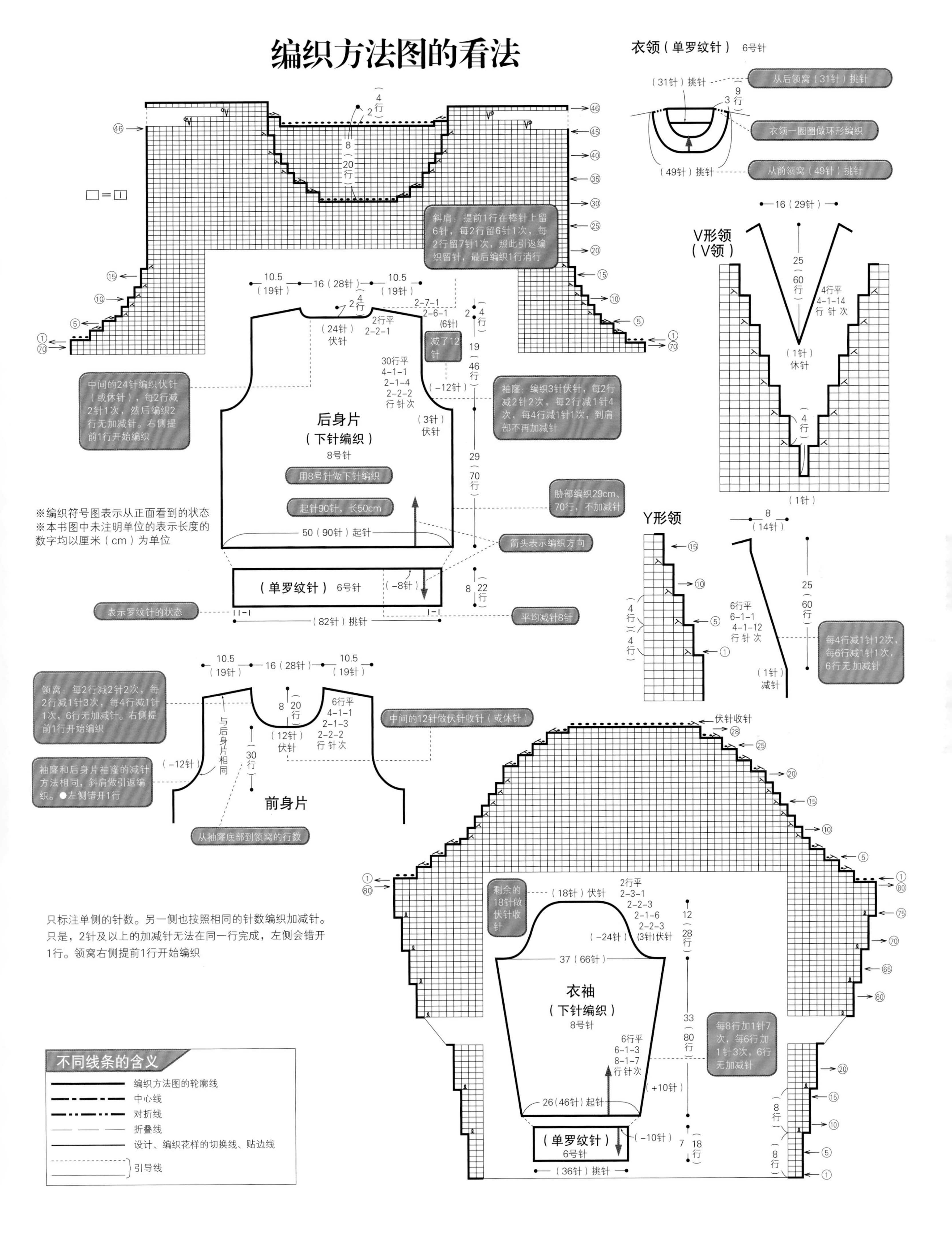
编织方法图的看法
衣领（单罗纹针） 6号针
（31针）挑针
从后领窝（31针）挑针
9
3 行
衣领一圈圈做环形编织
（49针）挑针
从前领窝（49针）挑针
□＝□
斜肩：提前1行在棒针上留6针，每2行留6针1次，每2行留7针1次，照此引返编织留针，最后编织1行消行
V形领
（V领）
16（29针）
25
（60行）
4行平
4-1-14
行 针 次
（1针）
休针
4
（行）
（1针）
10.5
（19针）
16（28针）
10.5
（19针）
2（4行）
2-7-1
2-6-1
（6针）
2（4行）
2行平
2-2-1
（24针）
伏针
减了12针
19
（46行）
30行平
4-1-1
2-1-4
2-2-2
行 针 次
（-12针）
中间的24针编织伏针（或休针），每2行减2针1次，然后编织2行无加减针。右侧提前1行开始编织
袖窿：编织3针伏针，每2行减2针2次，每2行减1针4次，每4行减1针1次，到肩部不再加减针
后身片
（下针编织）
8号针
（3针）
伏针
用8号针做下针编织
起针90针，长50cm
29
（70行）
胁部编织29cm、70行，不加减针
※编织符号图表示从正面看到的状态
※本书图中未注明单位的表示长度的数字均以厘米（cm）为单位
50（90针）起针
箭头表示编织方向
Y形领
8
（14针）
（单罗纹针） 6号针
（-8针）
8（22行）
表示罗纹针的状态
（82针）挑针
平均减针8针
25
（60行）
4（行）
4（行）
6行平
6-1-1
4-1-12
行 针 次
（1针）
减针
每4行减1针12次，每6行减1针1次，6行无加减针
10.5
（19针）
16（28针）
10.5
（19针）
领窝：每2行减2针2次，每2行减1针3次，每4行减1针1次，6行无加减针。右侧提前1行开始编织
8（20行）
6行平
4-1-1
2-1-3
2-2-2
行 针 次
（12针）
伏针
中间的12针做伏针收针（或休针）
伏针收针
袖窿和后身片袖窿的减针方法相同，斜肩做引返编织。●左侧错开1行
（-12针）
与后身片相同
30（行）
前身片
从袖窿底部到领窝的行数
剩余的18针做伏针收针
（18针）伏针
2行平
2-3-1
2-2-3
2-1-6
2-2-3
（3针）伏针
12（28行）
（-24针）
37（66针）
只标注单侧的针数。另一侧也按照相同的针数编织加减针。只是，2针及以上的加减针无法在同一行完成，左侧会错开1行。领窝右侧提前1行开始编织
衣袖
（下针编织）
8号针
33（80行）
6行平
6-1-3
8-1-7
行 针 次
每8行加1针7次，每6行加1针3次，6行无加减针
（+10针）
26（46针）起针
（单罗纹针）
6号针
（-10针）
7（18行）
（36针）挑针
8（行）
8（行）
不同线条的含义
编织方法图的轮廓线
中心线
对折线
折叠线
设计、编织花样的切换线、贴边线
引导线

毛线世界

编织符号真厉害

第26回 大家一起"站起来"【钩针编织】

了不起的符号 1 请记住立织的锁针数量

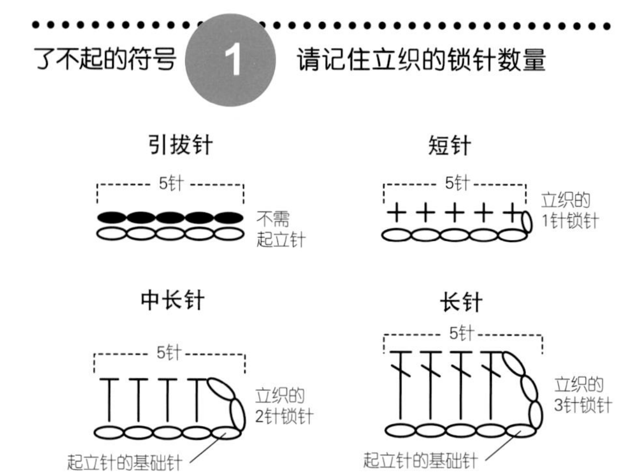

了不起的符号 2 起立针指明了编织方向

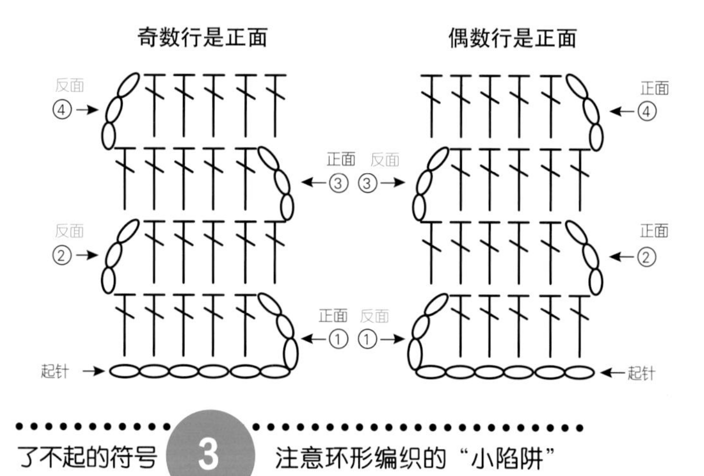

了不起的符号 3 注意环形编织的"小陷阱"

总是看着正面编织

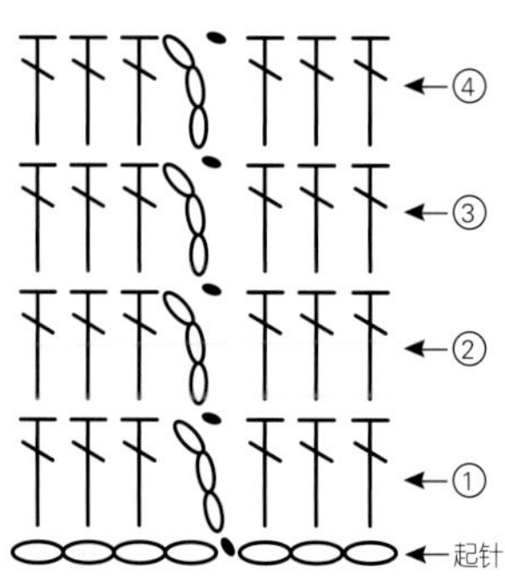

●起立针朝同一个方向

虽然是环形，却要做往返编织

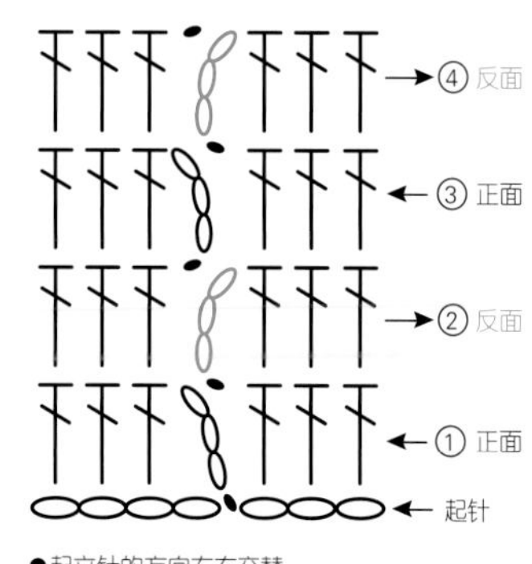

●起立针的方向左右交替

你是否正在编织？我是对编织符号非常着迷的小编。这个季节，无须多言，铆足劲编织吧。书中钩针编织作品比例有所下降，所以这里就来聊一聊钩针编织相关的话题吧。

本期回归初心，选择了起立针作为主题。所谓起立针，是指钩针编织时每行起点立织的锁针。虽然也有例外，一般在开始编织针目前先要钩织相当于该行针目高度的锁针。有了这个起立针才可以进入下一行的编织，不可或缺，也至关重要。请务必一起来复习一下吧。

关于起立针的锁针数量，如左图所示。需要注意的是，从最初的起针开始钩起立针时，中长针及更高的针目需要加1个"基础针"。有了基础针，织物会更加美观，请先记住这一点。

短针＝1针锁针，中长针＝2针锁针，长针＝3针锁针，以此类推，立织的锁针逐渐增加。那么长长针呢？应该已经知道了吧。编织中长针及更高的针目时，立织的锁针计为1针，所以下一行也要在立织的最后1针锁针里挑针钩织。

起立针为我们指明了编织方向和织物的正、反面。不知道哪一面是正面时，请确认一下第1行的起立针位置。是的，钩针编织也有正、反面之分。比如钩织边缘的情况，最后一行是正面时看起来就更加美观，所以也会结合花样的行数考虑编织方向。如果弄错了，就会很受打击……

另一点需要复习的是环形编织的情况。一圈一圈地编织时，基本上都有起立针。当你觉得总是看着正面编织太幸福时，其实偶尔会有另外一种情况，即"虽然是环形，却要做往返编织"。当起立针的方向或者行数旁边的箭头方向看上去有点异样时，那一定是环状的往返编织。或许是花样的关系，肯定有恰当的理由才会做往返编织的，希望大家可以注意一下。环形编织的情况，也有不钩起立针的方法以及2针并1针时的处理方法，我们改天找机会再聊。

起立针在钩针编织中是不可或缺的存在，真是太重要了，绝对不可以敷衍了事……

小编的碎碎念

起立针很重要。虽然是一开始就学习的内容，还是有很多人会在这里受挫。我也是花了很长时间才真正理解。希望大家不要气馁，哪里跌倒就在哪里站起来，一起愉快地编织吧。

毛线世界

时尚达人的手艺时光之旅：
发带

炎热的夏天，恨不得将短发都扎起来。走进发饰店一看，那里陈列着梳子、发带和发圈等，五彩斑斓，琳琅满目，光是看看就让人心情愉快。

与发圈类似，江户时代（1603—1868 年）也有日本传统发髻的发饰（日文汉字写作“手络”，即发带的意思）。在庆祝幼儿成长的“七五三节”以及成人仪式上用来扎头发的，是一种好像鹿纹扎染的发饰。

当时，年轻女性喜欢绯红色绉绸和鹿纹扎染的发带，而上了年纪的已婚女性则更喜欢浅黄色和紫色的发带。从江户末期到明治（1868—1912 年）初期，百姓之间开始流行一种纸塑发带。明治时期，发型也从日本传统的发髻变成了束发。石井研堂著的《明治事物起源》一书中就有束发的插图，据说是他的夫人——人气编织作家石井登美子的亲笔手绘。

各种发型上扎着的发带（日文汉字写作“手柄挂”或者“头发挂”）逐渐流行。时尚达人们纷纷用编织和刺绣技法制作出充满个性的发带。

彩色蕾丝资料室收藏的 2 片刺绣发带运用了当时法式刺绣中被称为“相良绣”的法式结粒绣填充图案，还加入了珠绣技法。时尚达人们的毅力和耐心由此可见一斑。还有一片用很细的棒针和蚕丝线编织的起伏针发带。打结的地方钩织了锁针，这样的设计更方便打结。

石井登美子编著的《编物指南》中也有发带作品，用蚕丝线或蕾丝线配色编织了红白相间的棋盘格纹花样，非常精美。明治三十八年（1905 年），元禄纹样（日本 1688—1704 年元禄时代盛行的鲜艳、奢华、绚丽的纹样）开始流行，特点是出现了大型绚烂的市松（格纹）、疋田（一种形似鹿背上的斑点的扎染图案）、槌车、葵叶、蝴蝶、花鸟、波浪等纹样。

与裁缝师一样，当时已经确立了编织师这个职业。编织师们发挥各种创意，紧跟时尚的脚步，或者编织当季花卉的形状，或者配色编织歌舞伎演员（或许是时尚达人的偶像）的家徽，抑或结合前面提到的元禄纹样进行编织。

作为家庭副业，初学者 1 件作品可以赚 4 钱至 4 钱 5 厘，通常 1 天有 10 钱左右，1 个月就是 3 元，报酬绝对说不上很高。因为可以在生活闲暇时间编织，所以还是非常受欢迎的一项副业。眼前好像浮现出了时尚达人们欢快编织的场景。

《明治事物起源》一书中的束发插图

加入了相良绣和珠绣的发带

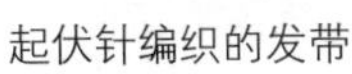

起伏针编织的发带　再现了红白相间的棋盘格纹发带

《编物指南》中刊登的发带的编织方法

彩色蕾丝资料室 北川景

日本近代西洋技艺史研究专家。为日本近代手工艺人的技术和热情所吸引，积极进行着相关研究。拥有公益财团法人日本手艺普及协会的蕾丝师范资格，是一般社团法人彩色蕾丝资料室的负责人。担任汤泽屋艺术学院蒲田校区、浦和校区的蕾丝编织讲师。还在神奈川县汤河原经营着一家彩色蕾丝资料室。

现在还不知道?

《毛线球》的阅读指南

感谢大家对《毛线球》一如既往的喜爱!
书中按惯例刊登的一些有用信息可能并没有引起读者的注意,
大家咨询的问题其实书里就能找到答案……
本期将正式介绍一下这些隐藏的小设计,
以及符号图中约定俗成的省略规则。

摄影/森谷则秋

 其一 想要换线编织时,请留意这里的有用信息!

编织方法页面提供了作品编织用线的实物粗细图片,大家是否知道?
当然是为了展示编织线的形态,
还可以与手头现有的毛线比对,
确认大致粗细,也非常方便。

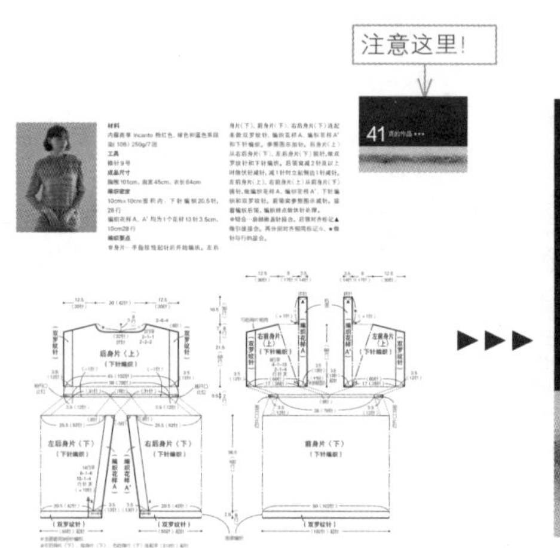

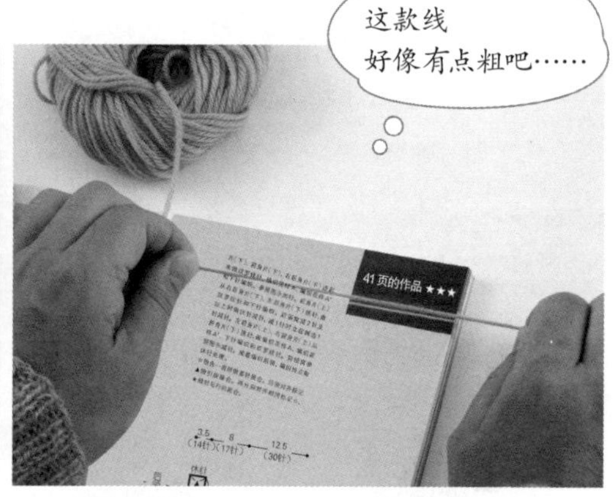

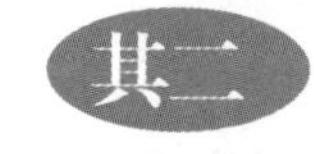 其二 符号图的省略规则

因为《毛线球》很多读者的编织水平都在中级以上,所以编织图中会省略一些标注。
话虽如此,实际编织时难免会感到疑惑。下面为大家介绍几点需要注意的地方。

基础的编织花样符号图中会标注针数和行数,这些数字表示的是该花样的最小单位。需要注意的是,虽然标注了1个花样的针数和行数,但是并不意味着从这里开始编织。钩针编织会注明“1个花样”,而棒针编织只标注数字,大家可能注意不到。

在基础符号图中，底部的几行以及代表边针的部分往往不会标注针数和行数。标有数字的部分是以1个花样为单位，实际编织时注意从符号图的边端开始。

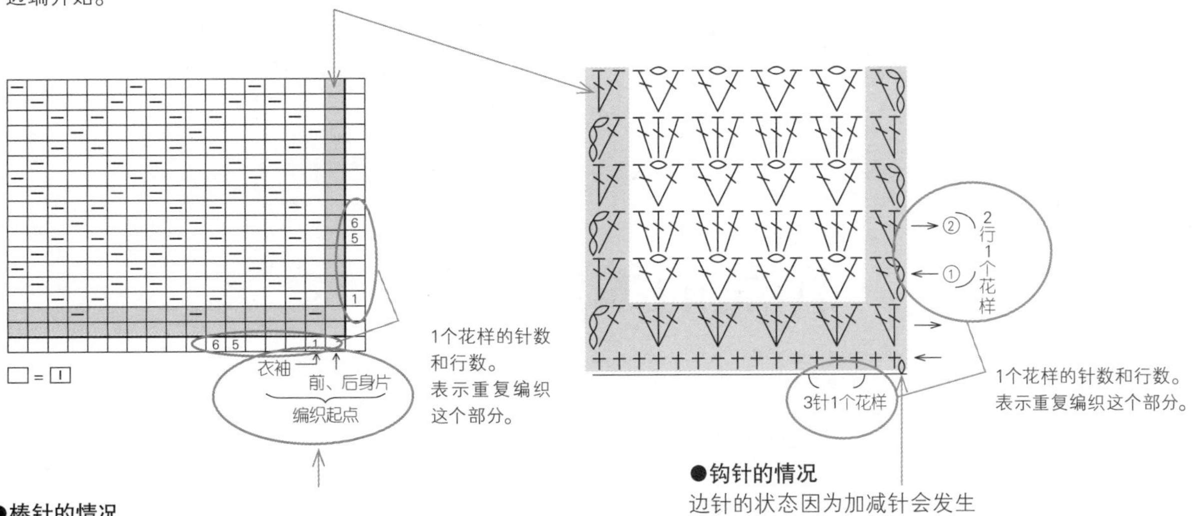

●棒针的情况

织物不同部件的编织起点不同时，会在符号图框外标注出来。编织终点侧没有标注时，表示与编织起点位置呈对称状态加入花样。

●钩针的情况

边针的状态因为加减针会发生变化，即使各部件的编织起点位置不同，基础符号图中大多没有任何标注。

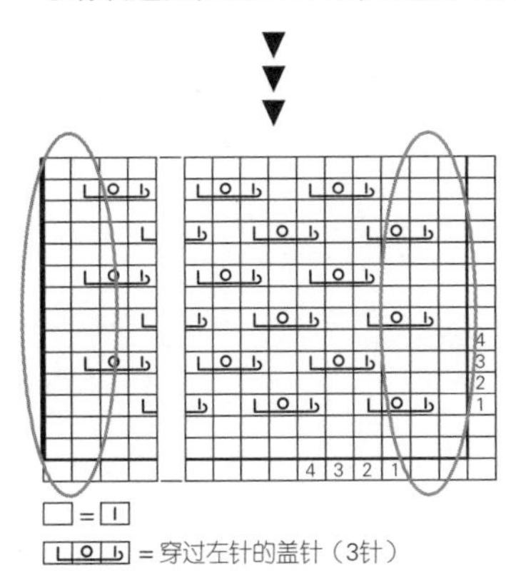

●织物两端状态不同的情况

如图所示，有时也会在左侧画出编织终点的状态。这种情况也作为基础符号图，无须标注所有的针数，而是直接画出针目状态。

诸如阿兰花样等由各种小花样组合成大型花样的情况，重复编织的行数因花样而异，此时就会如下所示进行标注。

如果单元花样的行数比较少，如下所示在符号图框外该花样的对应位置标注范围。如果1个花样的行数正好是行数最多的那个花样的公约数，就会省略标注。

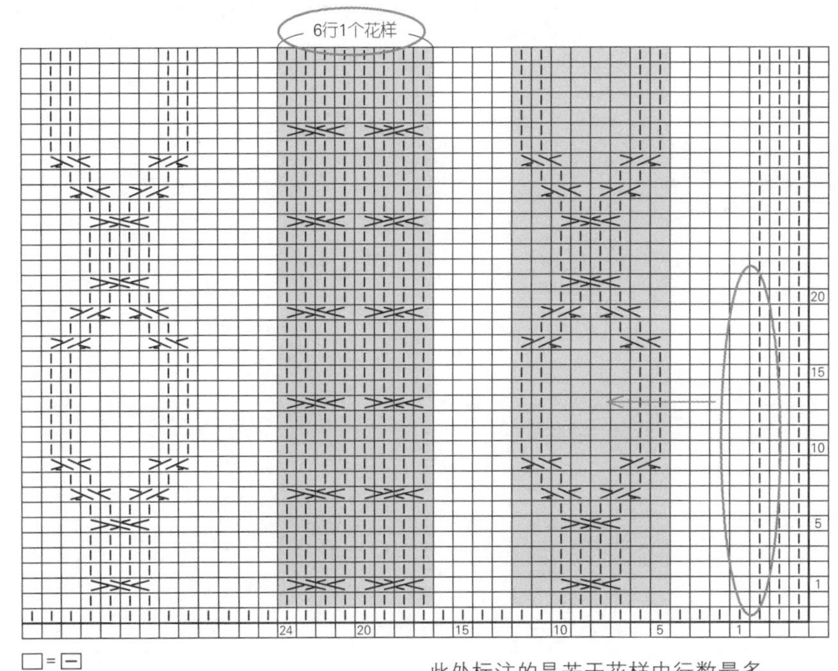

此处标注的是若干花样中行数最多的那个花样的行数。

如果全图解绘制符号图，无论如何都需要增加很多页面。而《毛线球》要在有限的版面介绍很多作品，所以会尽可能地利用这些省略规则。实在很难理解花样的位置关系时，可以试试将符号图复制后粘贴在一起，或者自己绘制符号图，制作完整的图解。

作品的编织方法

★的个数代表作品的难易程度和对编织者的水平要求　★…初学者可放心选择　★★…拥有一定自信者都可以尝试
★★★…有毅力的中上级水平者可以完成　★★★★…对技术有自信者都可大胆挑战
※ 线为实物粗细

材料

毛线Pierrot Fine Merino 乳白色（01）285g/10团，海军蓝色（14）110g/4团

工具

棒针6号、5号、4号

成品尺寸

胸围108cm，衣长60cm，连肩袖长70.5cm

编织密度

10cm×10cm面积内：下针编织22针，31.5行；配色花样A、B均为27针，29.5行

编织要点

●身片、衣袖…另线锁针起针，后身片、衣袖做下针编织和配色花样A，前身片做下针编织和配色花样A、B。采用横向渡线的方法编织配色花样。领窝减针时，2针及以上时做伏针减针（边针仅在第1次需要编织），1针时立起侧边1针减针（即2针并1针）。袖下加针时，在1针内侧编织扭针加针。衣袖编织终点做伏针收针。下摆、袖口解开锁针起针挑针，编织双罗纹针。编织终点做下针织下针、上针织上针的伏针收针。

●组合…肩部将前后身片的针目对齐，一边减针一边做盖针接合。衣领挑取指定数量的针目，编织双罗纹针配色花样。编织终点参照图示做伏针收针。衣袖对齐针与行，缝合于身片。胁部、袖下做挑针缝合。

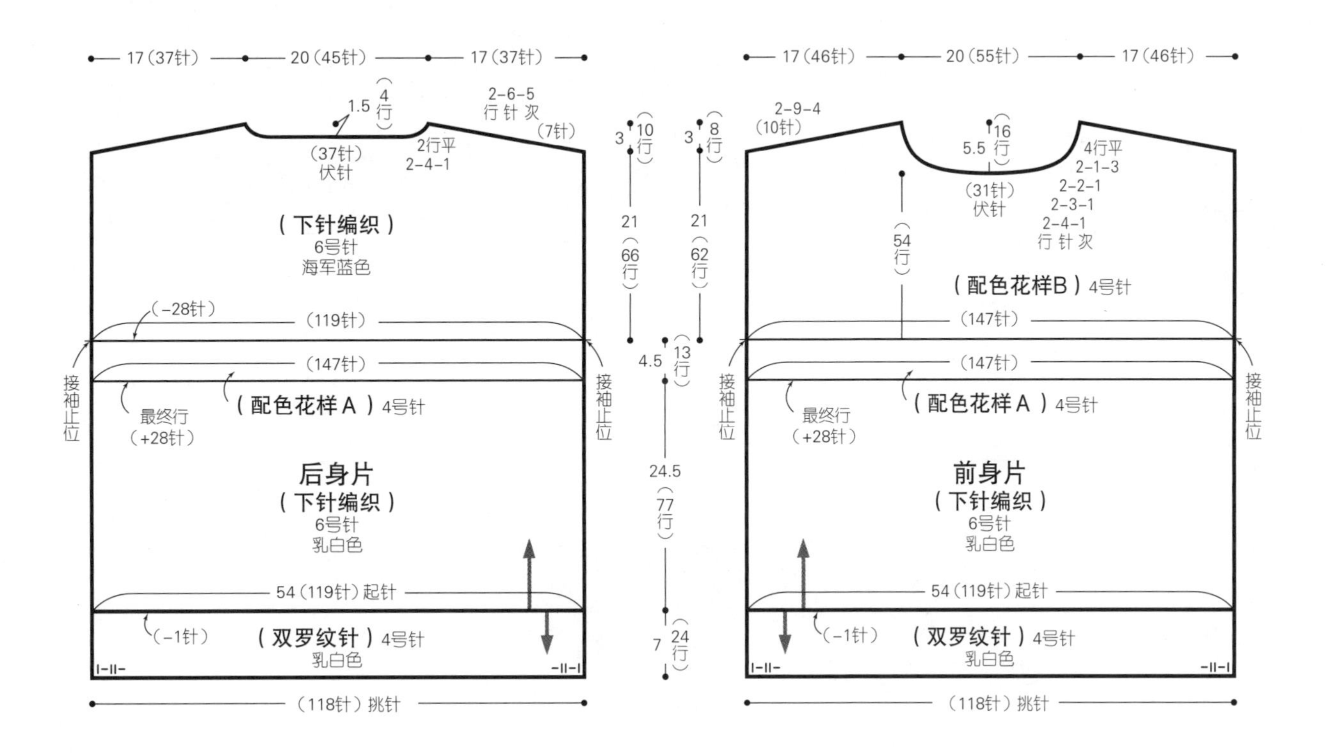

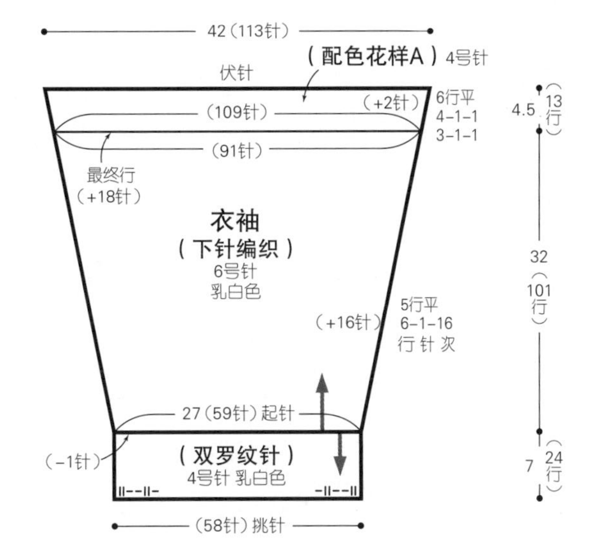

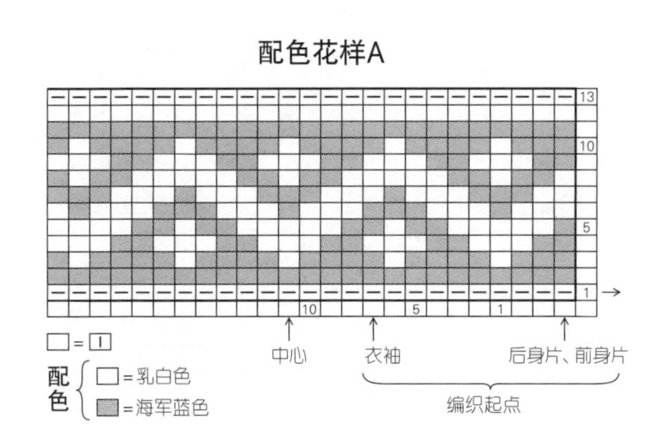

衣领
（双罗纹针配色花样）
5号针

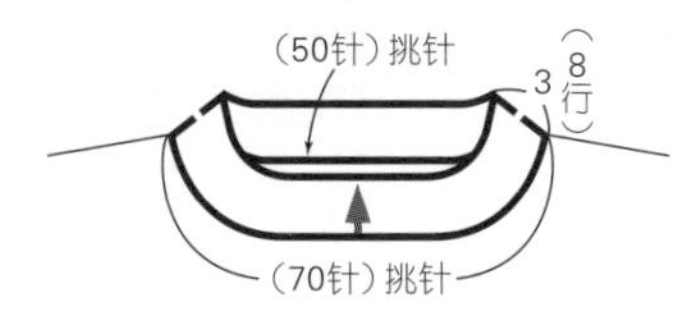

双罗纹针

做下针织下针、上针织上针的伏针收针

2
1
4 3 2 1

□ = □I

衣袖
后身片、前身片
编织起点

双罗纹针配色花样

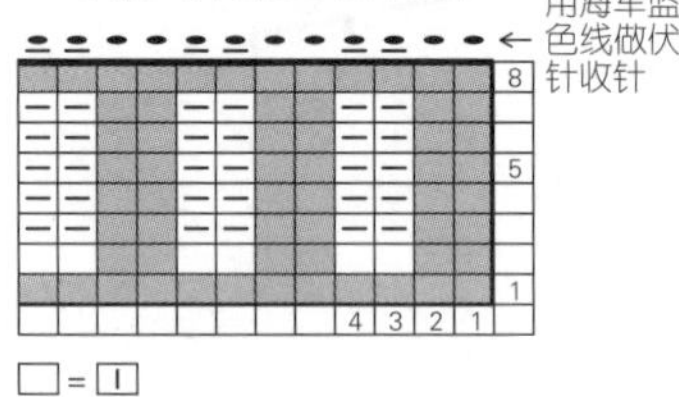

□ = □I

配色 { ■ = 海军蓝色
□ = 乳白色

⚊ = 用海军蓝色线做伏针收针

配色花样B

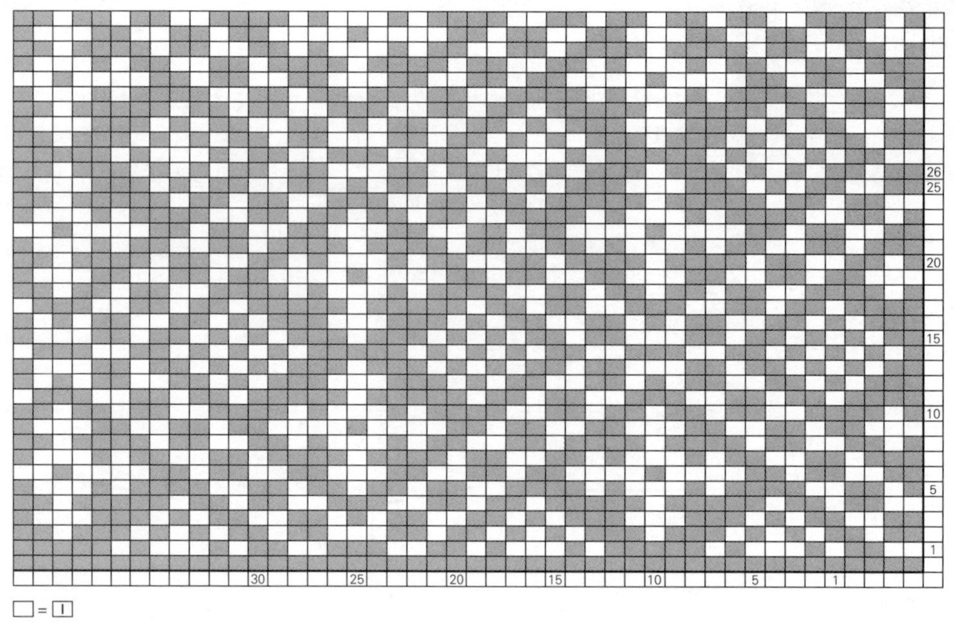

□ = □I

配色 { ■ = 海军蓝色
□ = 乳白色

接第99页

配色花样A和分散加针

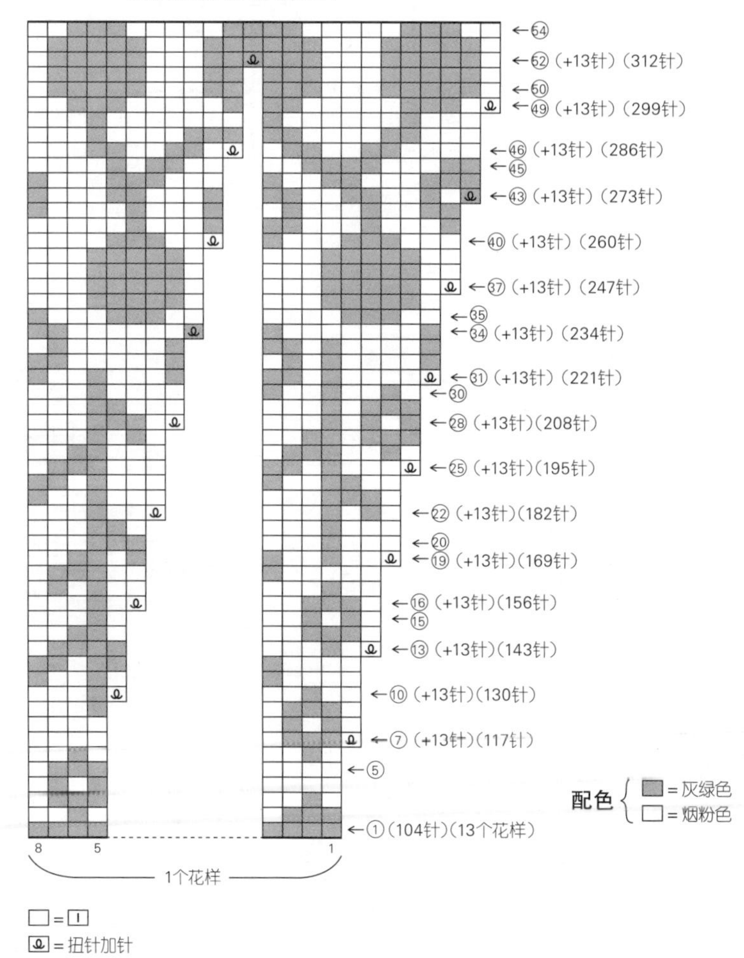

配色 { ■ = 灰绿色
□ = 烟粉色

□ = □I

⑀ = 扭针加针

材料

毛线Pierrot Nuage 烟粉色(02)455g/12团，灰绿色(16)85g/3团

工具

棒针8号、6号

成品尺寸

胸围108cm，衣长59cm，连肩袖长74cm

编织密度

10cm×10cm面积内：下针编织20针，27行；配色花样A、B均为20针，24.5行

编织要点

●手指挂线起针，衣领环形编织单罗纹针。然后育克编织配色花样A。采用横向渡线的方法编织配色花样。参照图示分散加针。后身片做8行下针编织作为与前身片的差行，腋下卷针起针。将前后身片连在一起做下针编织和单罗纹针。编织终点做单罗纹针收针。衣袖从育克的休针、前后身片的差行和腋下挑针，做下针编织、配色花样B和单罗纹针。袖下参照图示减针。编织终点和下摆一样收针。

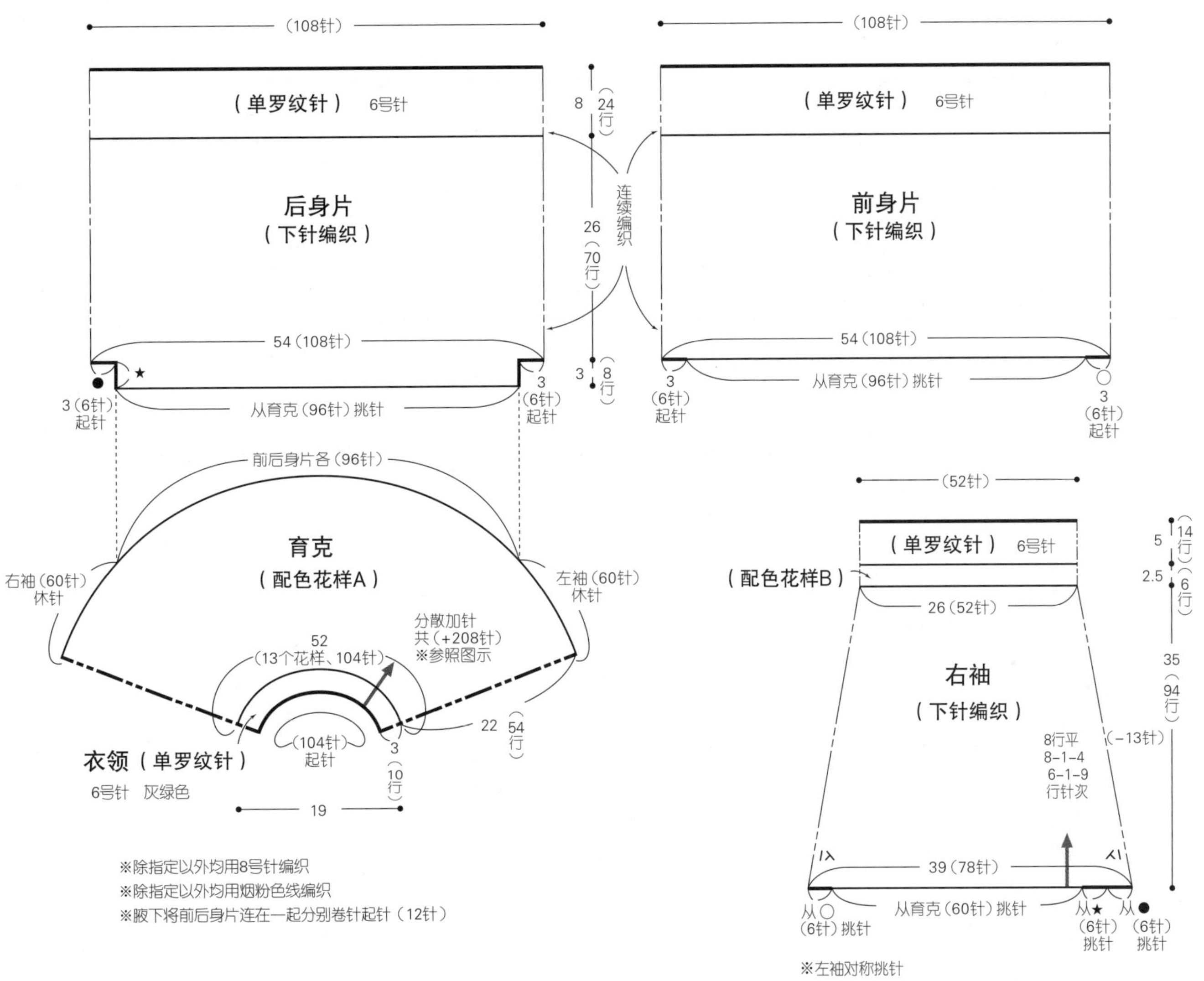

※除指定以外均用8号针编织

※除指定以外均用烟粉色线编织

※腋下将前后身片连在一起分别卷针起针(12针)

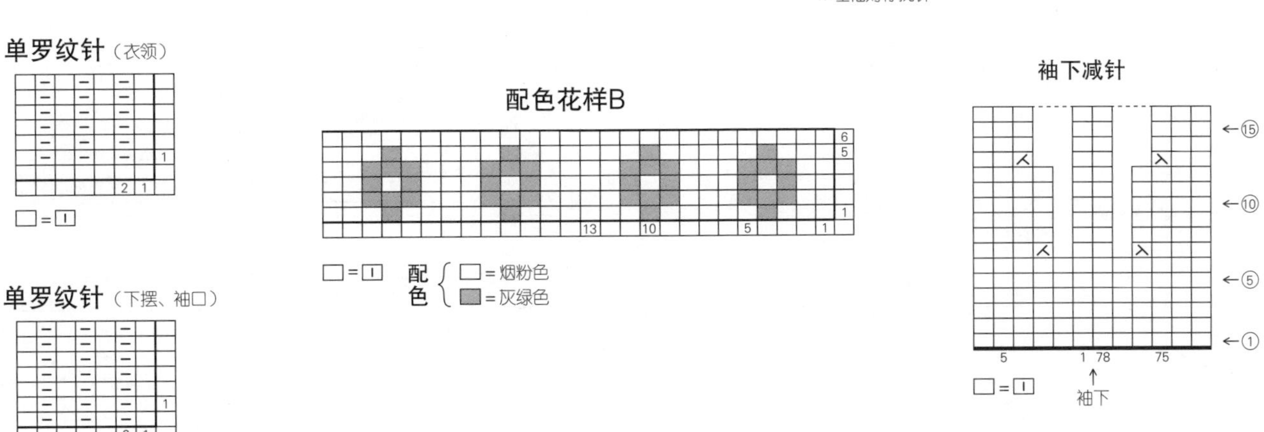

其他内容见第98页

9 页的作品 ★★★

材料

Keito Ururi 炭灰色(07) 460g/5团，原白色(00) 60g/1团，水蓝色(03) 50g/1团，粉色(01) 20g/1团

工具

棒针8号、6号

成品尺寸

胸围110cm，衣长49.5cm，连肩袖长72cm

编织密度

10cm×10cm面积内：下针编织19针，26行；配色花样A20针，23行

编织要点

●身片、衣袖…全部取2根线编织。手指挂线起针，环形编织单罗纹针、下针编织。

●组合…育克从身片和衣袖挑针，参照图示一边减针，一边编织配色花样A、单罗纹针条纹A和配色花样B。采用横向渡线的方法编织配色花样，如果渡线较长要在中途包住编织。衣领编织单罗纹针条纹B，编织终点做伏针收针。折向内侧，做卷针缝缝合。腋下针目做下针无缝缝合。

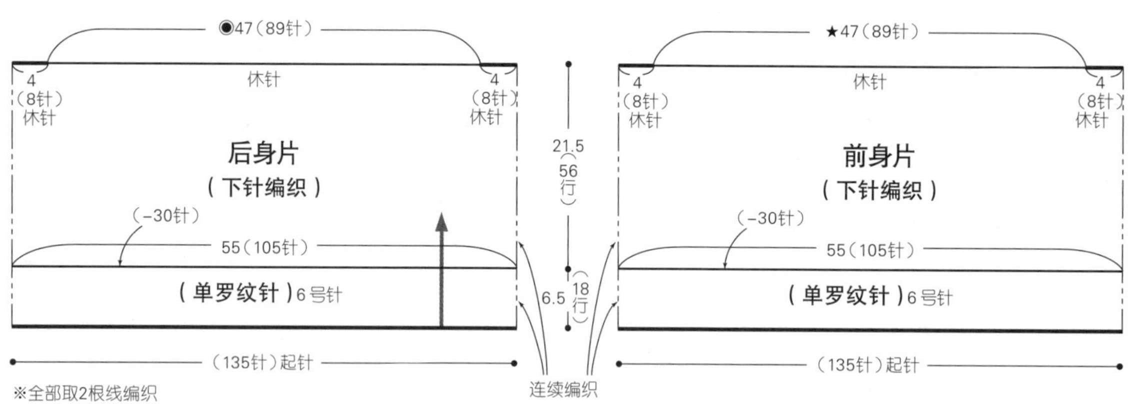

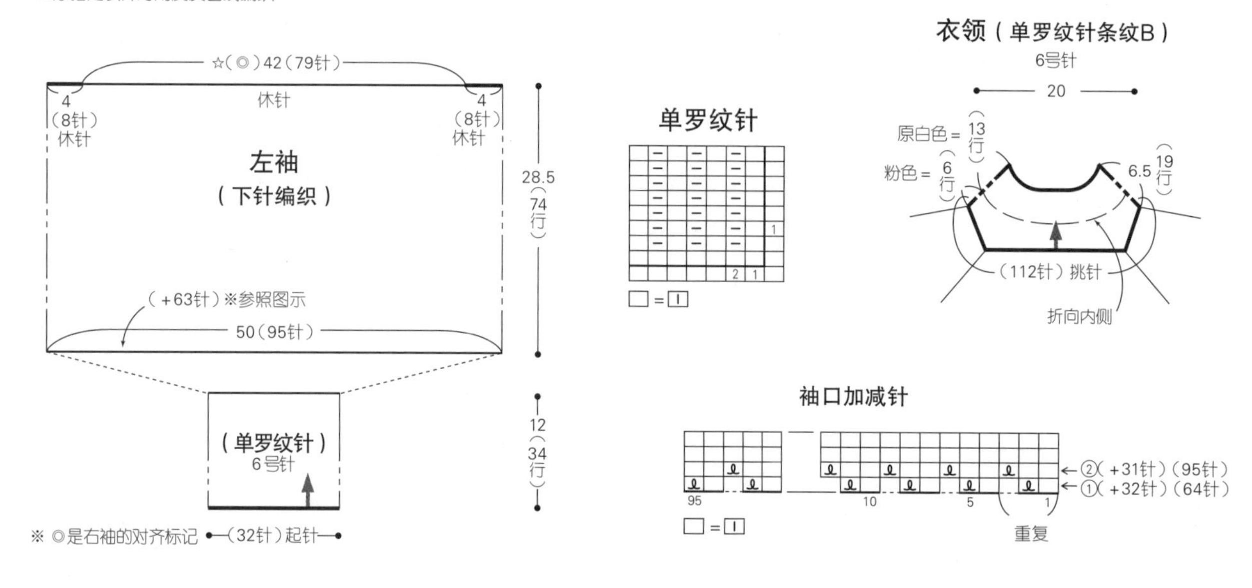

育克

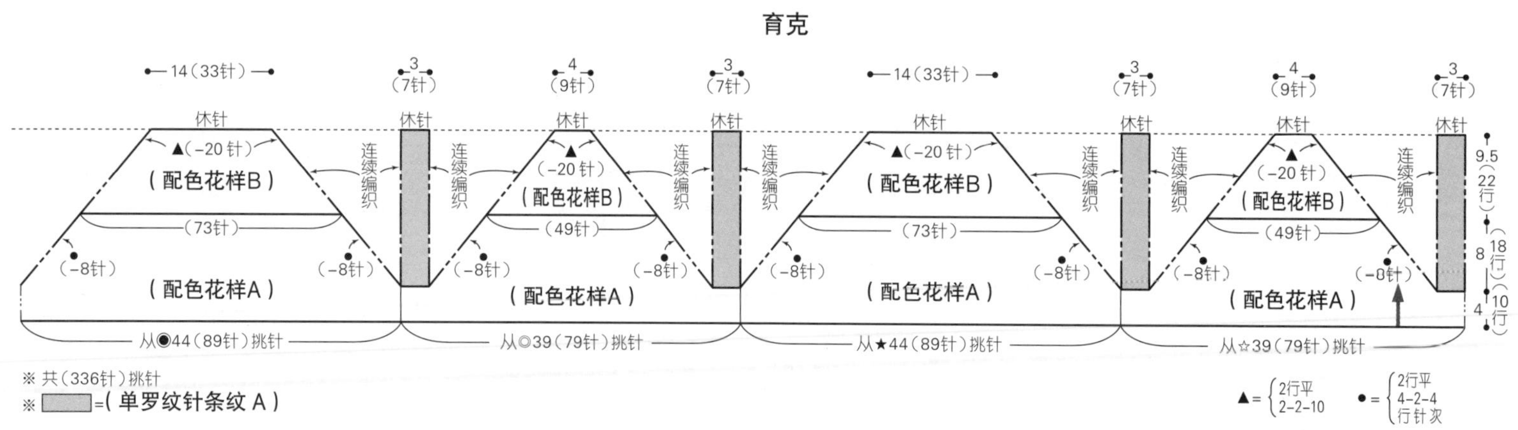

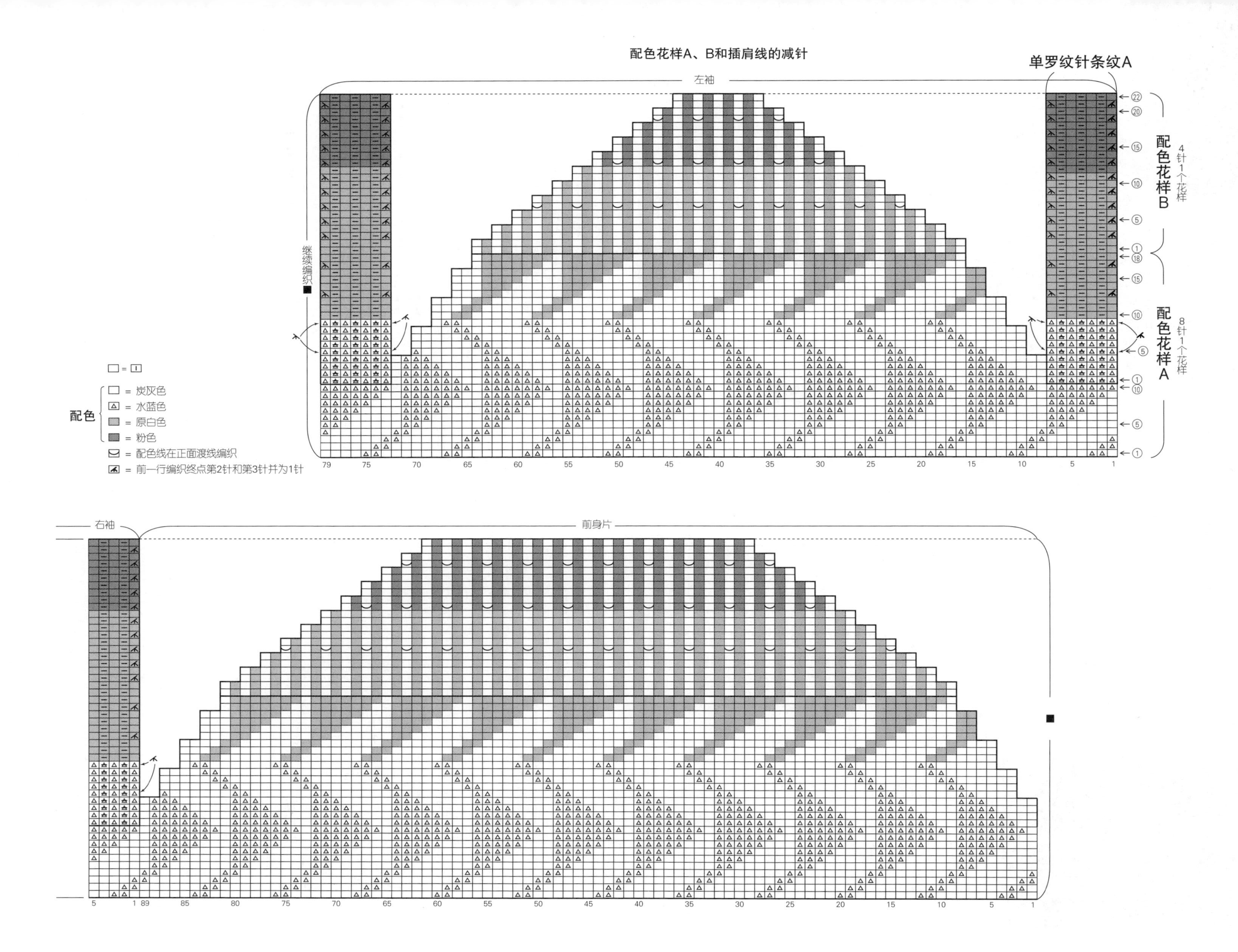

配色花样A、B和插肩线的减针
单罗纹针条纹A
左袖
配色花样B
4针1个花样
配色花样A
8针1个花样
继续编织■
配色
= 炭灰色
= 水蓝色
= 原白色
= 粉色
= 配色线在正面渡线编织
= 前一行编织终点第2针和第3针并为1针
右袖
前身片

材料

itoito brooklyn w 褐色(25) 340g/7团，灰色(23) 65g/2团，黄褐色(22) 5g/1团

工具

棒针3号、4号、2号

成品尺寸

胸围106cm，衣长67.5cm，连肩袖长84cm

编织密度

10cm×10cm面积内：下针编织25针，33.5行；配色花样25针，30行

编织要点

●身片、衣袖…手指挂线起针，编织单罗纹针和下针编织。袖下加针时，在1针内侧编织扭针加针。

●组合…胁、袖下做挑针缝合，腋下针目做下针无缝缝合。育克从身片和衣袖挑针，一边分散减针，一边编织配色花样和下针编织。采用横向渡线的方法编织配色花样。参照图示完成领窝处的引返编织。衣领编织单罗纹针。编织终点做下针织下针、上针织上针的伏针收针。

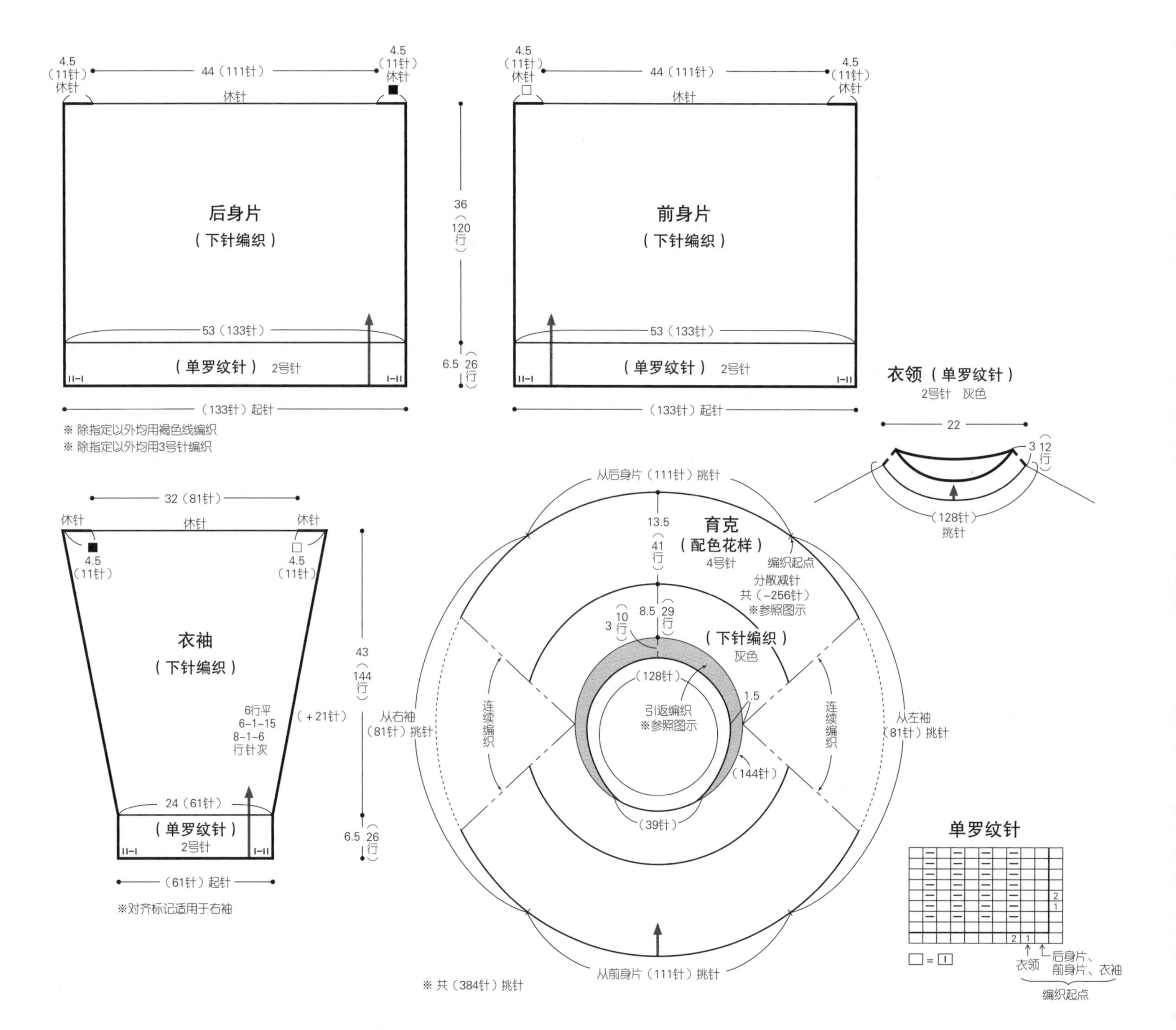

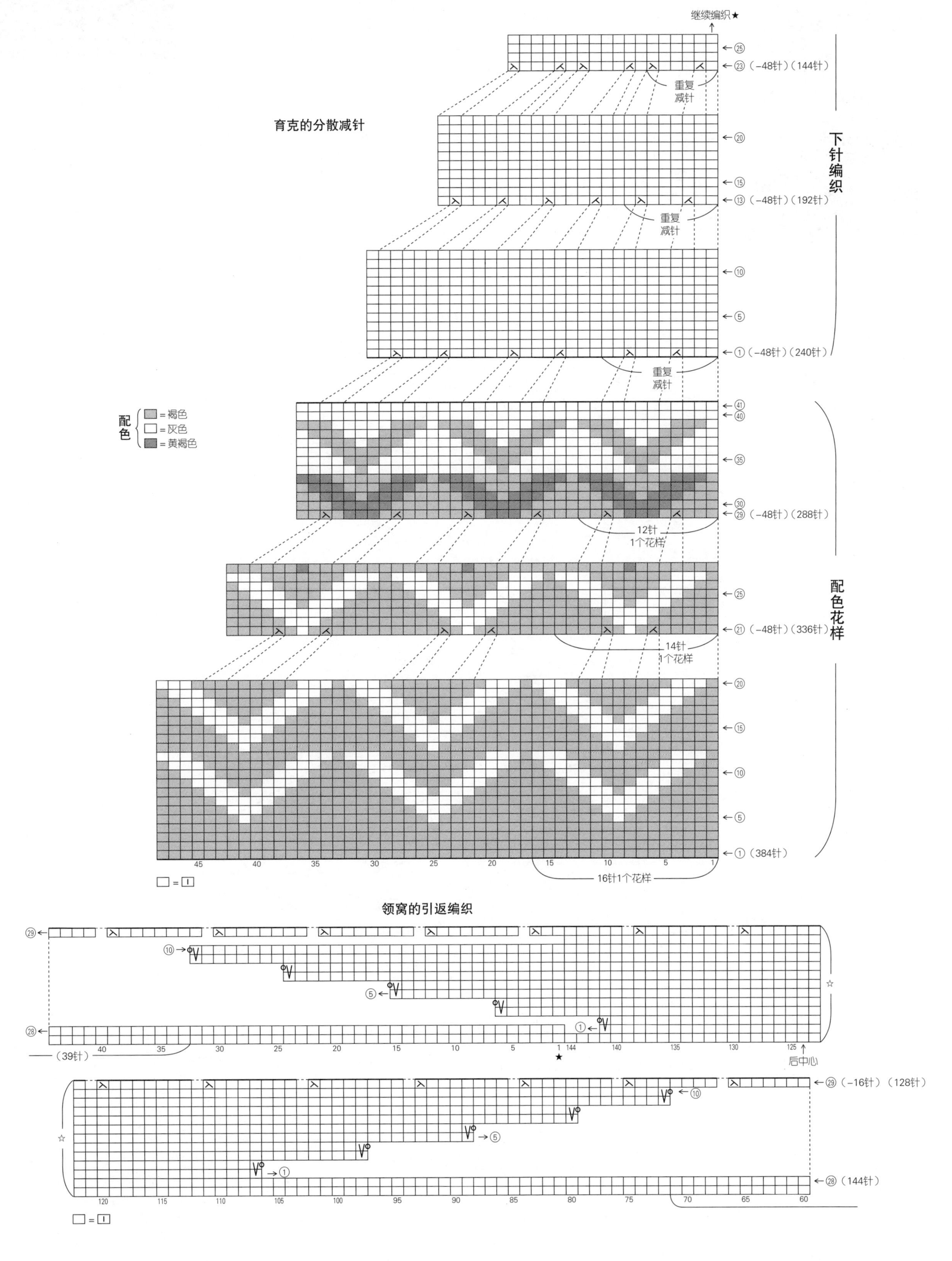

继续编织★
育克的分散减针
重复减针
下针编织
(-48针)(144针)
(-48针)(192针)
(-48针)(240针)
配色
=褐色
=灰色
=黄褐色
(-48针)(288针)
12针1个花样
配色花样
(-48针)(336针)
14针1个花样
(384针)
16针1个花样
领窝的引返编织
(39针)
后中心
(-16针)(128针)
(144针)

材料

手织屋 e-Wool　深灰色（11）345g，蓝色（24）、原白色（13）各15g，褐色（19）10g，黑色（14）5g

工具

棒针5号、3号

成品尺寸

胸围102cm，衣长60cm，连肩袖长76cm

编织密度

10cm×10cm面积内：下针编织21.5针，34行

编织要点

●身片、衣袖…手指挂线起针，环形做编织花样A和下针编织。育克花样交界处减针时，2针及以上时做伏针减针，1针时立起侧边1针减针。插肩线立起侧边2针减针。袖下参照图示加针。

●组合…插肩线部分做挑针缝合，腋下针目做下针无缝缝合。育克从身片和衣袖挑针，一边分散减针，一边环形做编织花样B、C和配色花样。采用横向渡线的方法编织配色花样。衣领做编织花样D。编织终点做扭针的单罗纹针收针。

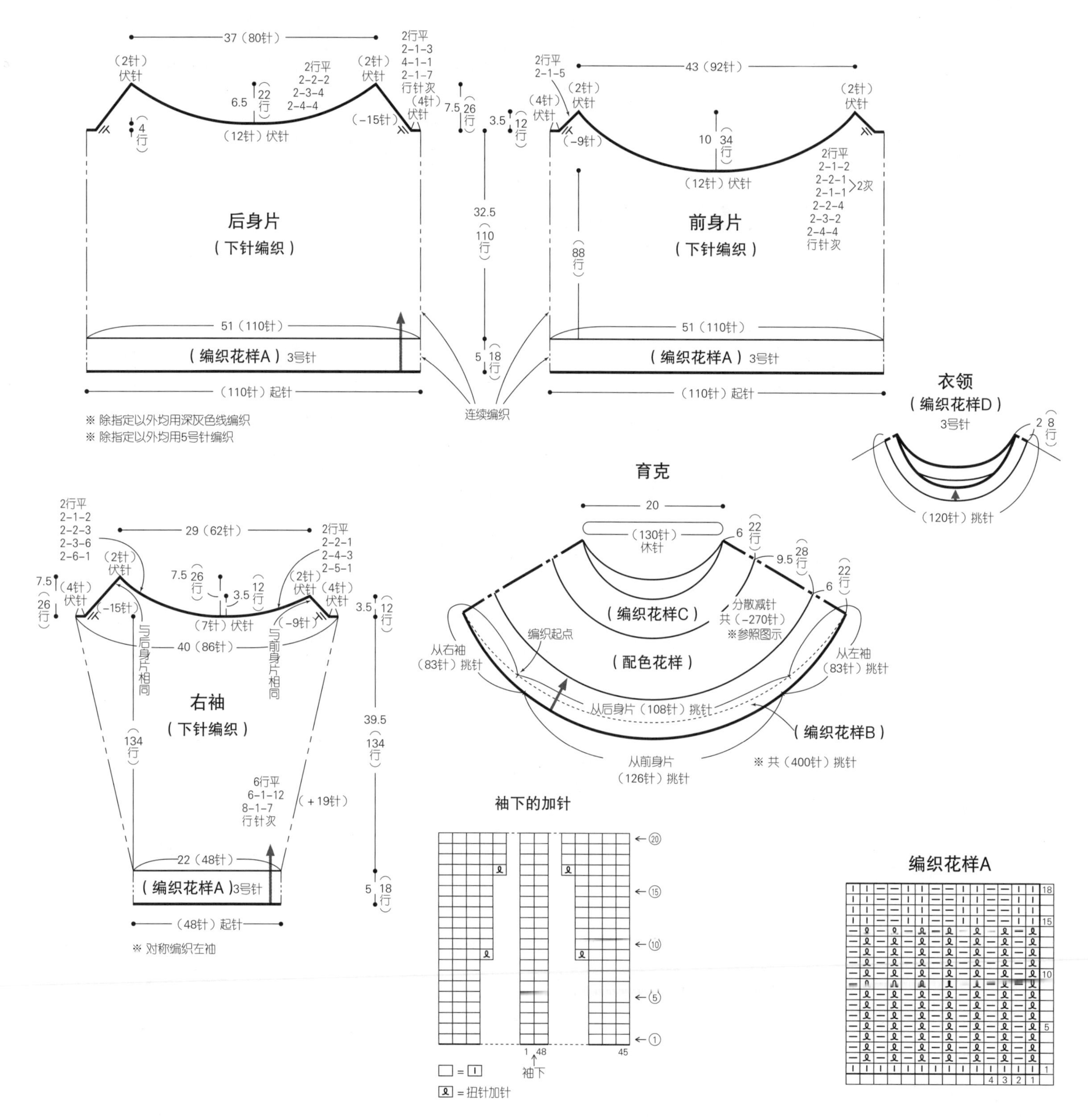

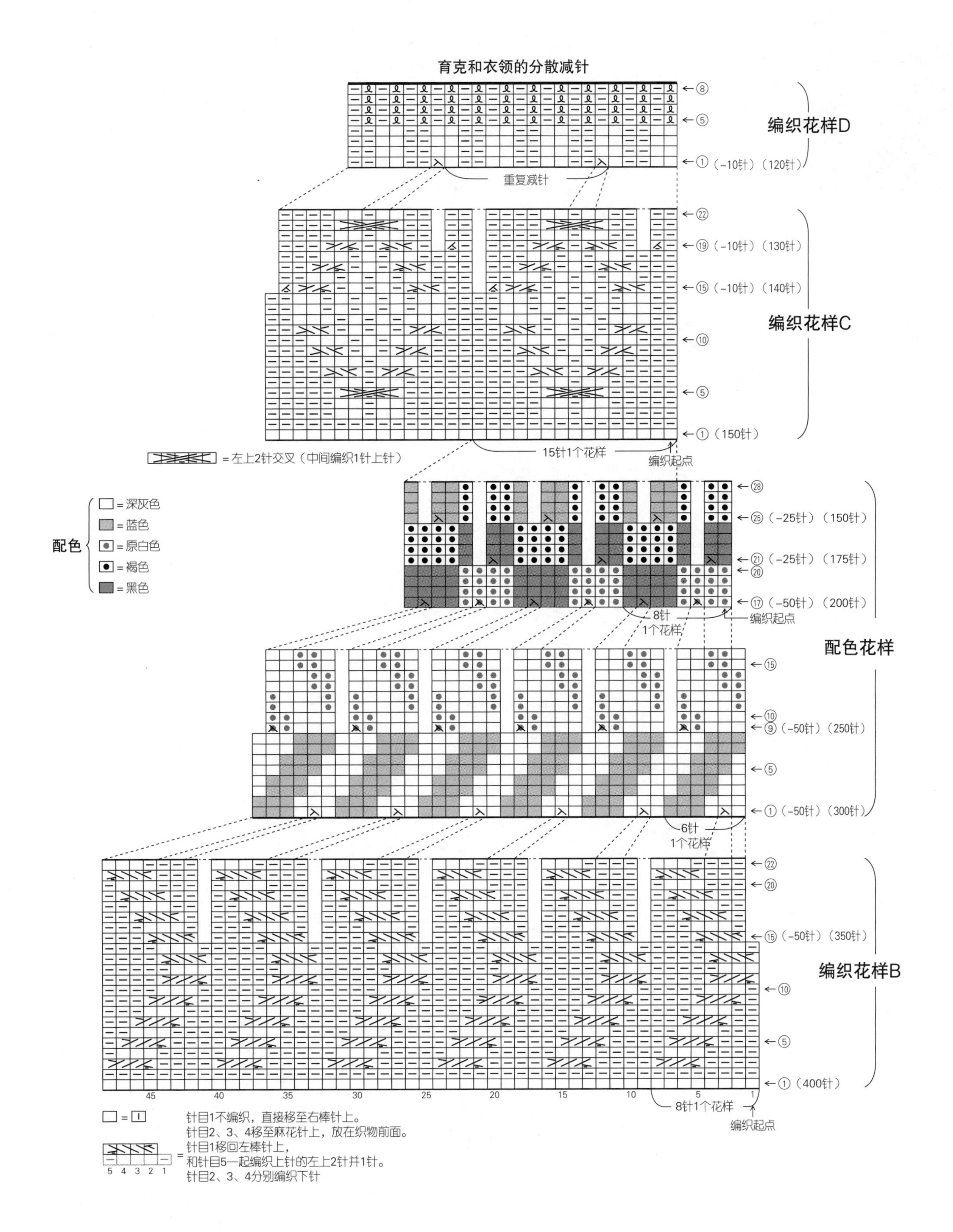

□ = Ⅰ

5 4 3 2 1 = 针目1不编织，直接移至右棒针上。针目2、3、4移至麻花针上，放在织物前面。针目1移回左棒针上，和针目5一起编织上针的左上2针并1针。针目2、3、4分别编织下针

材料

手织屋 Moke Wool B 灰色(14) 435g，原白色(32) 45g，藏青色(30) 40g，灰水蓝色(31) 25g，炭灰色(15) 20g

工具

棒针9号、7号

成品尺寸

胸围115cm，衣长65cm，连肩袖长75.5cm

编织密度

10cm×10cm面积内：下针编织和配色花样A、B均为17.5针，22.5行

编织要点

●身片、衣袖…育克手指挂线起针，环形编织配色花样A。采用横向渡线的方法编织配色花样。参照图示分散加针。后身片往返做6行下针编织，和前身片织出差行。后身片、前身片从腋下的卷针和育克挑取指定数量的针目，环形做下针编织、配色花样B、起伏针和双罗纹针。编织终点做下针织下针、上针织上针的伏针收针。袖口从育克的休针、腋下和前后身片的差行挑针，按照和身片相同的方法编织。袖下参照图示减针。

●组合…衣领挑取指定数量的针目，编织起伏针和双罗纹针。编织终点和下摆一样收针。

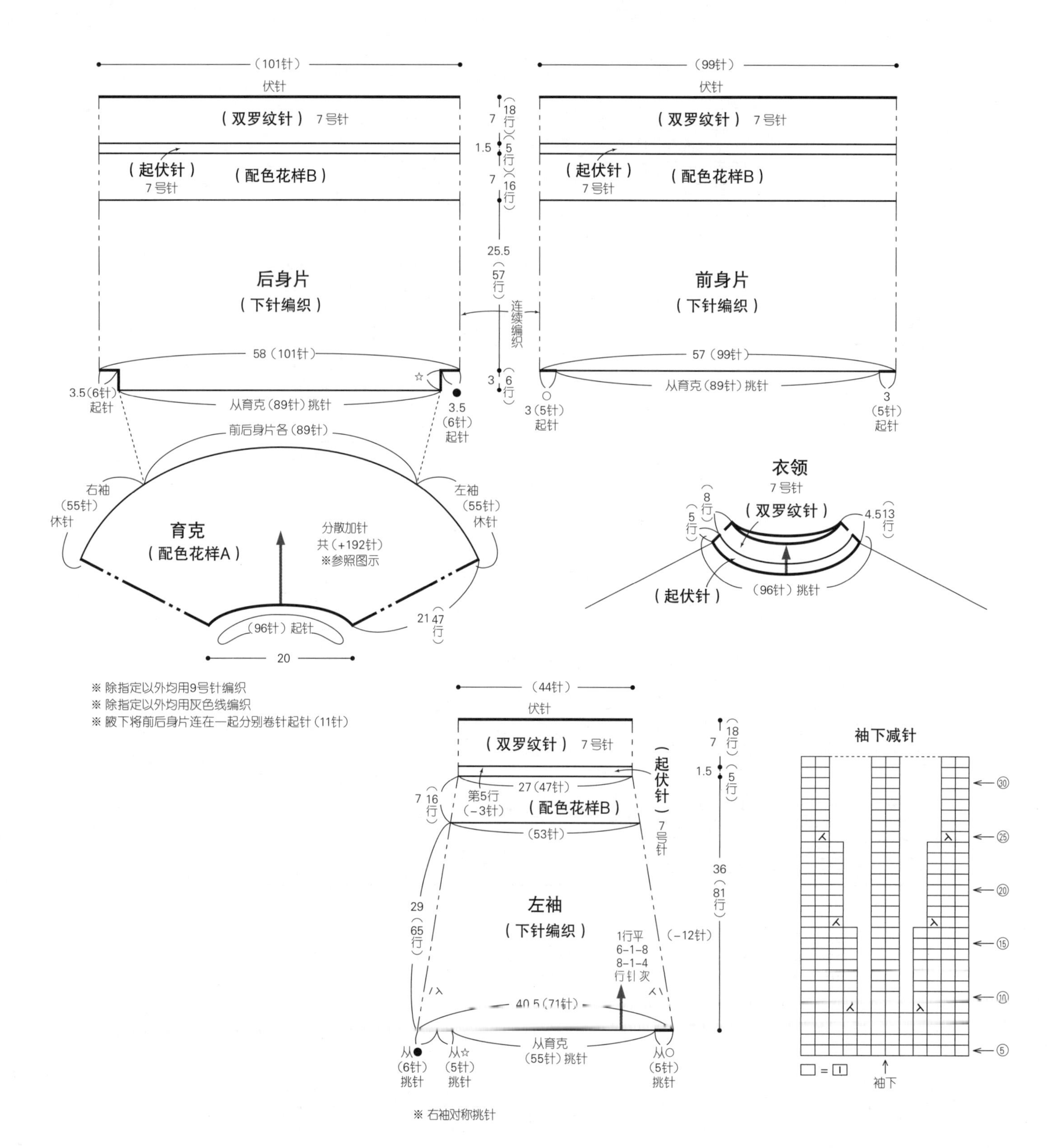

配色花样A和分散加针

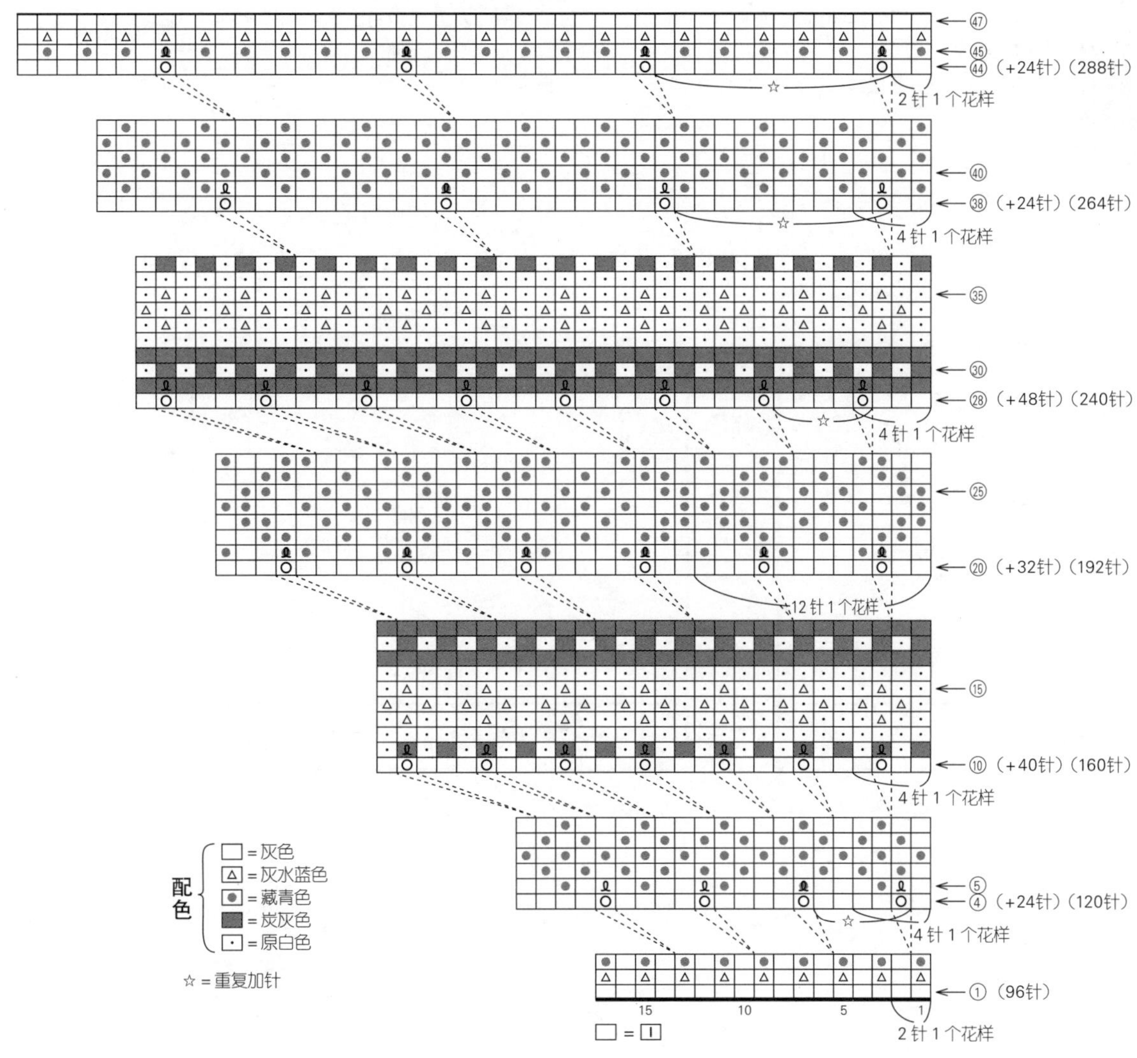

起伏针

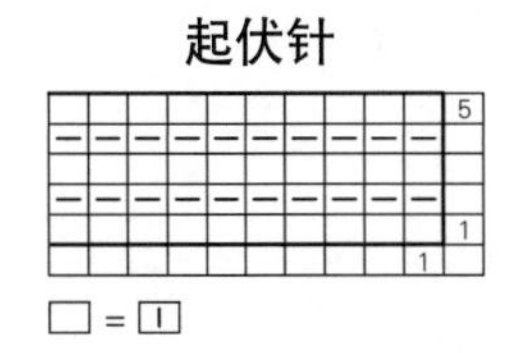

配色花样B

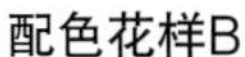

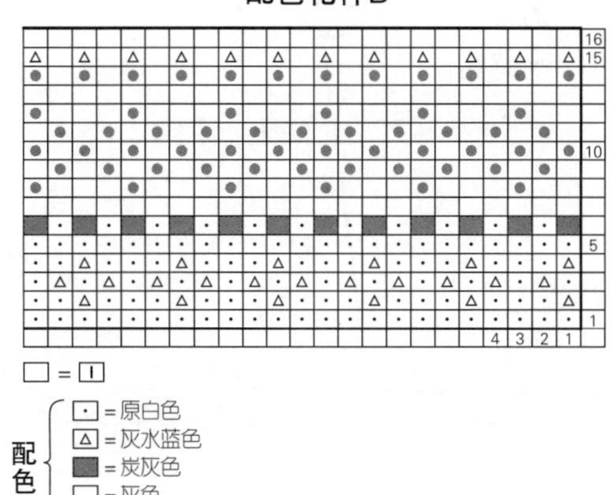

双罗纹针

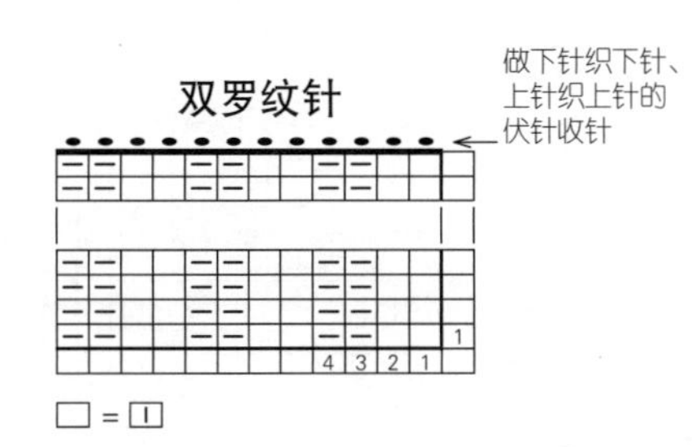

材料

奥林巴斯 Tree House Bless 炭灰色(811) 350g/9团，米色(801)、灰色(807)、灰橙色(812)各25g/各1团，绿色(805) 20g/1团

工具

棒针6号、5号

成品尺寸

胸围108cm，衣长66cm，连肩袖长80.5cm

编织密度

10cm×10cm面积内：下针编织21.5针，28.5行

编织要点

●身片、衣袖…手指挂线起针，编织单罗纹针和下针编织。袖下加针时，在1针内侧编织扭针加针。

●组合…胁部、袖下做挑针缝合。对齐相同标记，做下针无缝缝合，或者对齐针与行缝合。育克从身片和衣袖挑针，环形编织条纹花样。参照图示分散减针。衣领编织单罗纹针。编织终点做伏针收针，向内侧折回，卷针缝合。

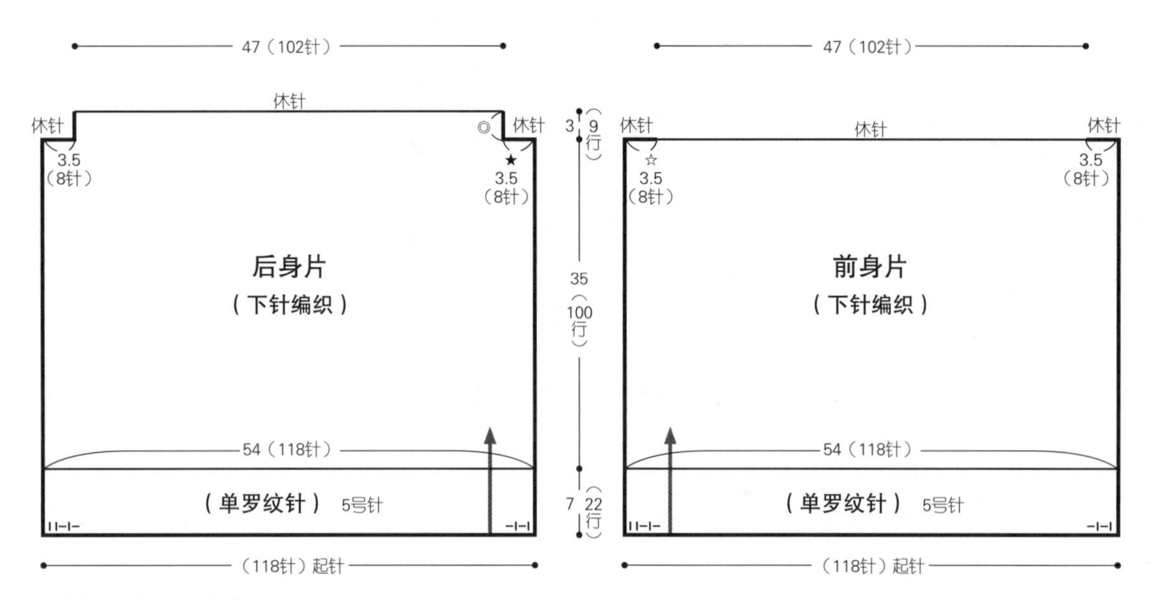

※ 除指定以外均用6号针编织
※ 除指定以外均用炭灰色线编织
※ ◎标记对齐针与行缝合，★、☆标记做下针无缝缝合

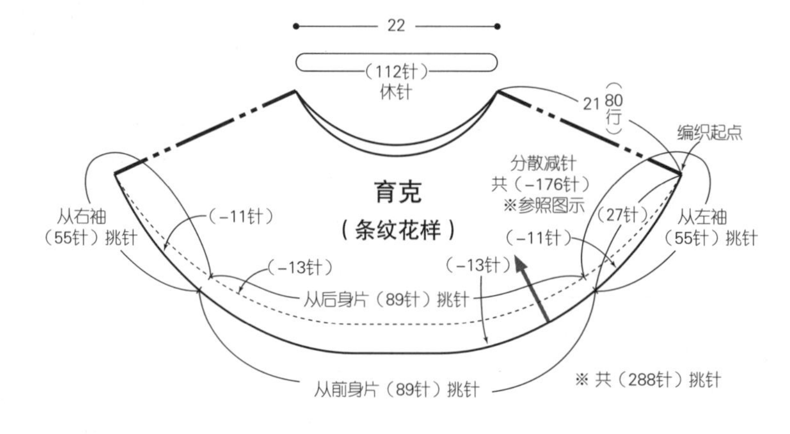

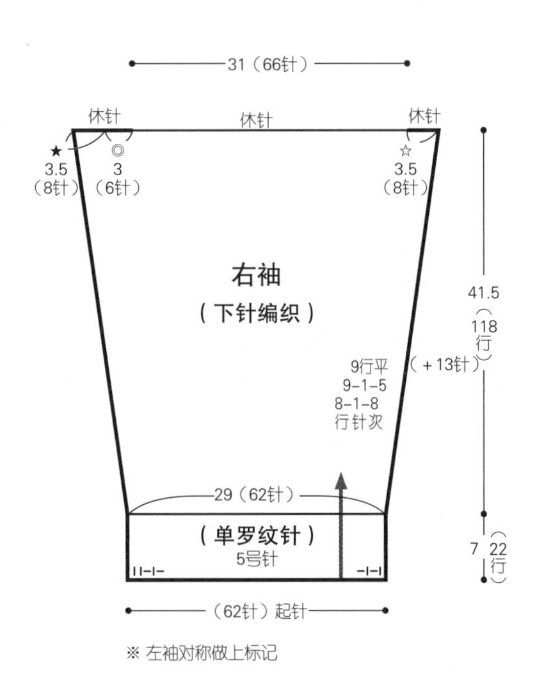

※ 左袖对称做上标记

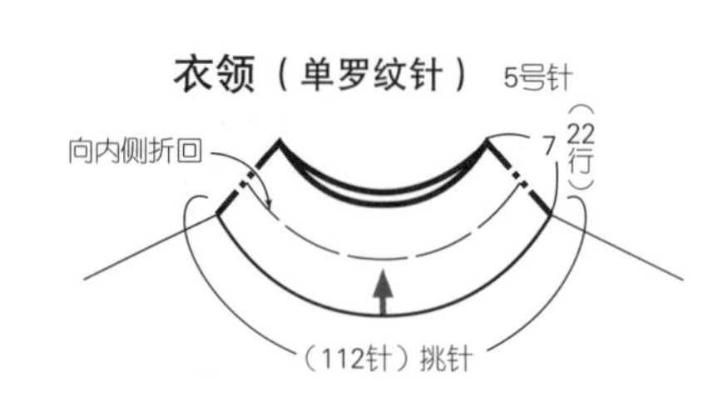

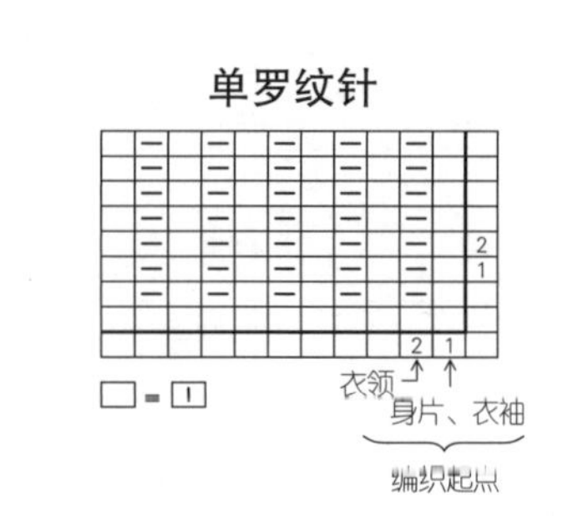

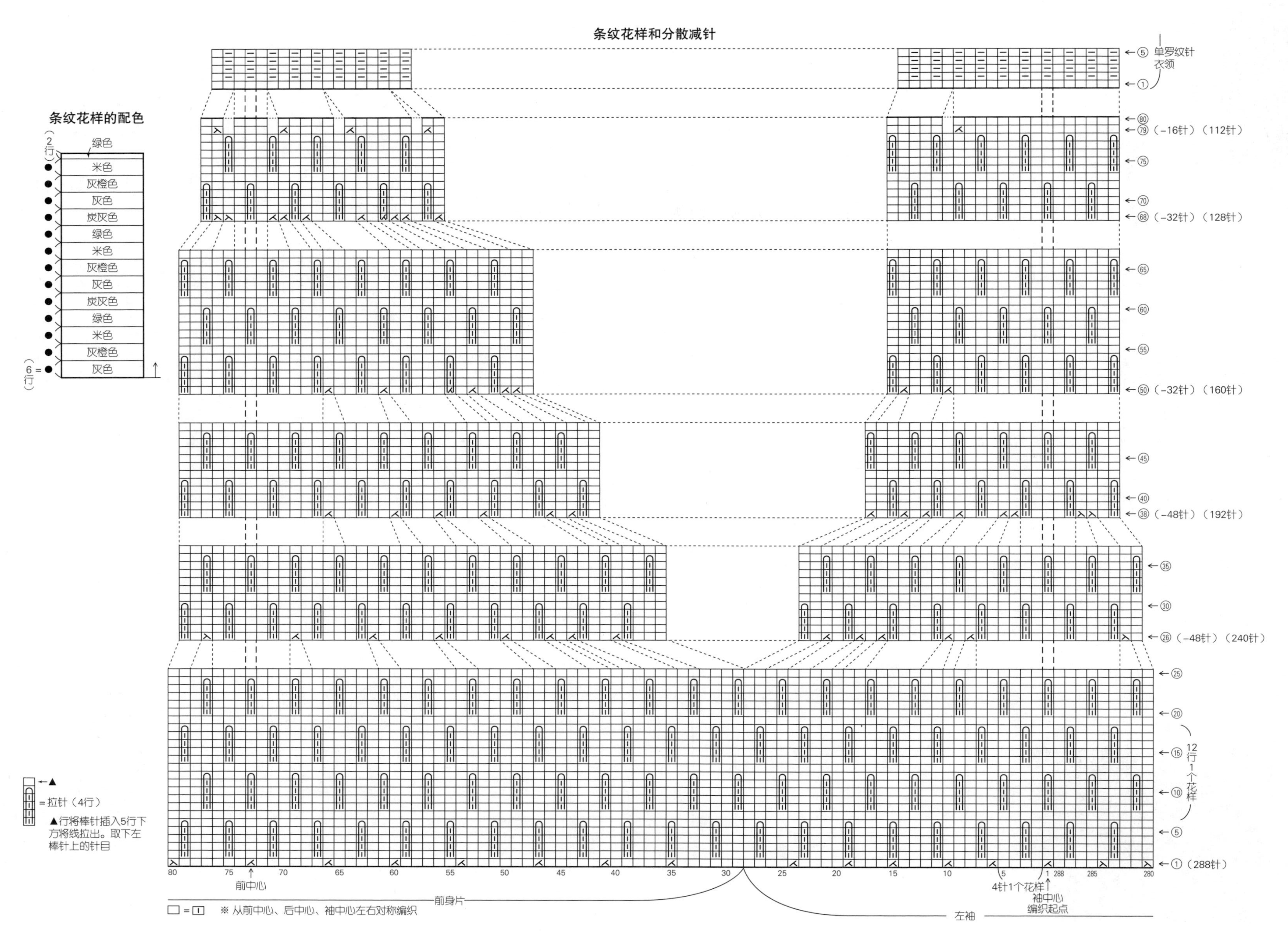

条纹花样和分散减针
⑤ 单罗纹针 衣领
①
⑳
⑲（-16针）（112针）
⑮
⑳
⑱（-32针）（128针）
⑥⑤
⑥⓪
⑤⑤
⑤⓪（-32针）（160针）
④⑤
④⓪
③⑧（-48针）（192针）
③⑤
③⓪
㉖（-48针）（240针）
㉕
⑳
⑮
⑩
⑤
①（288针）
12行1个花样
条纹花样的配色
2行
绿色
米色
灰橙色
灰色
炭灰色
绿色
米色
灰橙色
灰色
炭灰色
绿色
米色
灰橙色
灰色
6行
=拉针（4行）
▲行将棒针插入5行下方将线拉出。取下左棒针上的针目
80
75
70
65
60
55
50
45
40
35
30
25
20
15
10
5
1
288
285
280
前中心
前身片
4针1个花样
袖中心
编织起点
左袖
□ = Ⅰ
※ 从前中心、后中心、袖中心左右对称编织

材料

内藤商事 INDIECITA DK 蓝色(M66) 535g/11团，原白色(100) 70g/2团

工具

棒针5号、3号、2号

成品尺寸

胸围107cm，衣长69.5cm，连肩袖长85cm

编织密度

10cm×10cm面积内：下针编织21.5针，29行

编织要点

●身片、衣袖…单罗纹针起针，前后身片连在一起环形编织单罗纹针和下针编织。后身片往返编织10行，作为和前身片的差行。衣袖和身片的起针方法相同，编织单罗纹针、下针编织。袖下参照图示加针。

●组合…对齐相同标记，做下针无缝缝合，或者对齐针与行缝合。育克从身片和衣袖挑针，环形编织配色花样。参照图示分散减针。采用横向渡线的方法编织配色花样。衣领编织单罗纹针，调整编织密度。编织终点松松地做伏针收针，向内侧折回，做卷针缝缝合。

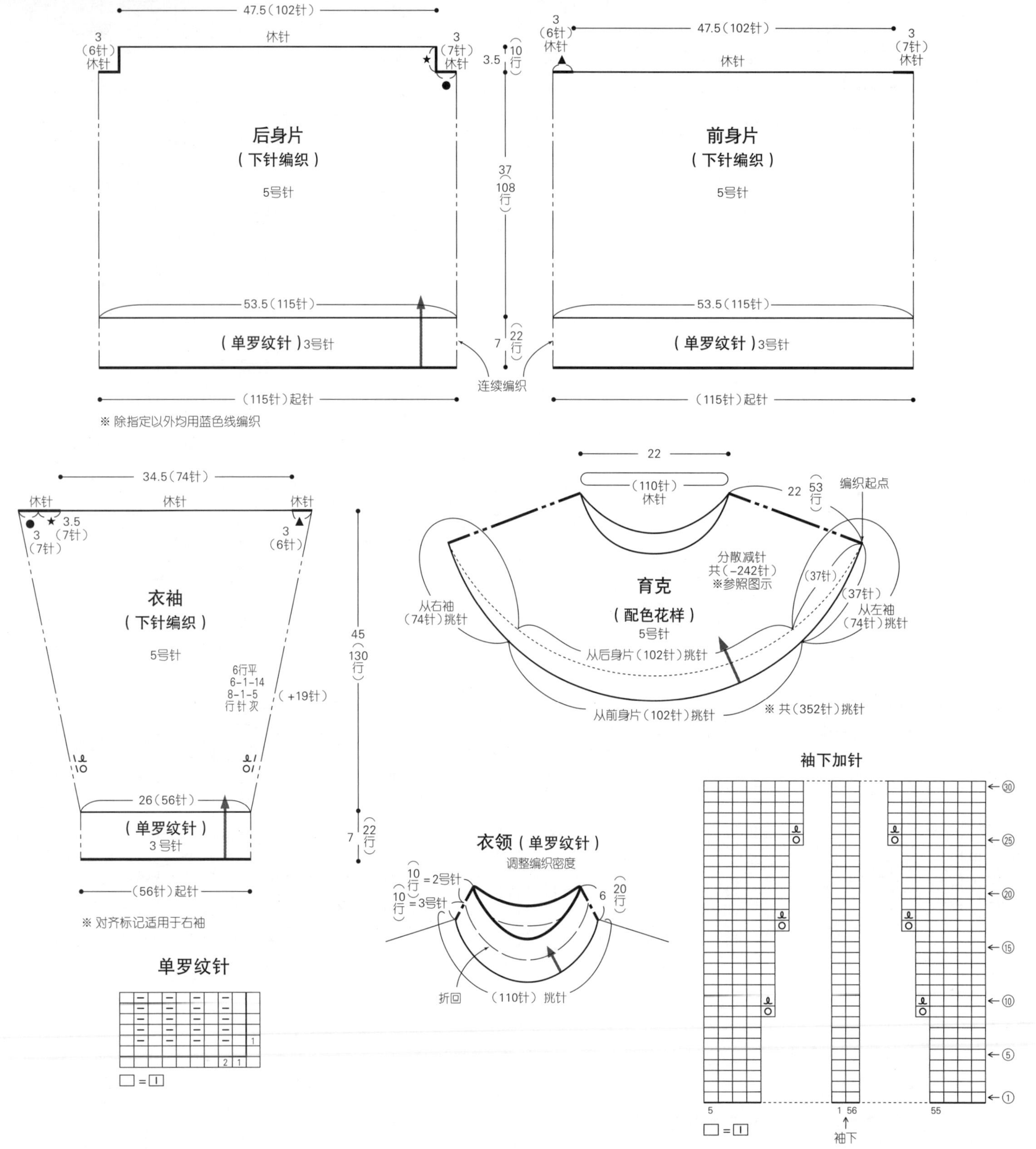

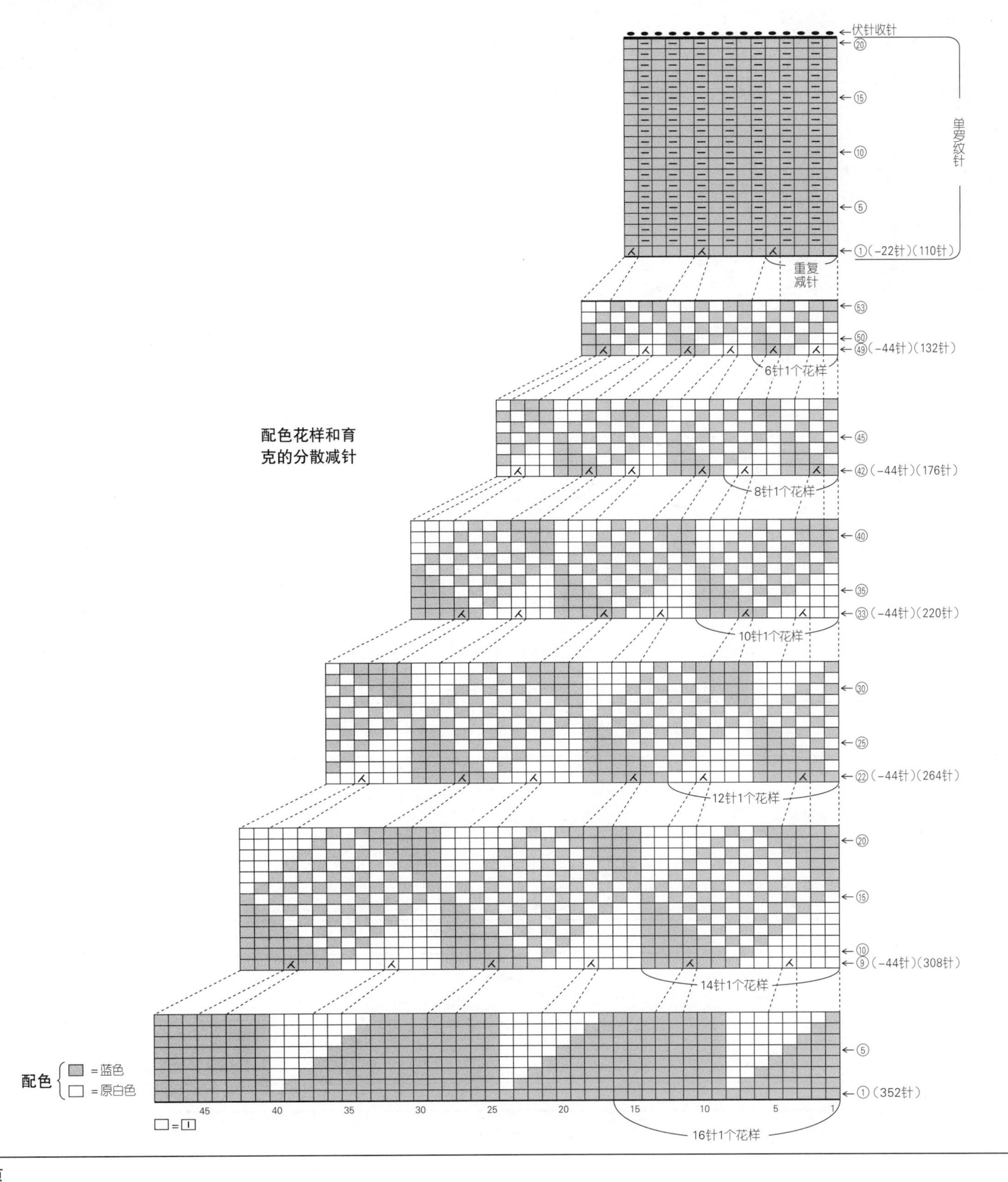
伏针收针
单罗纹针
重复减针
①(-22针)(110针)
㊾(-44针)(132针)
6针1个花样
配色花样和育克的分散减针
㊷(-44针)(176针)
8针1个花样
㉝(-44针)(220针)
10针1个花样
㉒(-44针)(264针)
12针1个花样
⑨(-44针)(308针)
14针1个花样
①(352针)
16针1个花样
配色
=蓝色
=原白色

接第113页

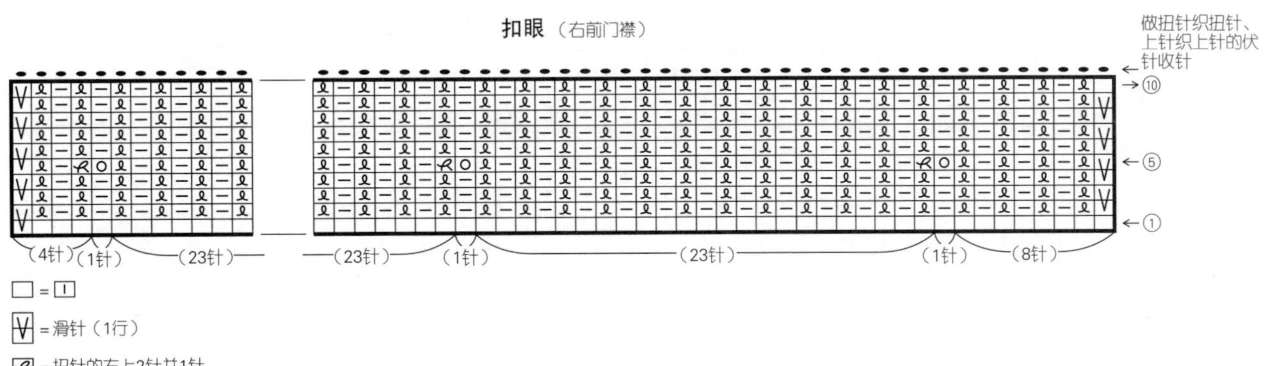
扣眼（右前门襟）
做扭针织扭针、上针织上针的伏针收针
(4针)(1针)(23针)
(23针)(1针)(23针)(1针)(8针)
=滑针（1行）
=扭针的左上2针并1针

材料

内藤商事 INDIECITA DK 芥末色(M3578)225g/5团，浅茶色(282)130g/3团，绿色(M1979)100g/2团；直径20mm的纽扣6颗

工具

棒针6号、4号

成品尺寸

胸围110cm，衣长61.5cm，连肩袖长30.5cm

编织密度

10cm×10cm面积内：下针编织22针，30行；配色花样23针，24行

编织要点

●身片…手指挂线起针，育克装饰做编织花样A，身片编织扭针的单罗纹针、下针编织，注意将前后身片连在一起编织。身片继续编织起伏针，编织第1行时，将育克装饰重叠在上方进行挑针。从开口止位向上按配色花样分别编织前后身片。采用横向渡线的方法编织配色花样。减针时，2针及以上时做伏针减针，1针时端头第3针和第4针编织2针并1针。

●组合…肩部做引拔接合。袖口环形编织扭针的单罗纹针。参照图示减针。编织终点做扭针织扭针、上针织上针的伏针收针。衣领挑取指定数量的针目，做编织花样B。编织终点从反面做伏针收针。前门襟挑取指定数量的针目，编织扭针的单罗纹针。右前门襟开扣眼。编织终点和袖口一样收针。缝上纽扣。

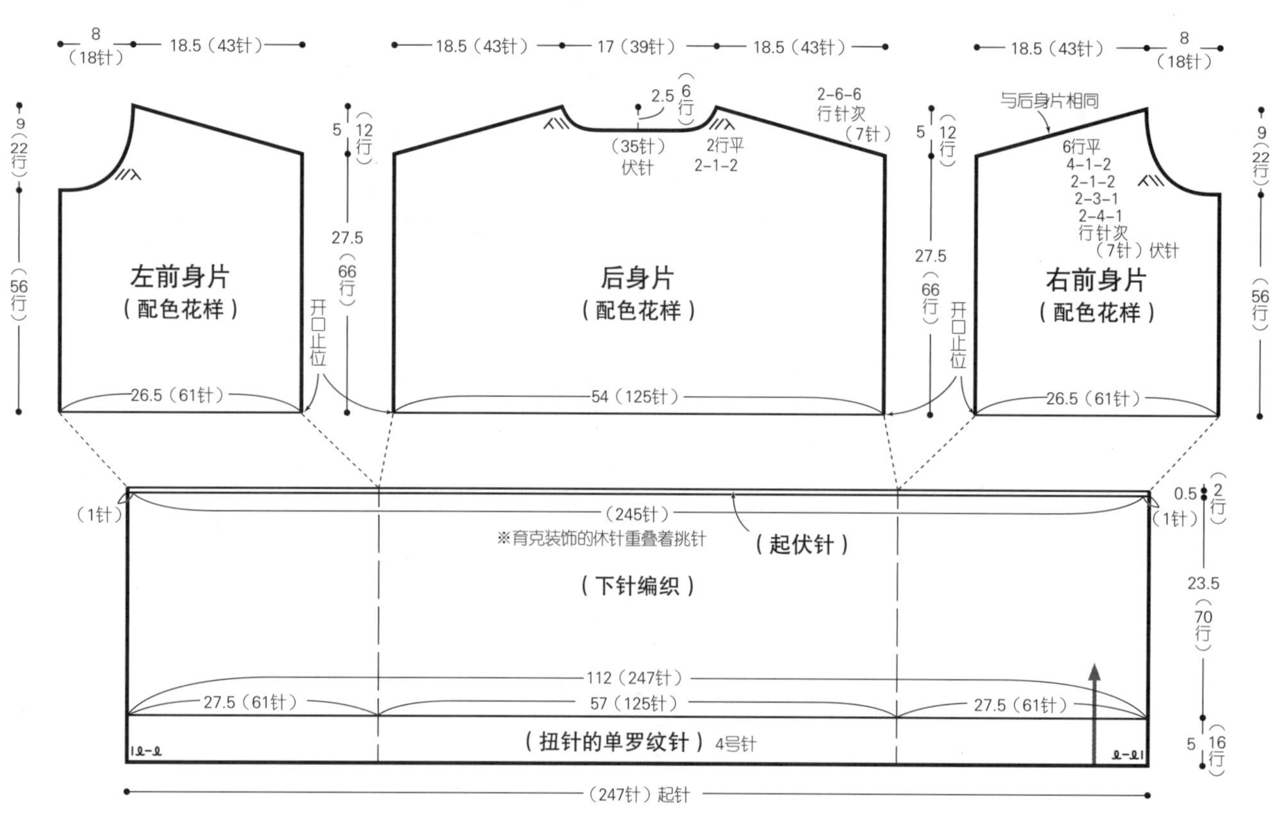

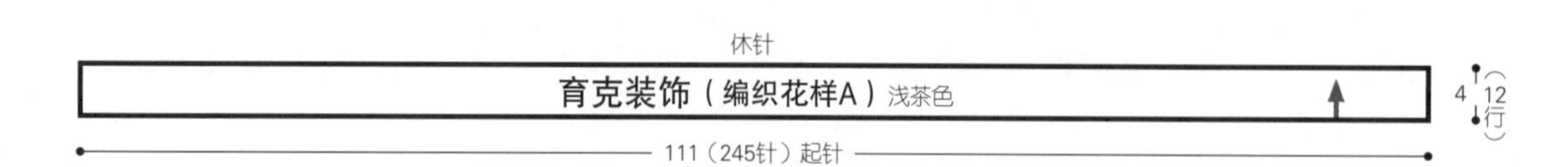

编织花样A

□=□

V=滑针（1行）

=扭针的右上2针并1针

=扭针的左上2针并1针

=扭针的右上3针并1针

△行的编织方法

- 编织上针至△行
- 将右棒针插入☆行的针目，重复5次"1针下针，移回左棒针，再编织1针"
- 取下左棒针的1针
- 将右棒针的1针移回左棒针，编织下针
- 右棒针的4针逐针用左棒针盖住

扭针的单罗纹针（下摆、袖口）

起伏针

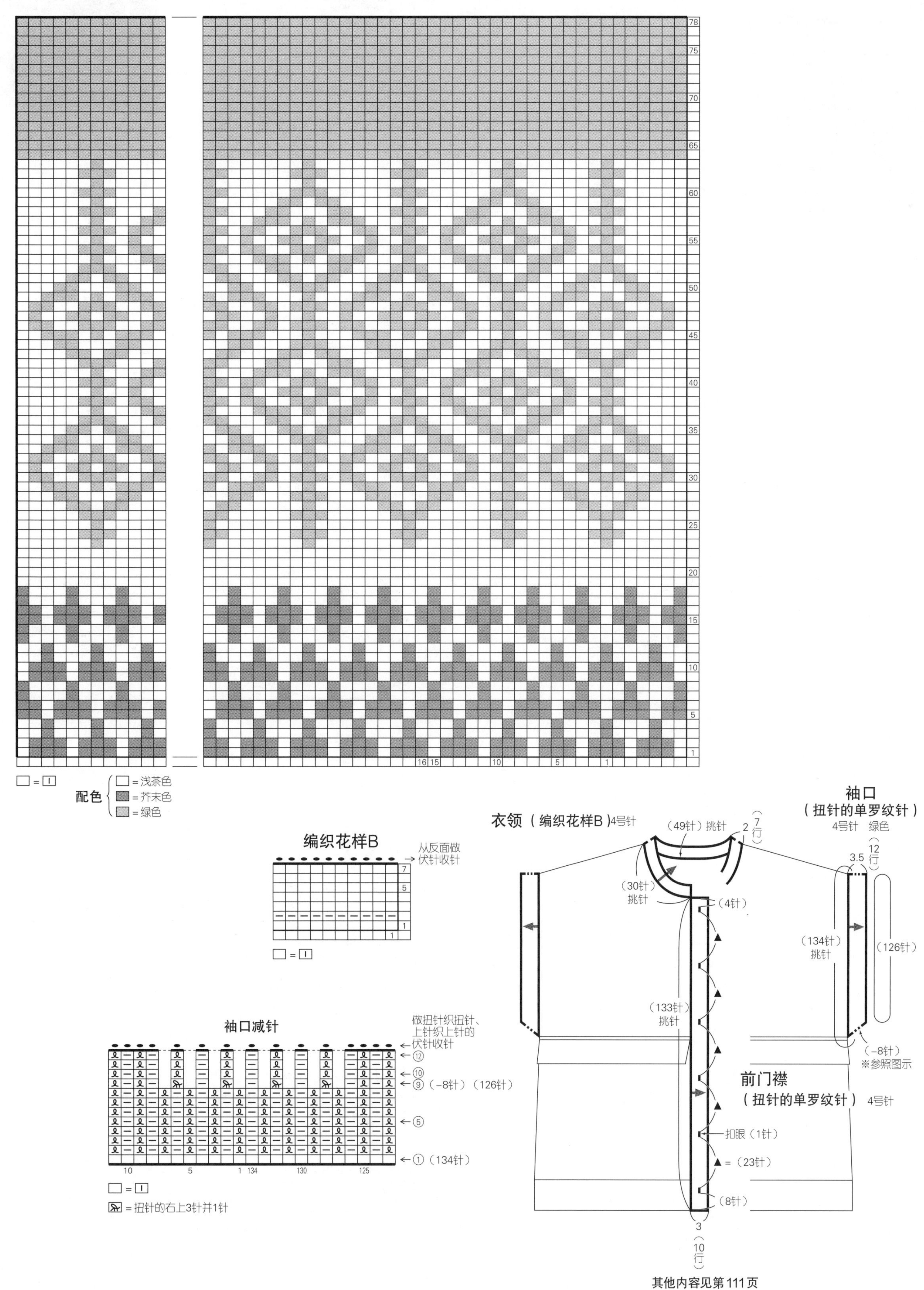

配色花样
78
75
70
65
60
55
50
45
40
35
30
25
20
15
10
5
1
16 15
10
5
1
□ = Ⅰ
配色
□ = 浅茶色
■ = 芥末色
■ = 绿色
编织花样B
从反面做伏针收针
7
5
1
1
□ = Ⅰ
袖口减针
做扭针织扭针、上针织上针的伏针收针
⑫
⑩
⑨（-8针）（126针）
⑤
①（134针）
10
5
1 134
130
125
□ = Ⅰ
= 扭针的右上3针并1针
衣领（编织花样B）4号针
（49针）挑针
2（7行）
（30针）挑针
（4针）
袖口
（扭针的单罗纹针）
4号针 绿色
3.5（12行）
（134针）挑针
（126针）
（-8针）
※参照图示
（133针）挑针
前门襟
（扭针的单罗纹针）4号针
扣眼（1针）
▲ =（23针）
（8针）
3（10行）

其他内容见第 111 页

材料

奥林巴斯 SILK&WOOL 浅灰色(2) 280g/6团

工具

棒针5号、3号

成品尺寸

胸围102cm，衣长54cm，连肩袖长70.5cm

编织密度

10cm×10cm面积内：下针编织22针，31行

编织要点

●身片、衣袖…育克手指挂线起针，环形做编织花样A、B。参照图示加减针。后身片往返编织10行，织出前后身片差行。后身片、前身片从育克挑针，腋下共线锁针起针，环形做下针编织。参照图示加针。接着编织起伏针，编织终点做伏针收针。衣袖从育克的休针、腋下的针目和前后身片的差行挑针，环形做下针编织。接着按编织花样B'编织，编织终点做下针织下针、上针织上针的伏针收针。

●组合…衣领挑取指定数量的针目，环形做编织花样B'。编织终点和袖口一样收针。

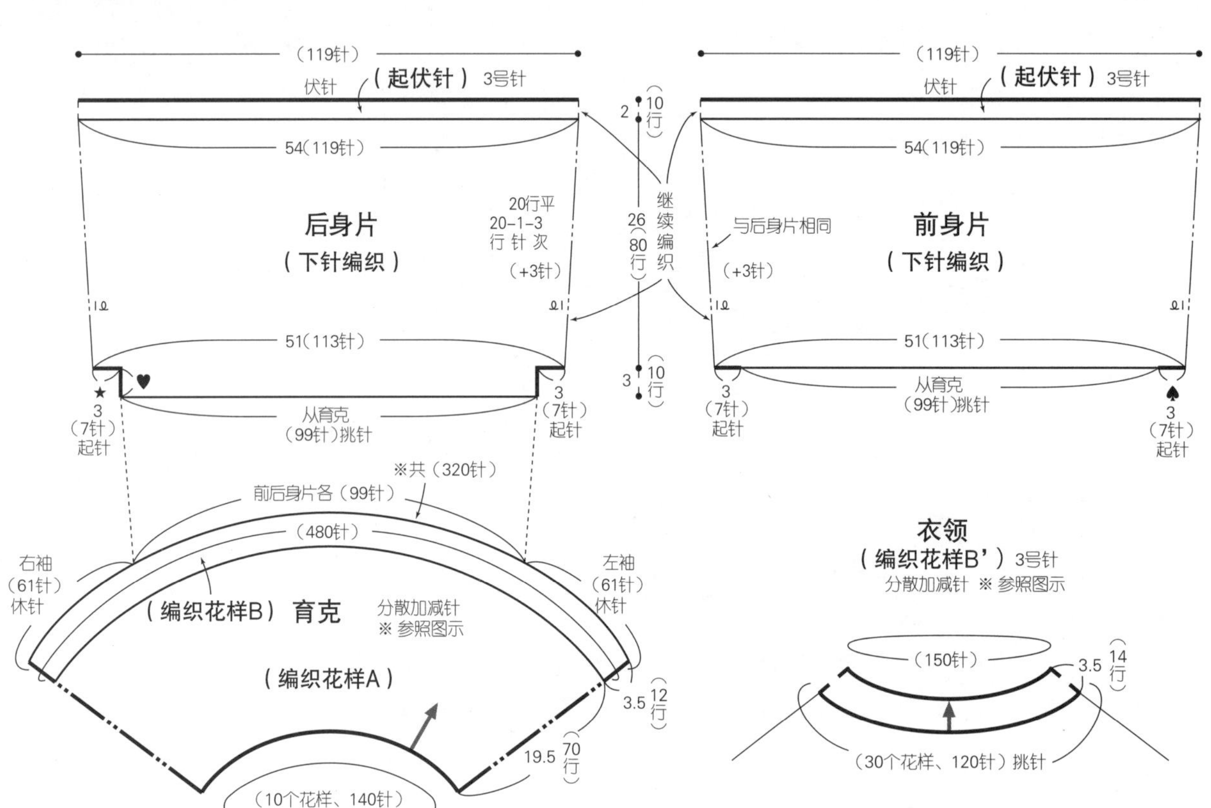

※ 除指定以外均用5号针编织

※ 腋下共线锁针起针将前后身片连在一起各起针(14针)

衣领
(编织花样B') 3号针
分散加减针 ※参照图示

(150针)
3.5
14行
(30个花样、120针)挑针

起伏针

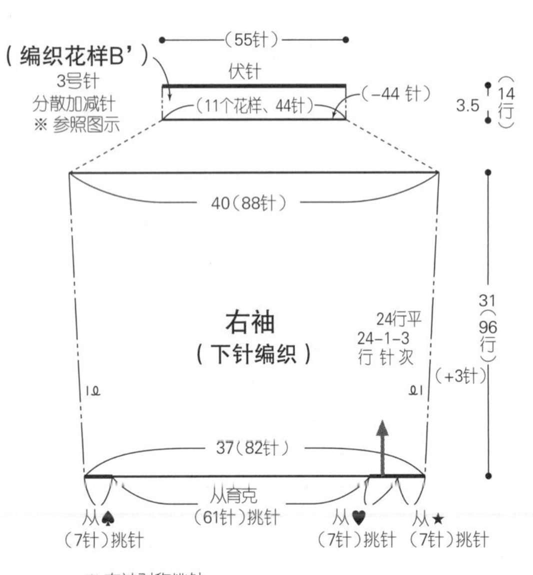

※ 左袖对称挑针

衣领的编织方法

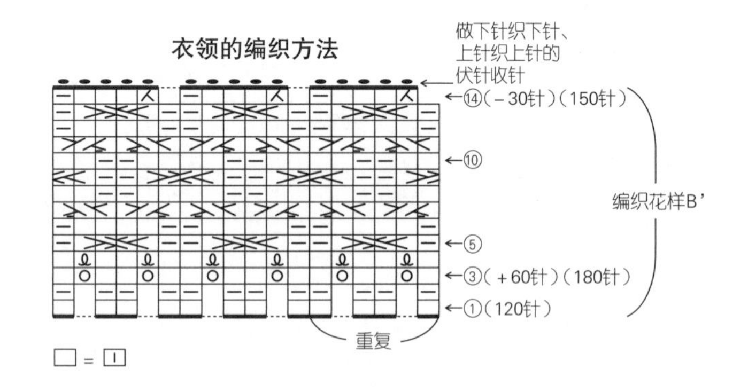

袖口的编织方法

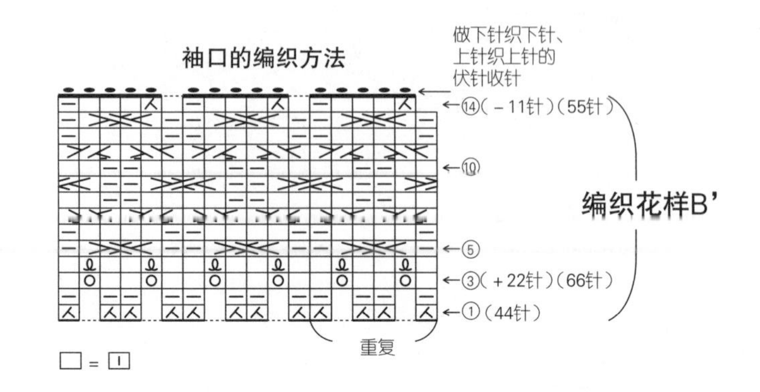

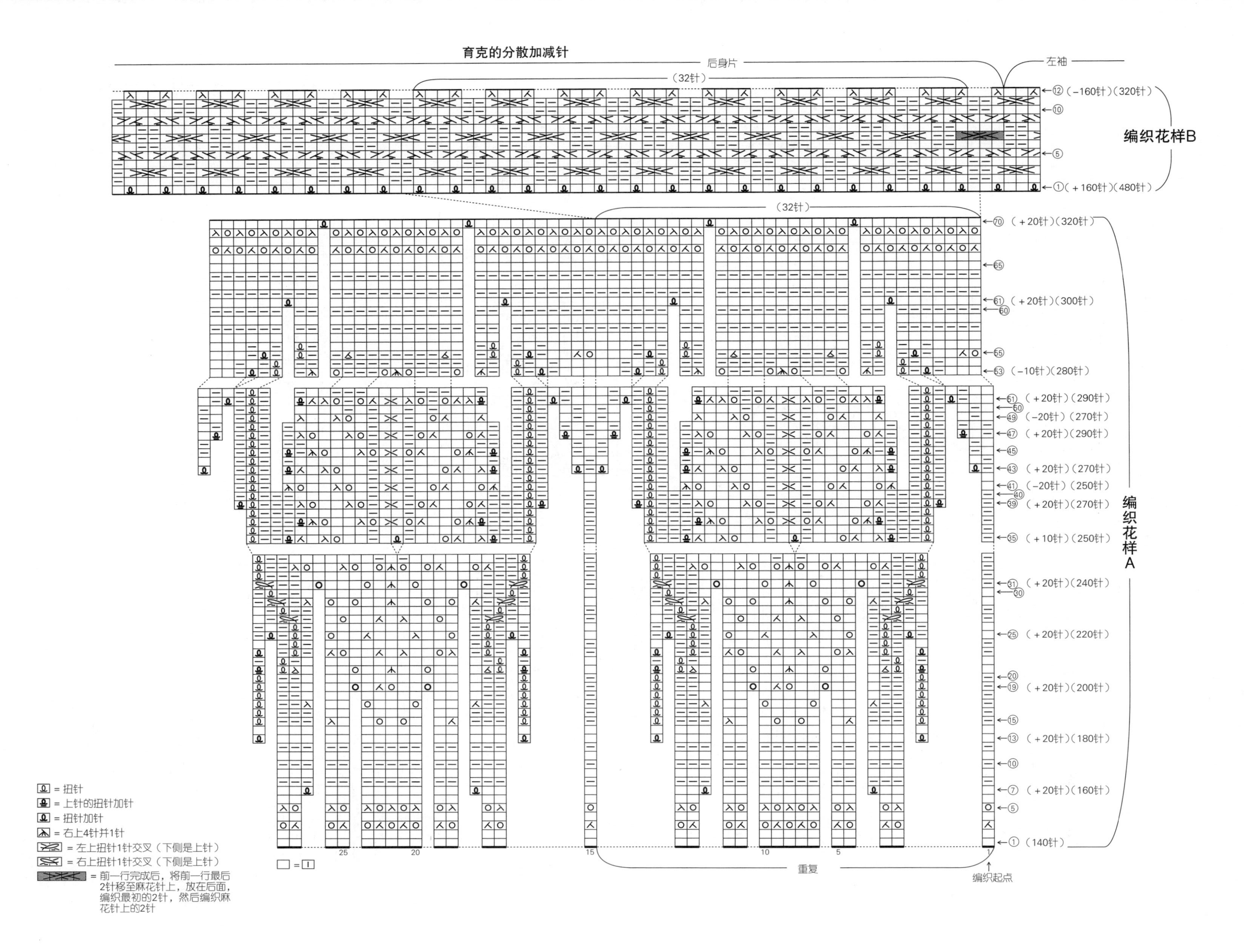

育克的分散加减针
后身片
左袖
（32针）
⑫（－160针）（320针）
⑩
⑤
①（＋160针）（480针）
编织花样B
（32针）
⑦⓪（＋20针）（320针）
⑥⑤
⑥①（＋20针）（300针）
⑥⓪
⑤⑤
⑤③（－10针）（280针）
⑤①（＋20针）（290针）
⑤⓪
④⑨（－20针）（270针）
④⑦（＋20针）（290针）
④⑤
④③（＋20针）（270针）
④①（－20针）（250针）
④⓪
③⑨（＋20针）（270针）
③⑤（＋10针）（250针）
③①（＋20针）（240针）
③⓪
②⑤（＋20针）（220针）
②⓪
①⑨（＋20针）（200针）
①⑤
①③（＋20针）（180针）
①⓪
⑦（＋20针）（160针）
⑤
①（140针）
编织花样A
25
20
15
10
5
1
重复
编织起点
□＝Ⅰ
＝扭针
＝上针的扭针加针
＝扭针加针
＝右上4针并1针
＝左上扭针1针交叉（下侧是上针）
＝右上扭针1针交叉（下侧是上针）
＝前一行完成后，将前一行最后2针移至麻花针上，放在后面，编织最初的2针，然后编织麻花针上的2针

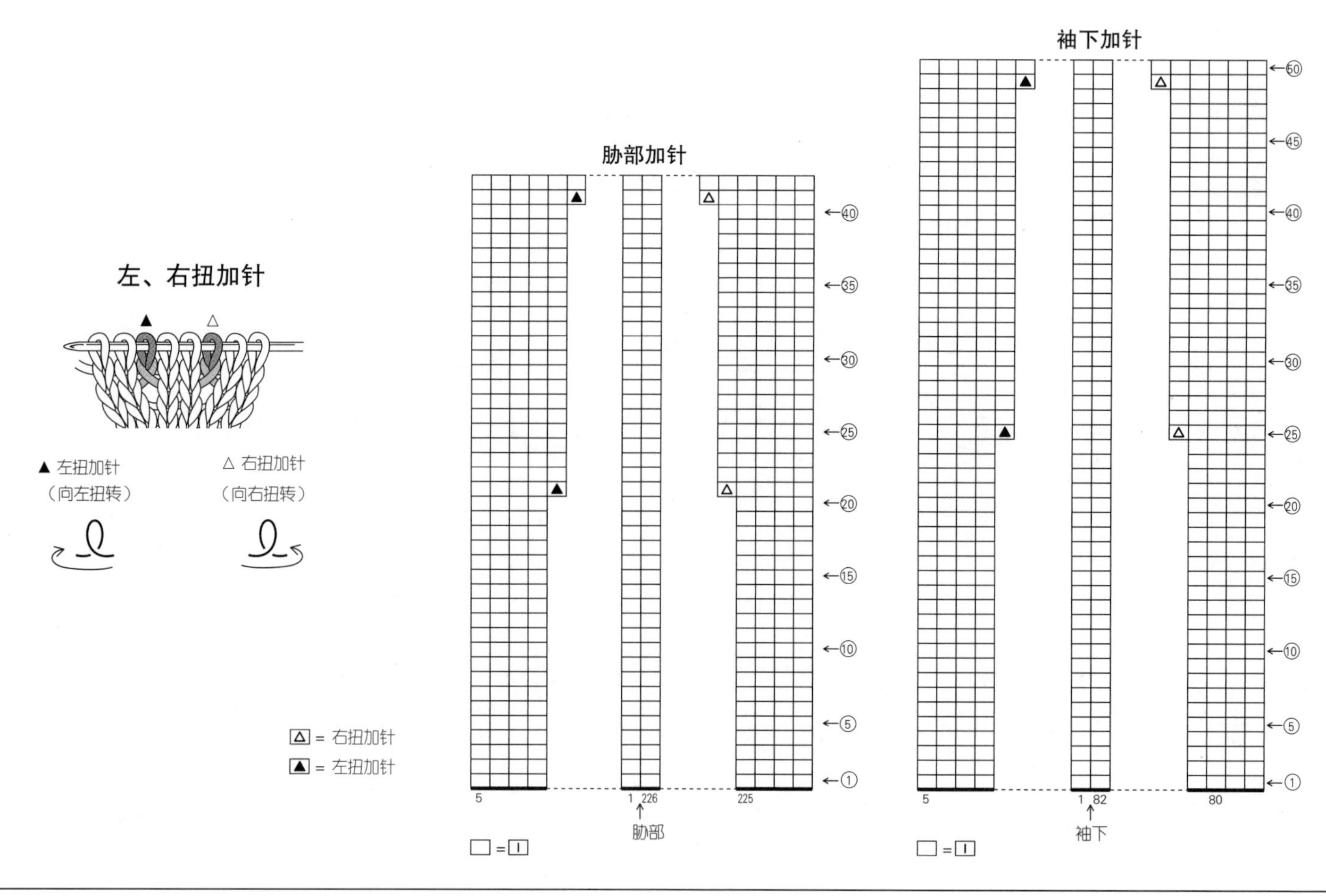
左、右扭加针
▲ 左扭加针
（向左扭转）
△ 右扭加针
（向右扭转）
= 右扭加针
= 左扭加针
胁部加针
5
1 226
225
胁部
袖下加针
5
1 82
80
袖下

接第118页

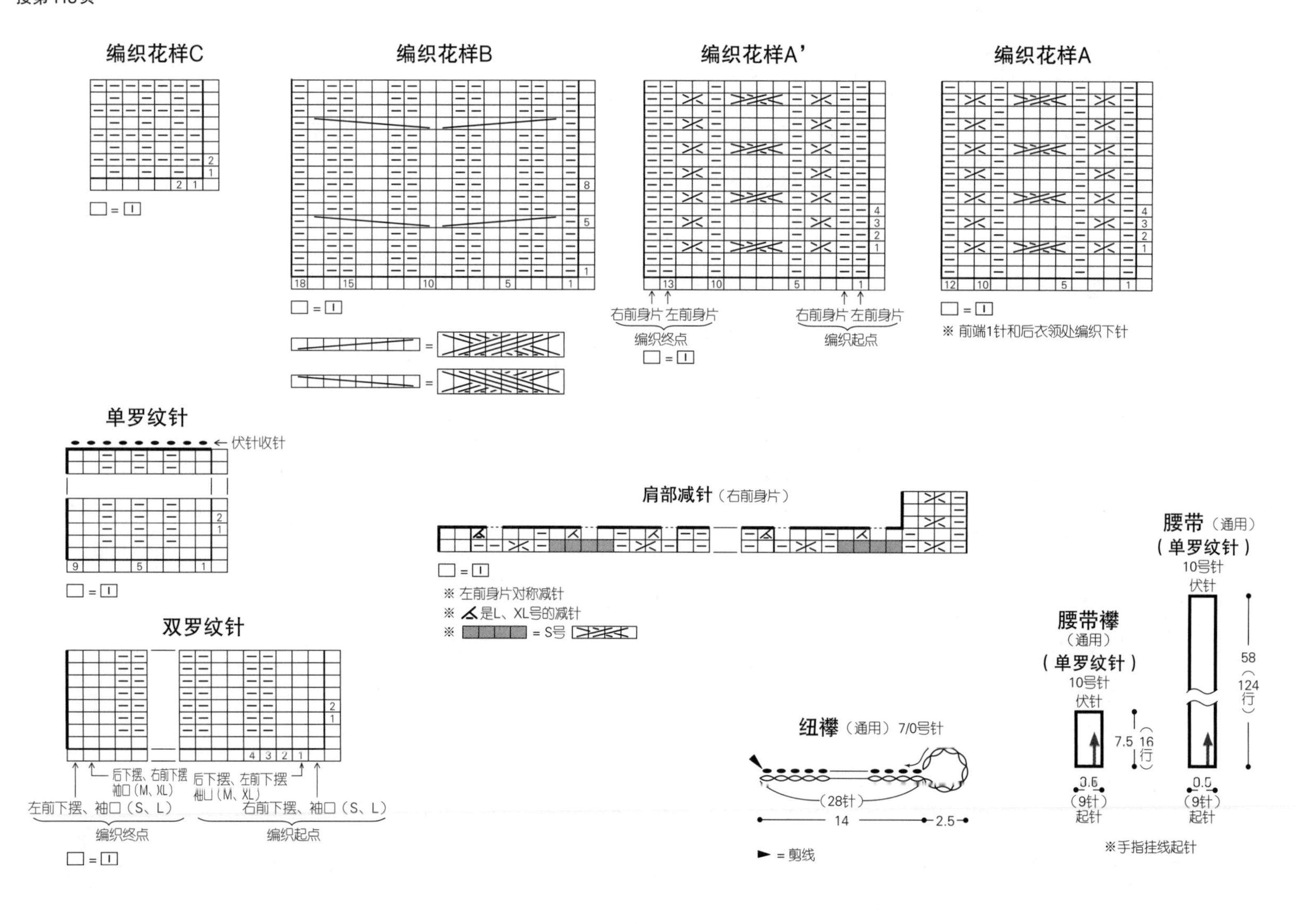
编织花样C
编织花样B
编织花样A'
右前身片 左前身片
编织终点
右前身片 左前身片
编织起点
编织花样A
※ 前端1针和后衣领处编织下针
单罗纹针
伏针收针
双罗纹针
后下摆、右前下摆
袖口（M、XL）
后下摆、左前下摆
袖口（M、XL）
左前下摆、袖口（S、L）
右前下摆、袖口（S、L）
编织终点
编织起点
肩部减针（右前身片）
※ 左前身片对称减针
※ 是L、XL号的减针
※ = S号
纽襻（通用）7/0号针
（28针）
14
2.5
= 剪线
腰带襻
（通用）
（单罗纹针）
10号针
伏针
7.5（16行）
0.5
（9针）
起针
腰带（通用）
（单罗纹针）
10号针
伏针
58（124行）
0.5
（9针）
起针
※手指挂线起针

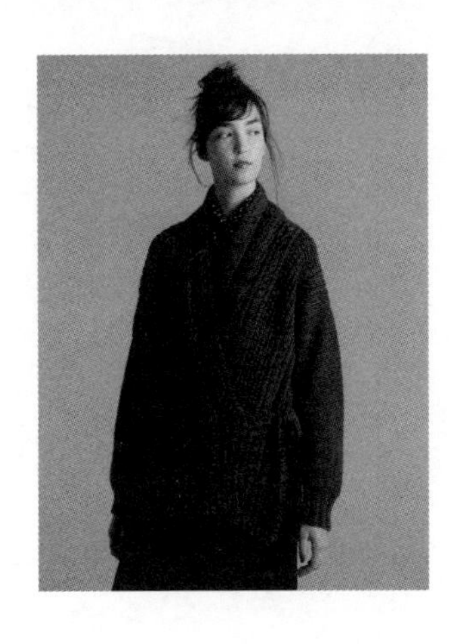

材料

芭贝 L' INCANTO no.9 灰蓝色(905)，毛线的用量请参照下表；直径20mm的纽扣1颗

工具

棒针12号、10号，钩针7/0号

成品尺寸

[S号] 胸围103cm，衣长64cm，连肩袖长71.5cm

[M号] 胸围111cm，衣长66.5cm，连肩袖长73.5cm

[L号] 胸围116cm，衣长69.5cm，连肩袖长75cm

[XL号] 胸围124cm，衣长71cm，连肩袖长77cm

编织密度

10cm×10cm面积内：下针编织16针，22行；编织花样C 15.5针，22行

编织花样A 1个花样12针5.5cm，编织花样A' 1个花样13针6cm，编织花样B 1个花样18针6cm；编织花样A、A'、B均为10cm22行

编织要点

●身片…手指挂线起针，后身片编织双罗纹针和下针编织，前身片编织双罗纹针，编织花样A、A'、B、C和下针编织。前胁边减针时，端头第2针和第3针编织2针并1针。前身片编织完成后继续编织后衣领。编织终点休针。

●组合…肩部做盖针接合。衣袖挑取指定数量的针目，编织下针编织和双罗纹针。袖下减针时，端头第4针和第5针编织2针并1针。胁部、袖下做挑针缝合。后衣领将编织终点的针目做引拔接合，和后领窝做卷针缝。编织腰带、腰带襻、纽襻，参照组合方法组合。

S、M号

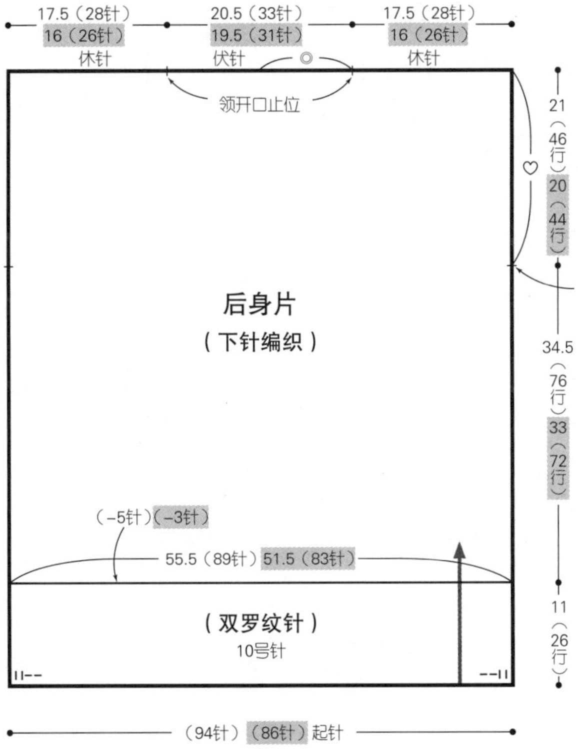

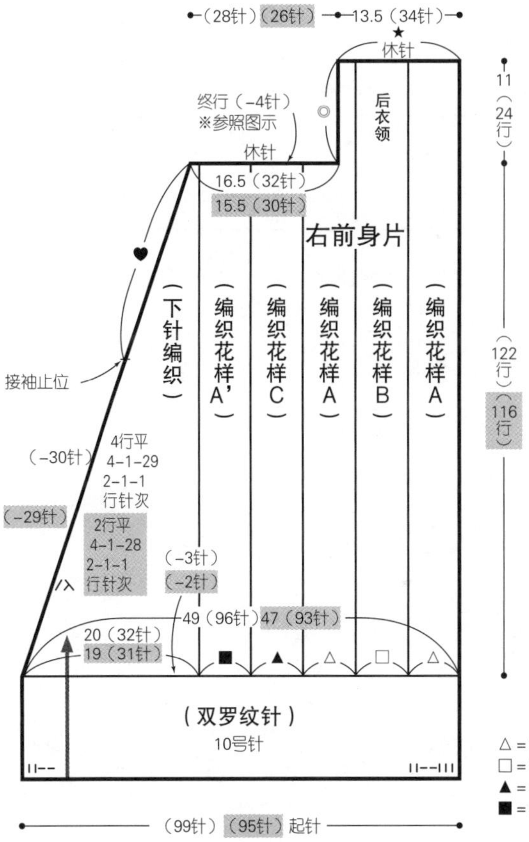

△=5.5（12针）
□=6（18针）
▲=6（9针） 5（7针）
■=6（13针）

※ 除指定以外均用12号针编织
※ ■ 是S号，其他为M号或通用
※ 对齐★做引拔接合，对齐◎做卷针缝

※ 左前身片对称布局编织花样

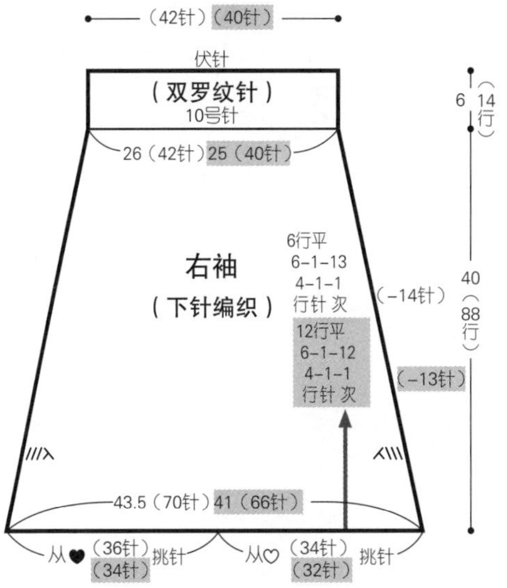

※ 左袖对称挑针

毛线用量

S号	M号	L号	XL号
705g/15团	765g/16团	810g/17团	850g/17团

L、XL号

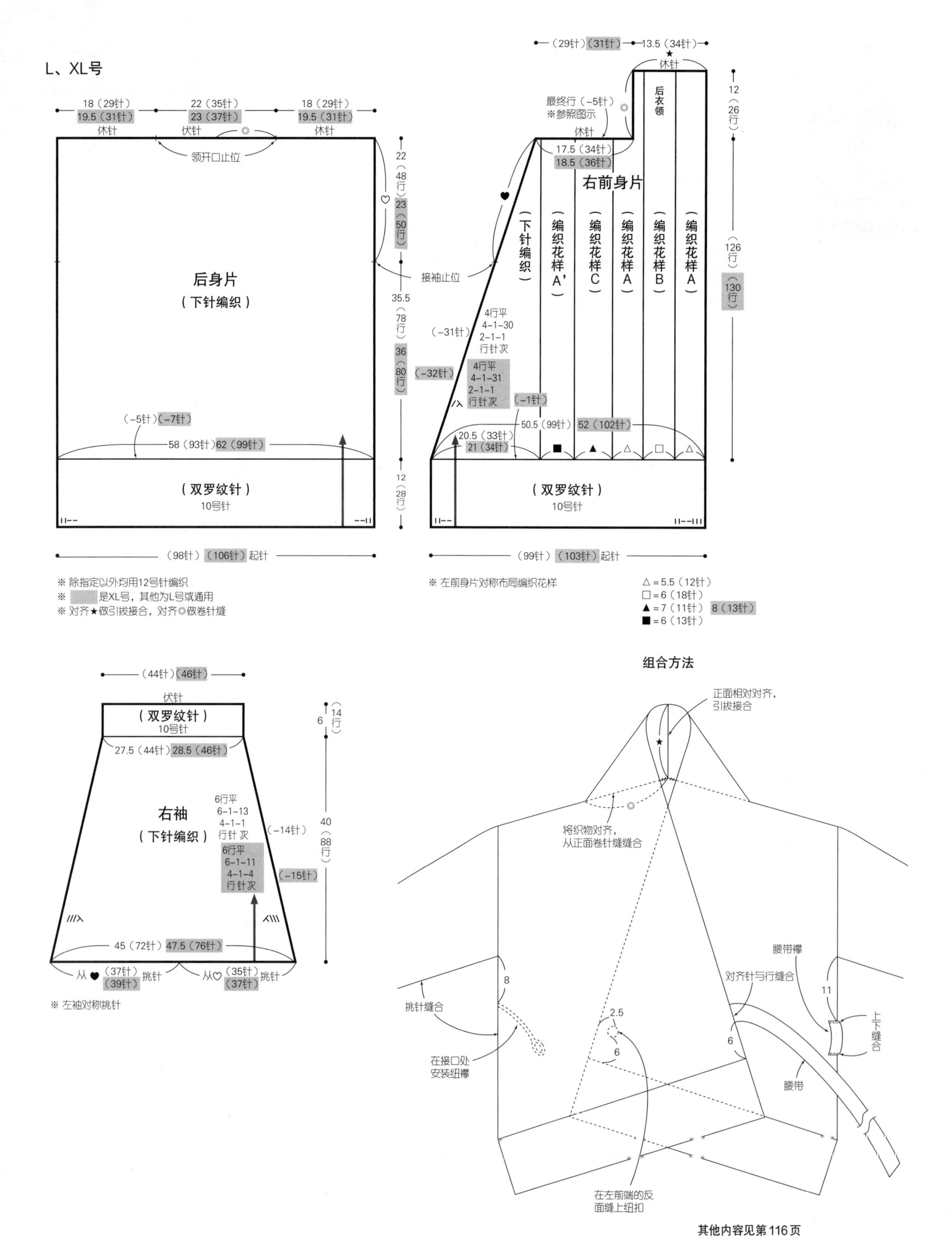

其他内容见第116页

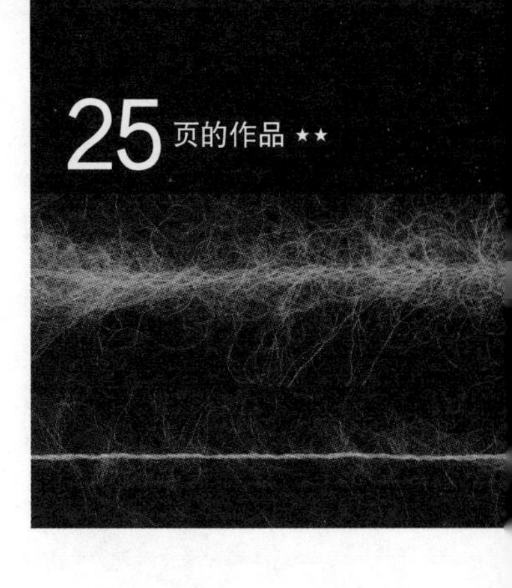

材料
ROWAN Tweed Haze、Kid Silk Haze,毛线的色名、色号、用量请参照下表

工具
棒针11号

成品尺寸
胸围116cm，衣长54.5cm，连肩袖长34cm

编织密度
10cm×10cm面积内：下针编织15针，21行

编织要点
●身片…手指挂线起针，编织单罗纹针和下针编织。领窝减针时，2针及以上时做伏针减针，1针时立起侧边1针减针。
●组合…肩部做盖针接合，胁部做挑针缝合。衣领、袖口挑取指定数量的针目，环形编织单罗纹针。编织终点做下针织下针、上针织上针的伏针收针。

毛线的色名、色号、用量

	Tweed Haze			Kid Silk Haze		
	色名	色号	用量	色名	色号	用量
A	灰色系混合	Storm 556	各130g/各3团	胭脂色	Liqueur 595	各60g/各3团
B	藏青色系混合	Midnight 553		绿色	Gem 692	
C	浅褐色系混合	Winter 550		褐色	Branch 689	

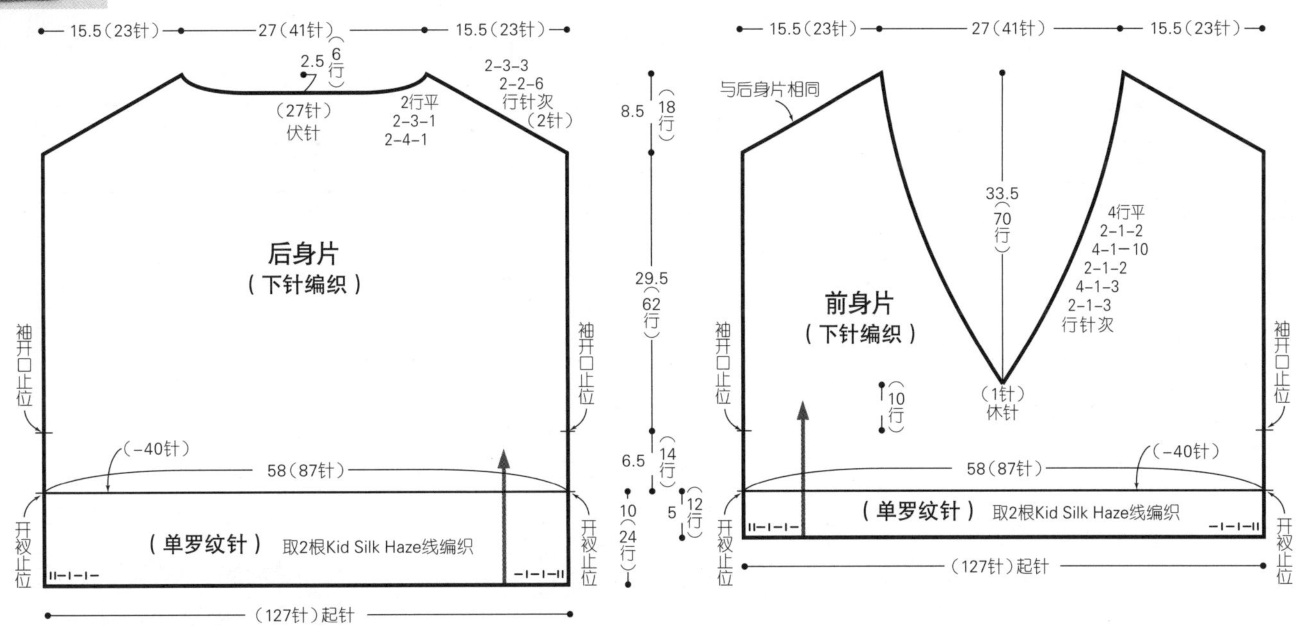

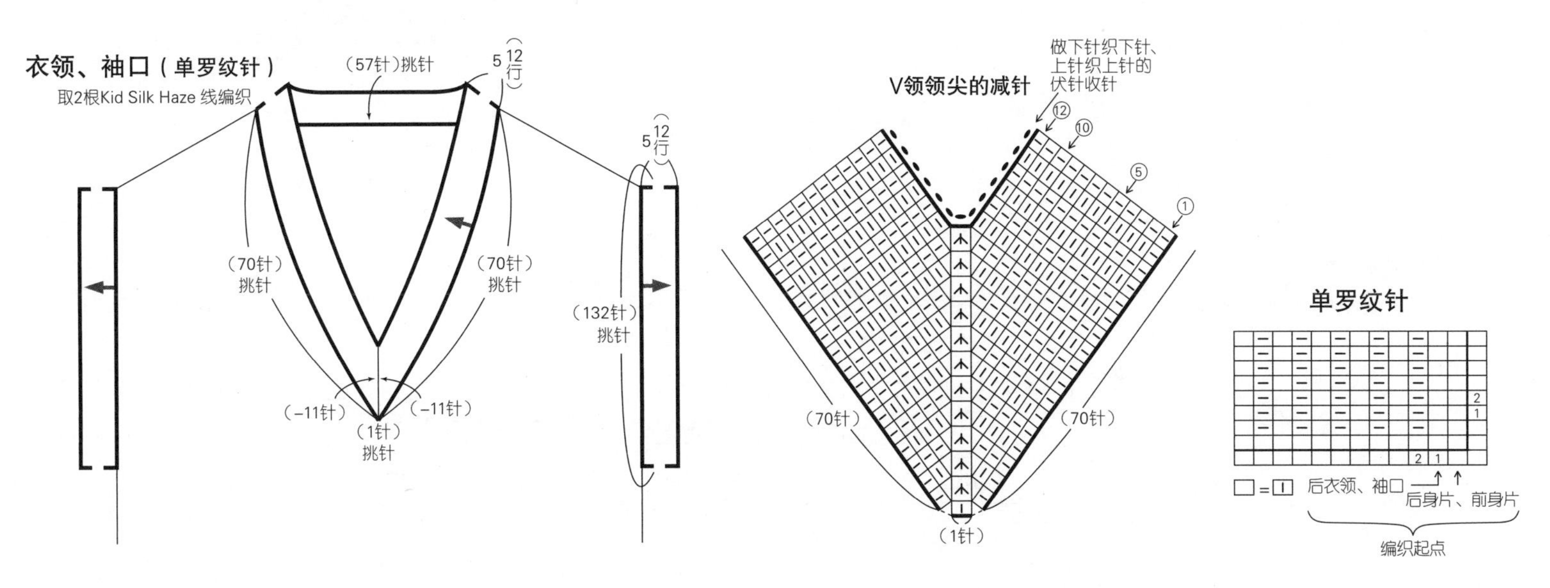

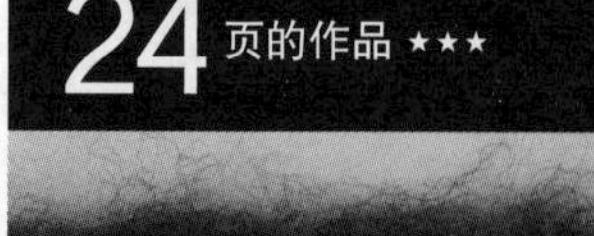

材料

ROWAN brushed fleece 藏青色系混合（268 Peak）315g/7团

工具

棒针10号、8号

成品尺寸

胸围130cm，衣长53.5cm，连肩袖长63.5cm

编织密度

10cm×10cm面积内：编织花样15.5针，21.5行

编织要点

●身片、衣袖…手指挂线起针，编织双罗纹针、编织花样。插肩线立起侧边2针减针。领窝减针时做伏针减针。袖下加针时，在1针内侧编织扭针加针。

●组合…插肩线、胁部、袖下做挑针缝合。衣领挑取指定数量的针目，环形编织双罗纹针。编织终点做下针织下针、上针织上针的伏针收针。

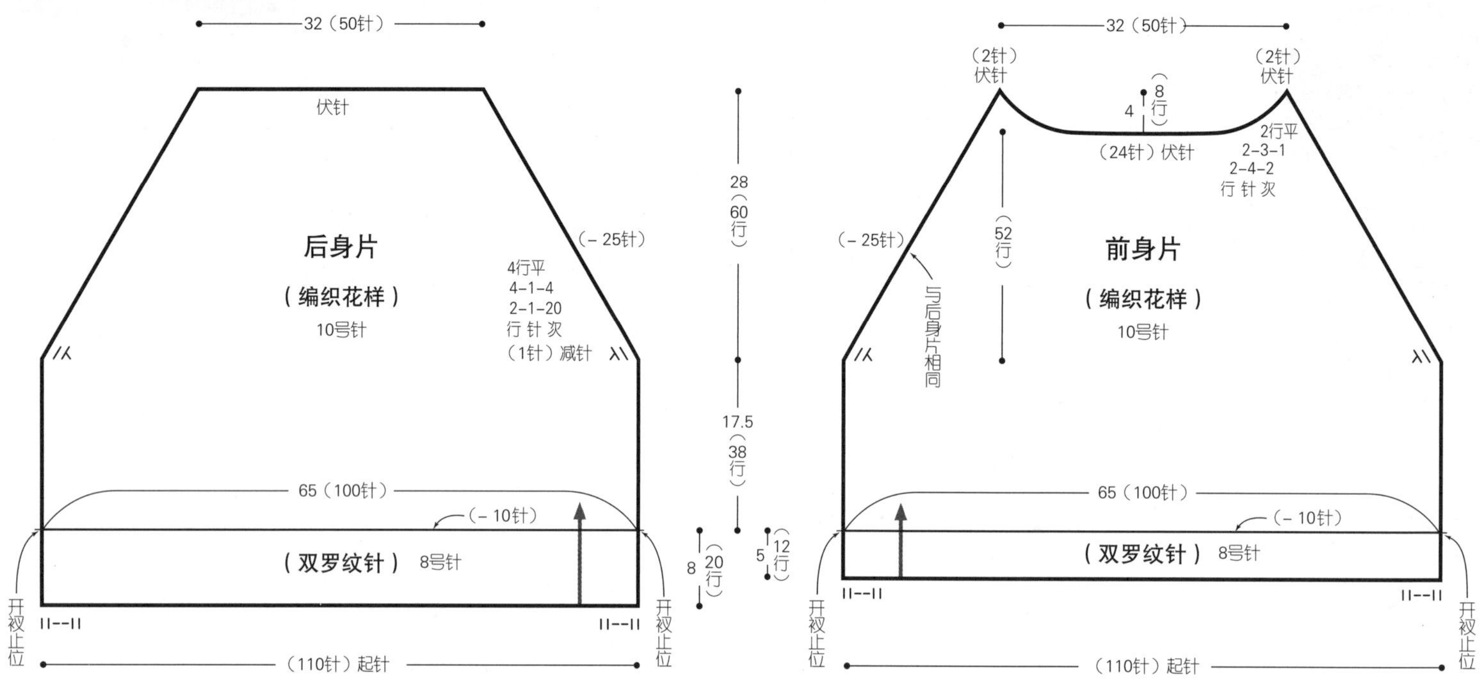

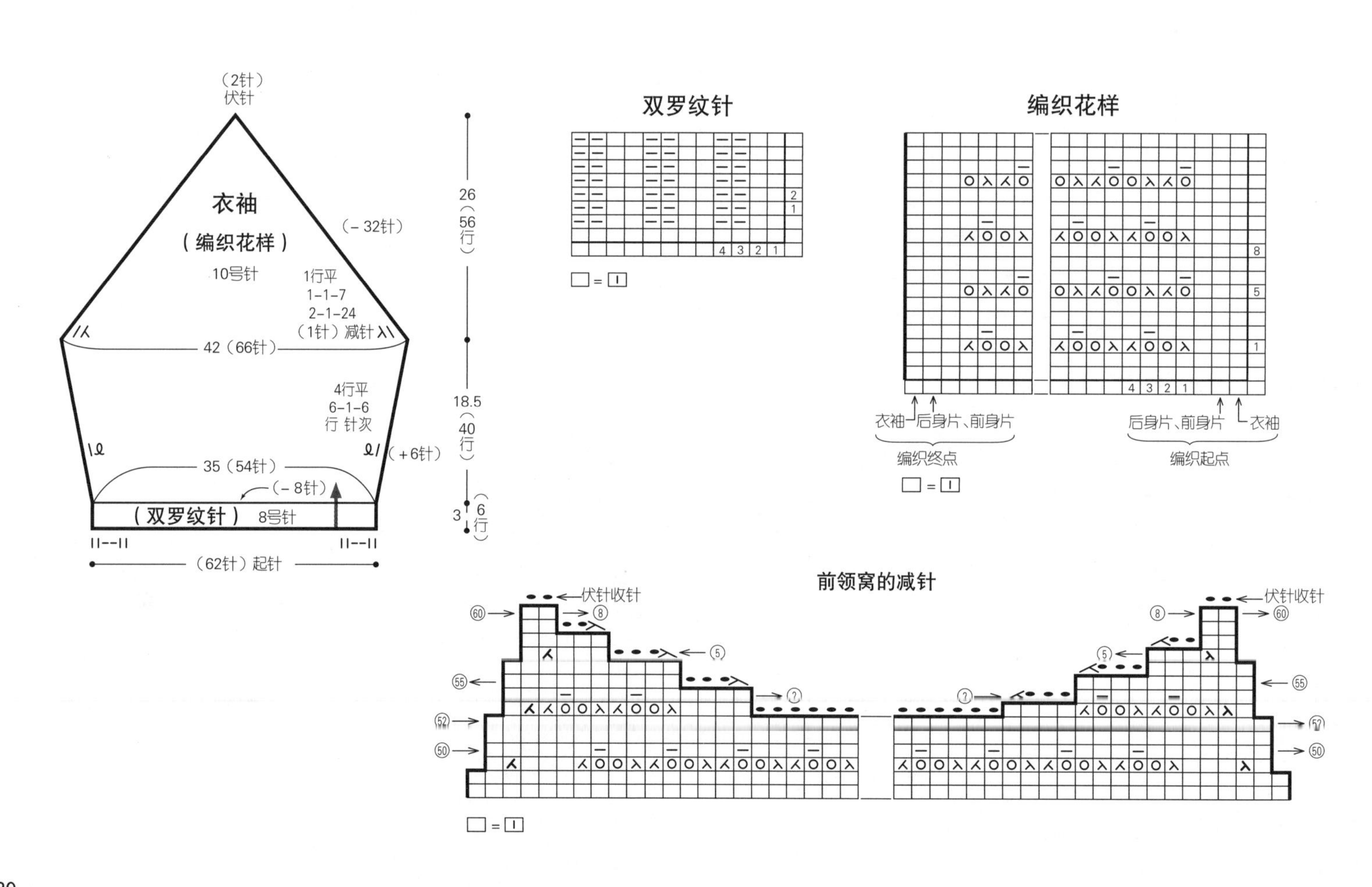

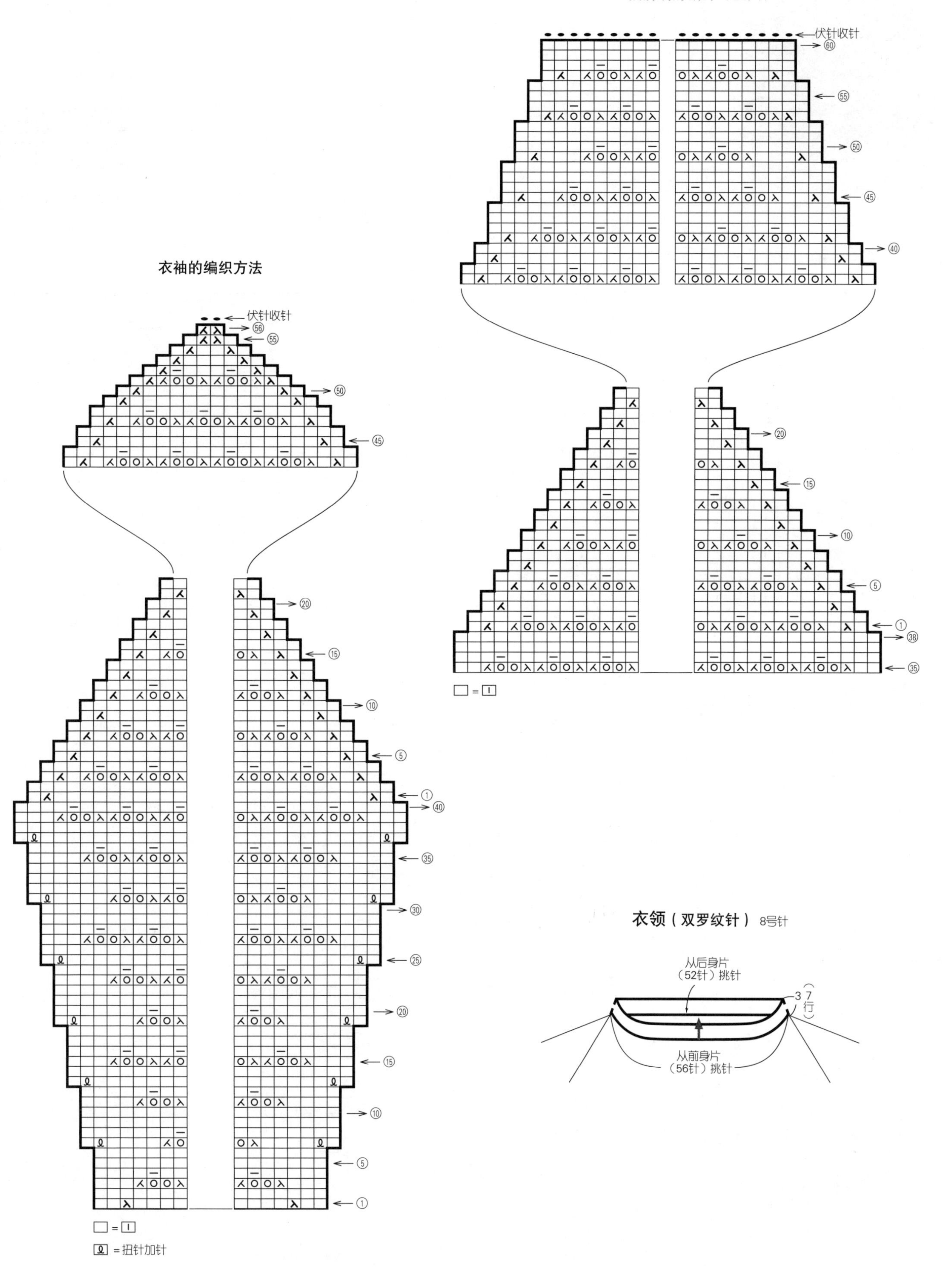

插肩线的减针（后身片）
伏针收针
衣袖的编织方法
伏针收针
□ = ▣
⓪ = 扭针加针
衣领（双罗纹针）8号针
从后身片
（52针）挑针
3 (7行)
从前身片
（56针）挑针

材料

和麻纳卡 Exceed Wool L（中粗）、Amerry F（粗）、纯毛中细、Amerry 毛线的色名、色号、用量及辅材等请参照下表

工具

钩针 5/0 号、4/0 号、3/0 号

成品尺寸

参照图示

编织要点

●参照图示钩织各部分。参照组合方法进行组合。

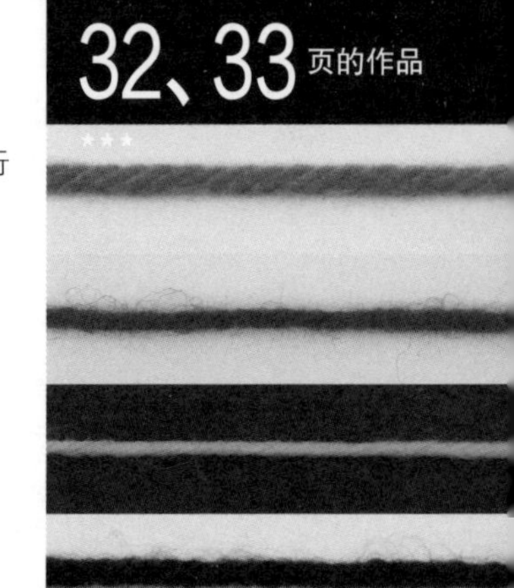

蛋糕卷的侧面A　5/0号针　褐色

32
30
10
5
4行1个花样
1
4针1个花样
25（50针锁针）起针

※两侧做卷针缝

用线量和辅材

	线名	色名（色号）	用量	辅材
圣诞树桩蛋糕卷 切片蛋糕	Exceed Wool L（中粗）	褐色（833）	90g/3团	大号圆珠（红色） 60颗 填充棉 适量 塑料颗粒 适量 塑料颗粒用布 20cm×8cm 厚纸 纸 铁丝 12cm 手工胶
		深褐色（852）	16g/1团	
	Amerry F（粗）	浅褐色（520）	3g/1团	
	纯毛中细	红色（10）	12g/1团	
		深绿色（24）	5g/1团	
		白色（26）	2g/1团	
		黑色（30）	各1g/各1团	
		粉红色（31）		
圣诞树冷杉 （3棵的用量）	Amerry	绿色（34）	各14g/各1团	填充棉 适量 塑料颗粒 各6g 厚纸
		卡其色（38）		
		黄绿色（13）		
		咖啡色（23）	12g/1团	

切片蛋糕的侧面　5/0号针　褐色

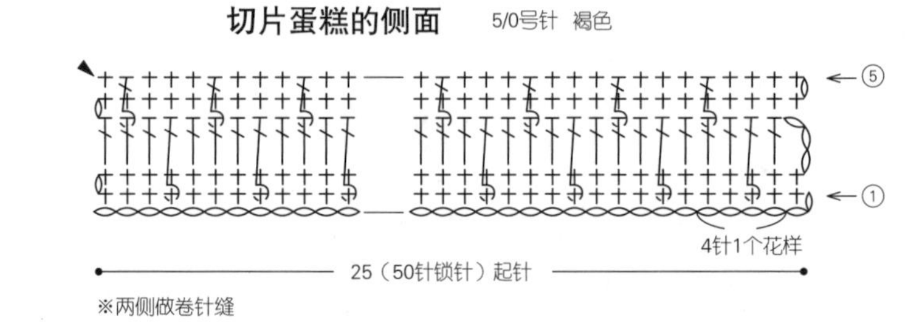

※两侧做卷针缝

蛋糕卷的侧面B　5/0号针　褐色

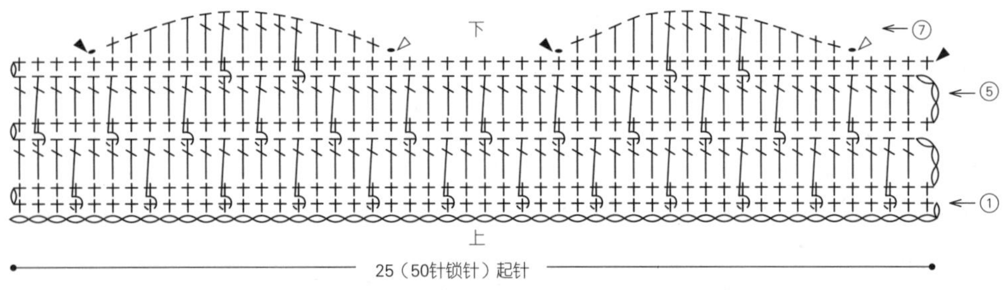

※两侧做卷针缝

= 长针的正拉针
※钩织方法请参照第141页

▷ = 加线
▶ = 剪线

蛋糕卷的横截面　5片　5/0号针

蛋糕卷横截面的厚纸

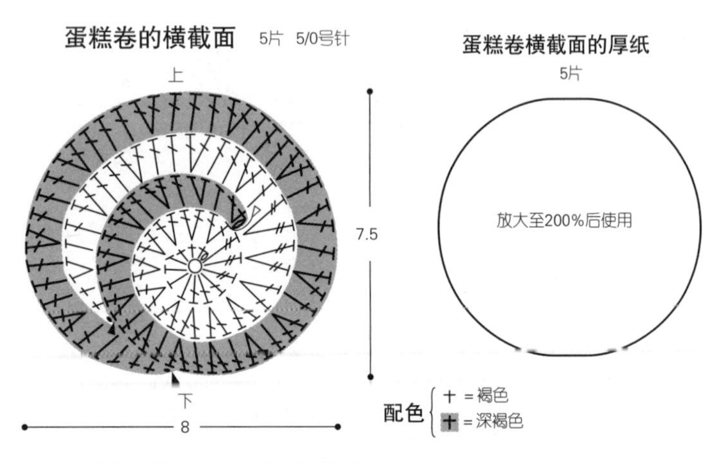

配色　+ = 褐色　⊞ = 深褐色

※ 用褐色线钩织至指定位置，加入深褐色线钩织。接着交替换线钩织至指定位置

切片蛋糕的组合方法

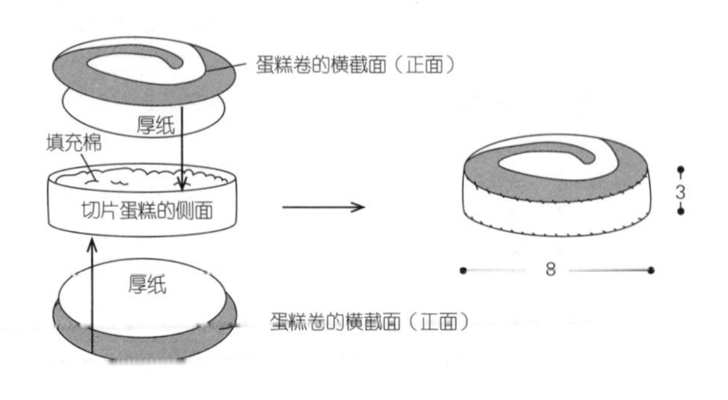

※ 放入厚纸和填充棉，用褐色线卷针缝缝合横截面与侧面

圣诞老人的头部

3/0号针　粉红色

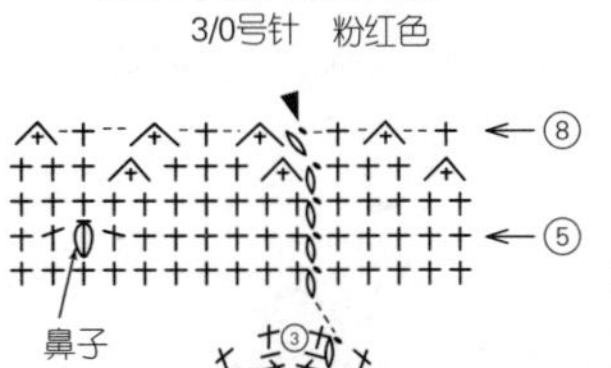

头部的加减针

行数	针数	
8行	8针	(−4针)
7行	12针	(−3针)
4~6行	15针	
3行	15针	(＋3针)
2行	12针	(＋6针)
1行	6针	

± = 在前一行针目头部的后面半针里挑针钩织

※塞入填充棉后，在最后一行针目的外面1根线里穿线收紧

圣诞老人的衣服　3/0号针

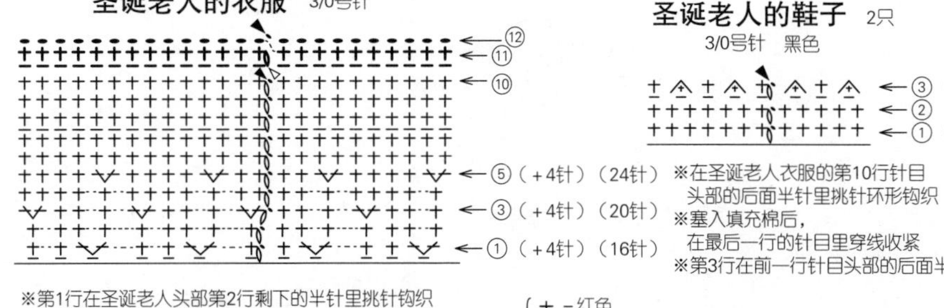

※第1行在圣诞老人头部第2行剩下的半针里挑针钩织

※挑针钩织鞋子之前，先塞入填充棉

± = 第8行在前一行针目头部的后面半针里挑针钩织短针，第11行在前一行针目头部的前面半针里挑针钩织短针

配色 { + = 红色　+ = 白色 }

圣诞老人的鞋子　2只

3/0号针　黑色

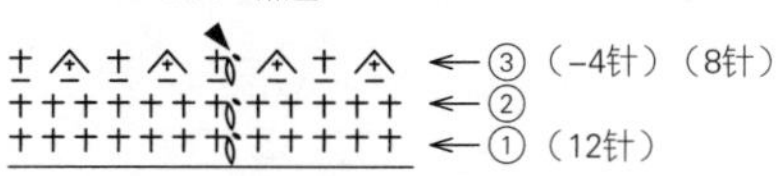

※在圣诞老人衣服的第10行针目头部的后面半针里挑针环形钩织

※塞入填充棉后，在最后一行的针目里穿线收紧

※第3行在前一行针目头部的后面半针里挑针钩织

衣服的组合方法

用白色线在衣服的白色行缝合

鞋子

圣诞老人衣服上的装饰　3/0号针　白色

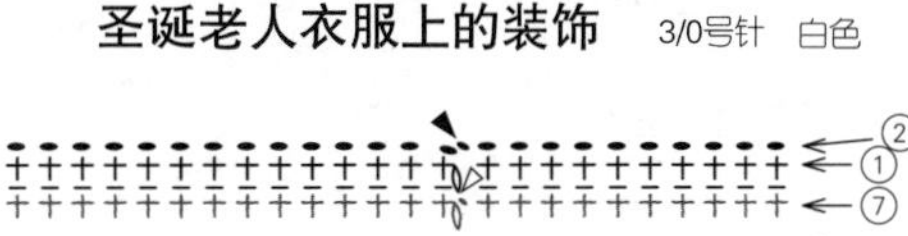

※在圣诞老人衣服的第7行针目头部的前面半针里挑针钩织

圣诞老人的帽子　3/0号针

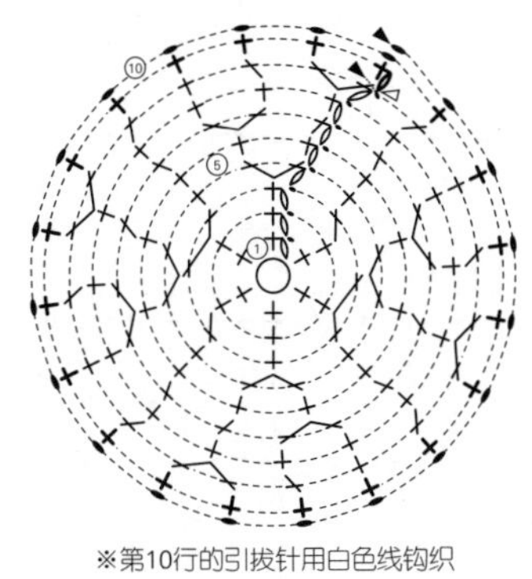

※第10行的引拔针用白色线钩织

帽子的加针

行数	针数	
9、10行	20针	
8行	20针	(＋4针)
7行	16针	
6行	16针	(＋4针)
5行	12针	
4行	12针	(＋4针)
3行	8针	(＋2针)
2行	6针	
1行	6针	

配色 { + = 红色　+ = 白色 }

圣诞老人的手臂　2条

3/0号针

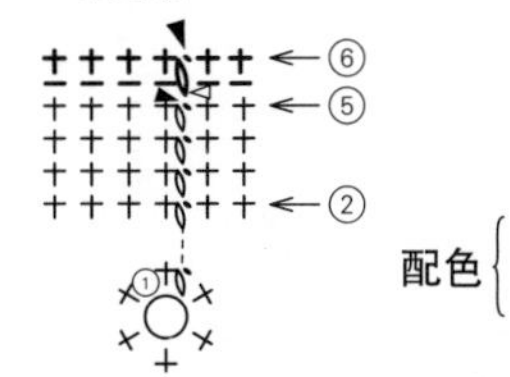

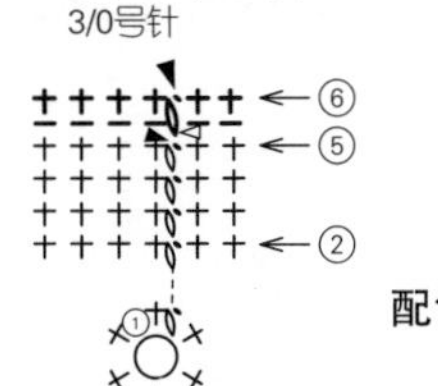

配色 { + = 红色　+ = 粉红色 }

※塞入填充棉后，在最后一行的针目里穿线收紧

± = 在前一行针目头部的后面半针里挑针钩织

圣诞老人的组合方法

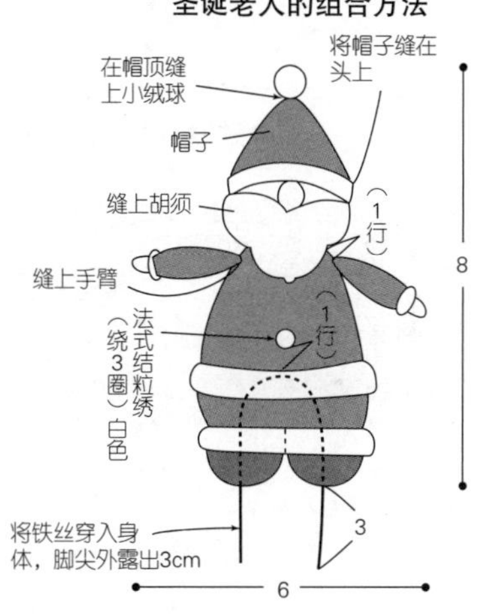

小绒球　3/0号针 白色

※在最后一行的针目里穿线收紧

胡须　3/0号针 白色

圣诞老人手臂上的装饰

3/0号针　白色

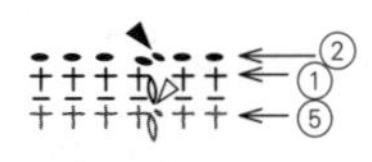

※在圣诞老人手臂的第5行针目头部的前面半针里挑针钩织

草莓　3/0号针　红色 4颗

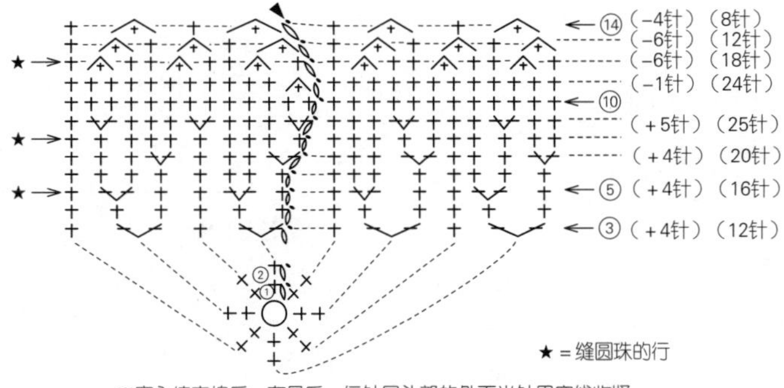

※塞入填充棉后，在最后一行针目头部的外面半针里穿线收紧

※钩织完成后，在各行分别缝上5颗圆珠

柊树叶　3片

3/0号针　深绿色

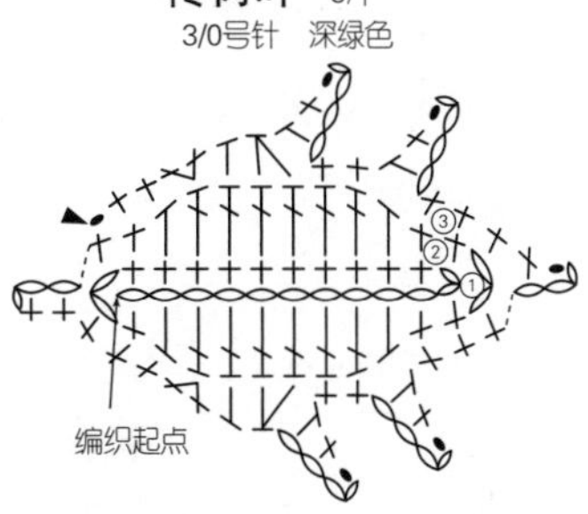

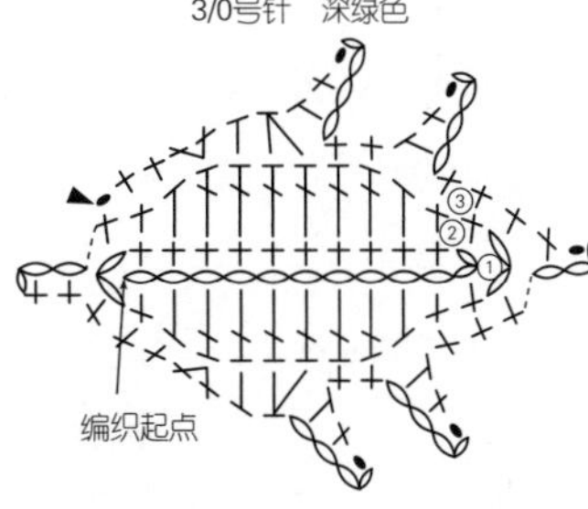

柊树的果实　3颗

3/0号针　红色

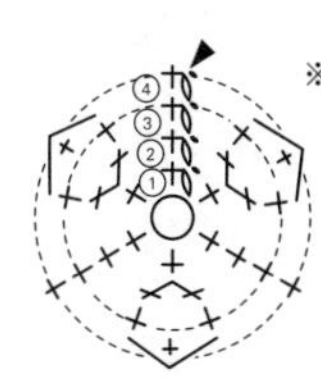

※塞入多余的线头，在最后一行针目头部的外面半针里穿线收紧

柊树枝的组合方法

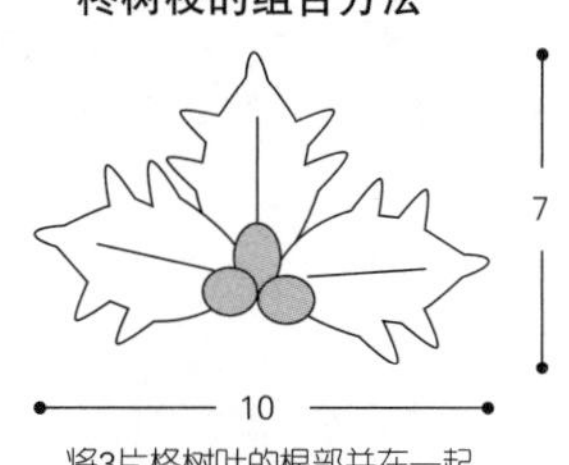

将3片柊树叶的根部并在一起，在中心缝上3颗果实

草莓蒂　4片

3/0号针　深绿色

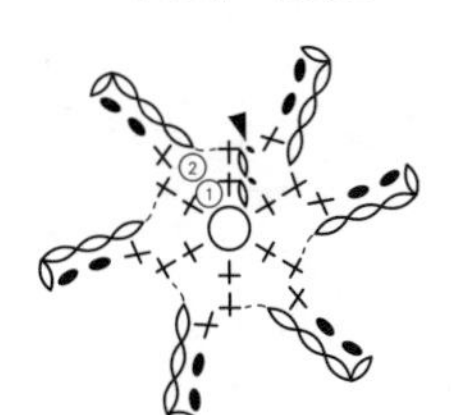

草莓的组合方法

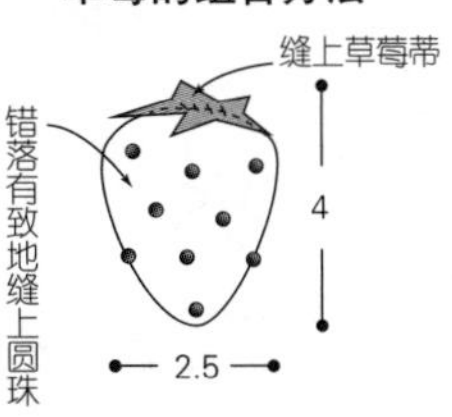

奶油　4颗　4/0号针　浅褐色

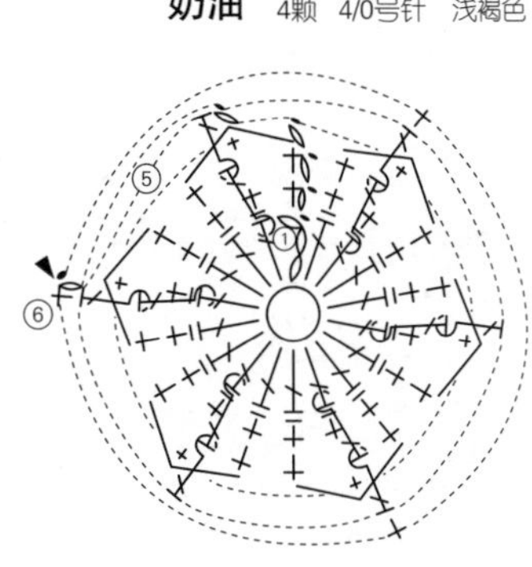

※第4行跳过第3行的长针的正拉针，钩织2针短针并1针

※塞入填充棉后，在最后一行针目头部的外面半针里穿线收紧

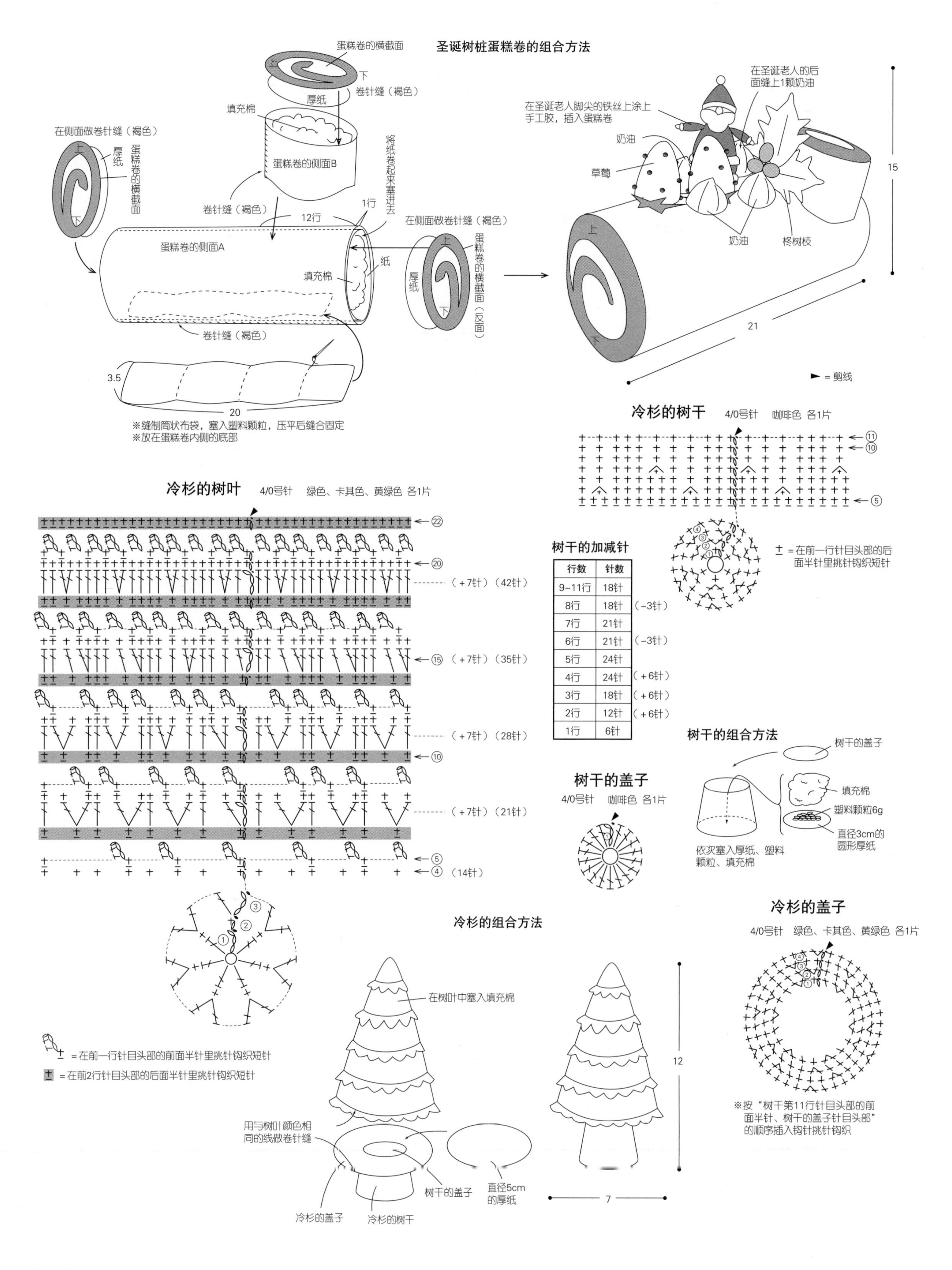

树干的加减针

行数	针数	
9~11行	18针	
8行	18针	（-3针）
7行	21针	
6行	21针	（-3针）
5行	24针	
4行	24针	（+6针）
3行	18针	（+6针）
2行	12针	（+6针）
1行	6针	

材料

Keito Calamof 粉红色系段染(2) 275g/3 桄

工具

棒针 10mm

成品尺寸

宽 19cm，长 163cm(含流苏)

编织密度

10cm×10cm 面积内：编织花样 8.5 针，11 行；下针编织 8 针，11.5 行

编织要点

●全部使用 3 根线合股编织。手指挂线起针后，按编织花样编织。编织终点做下针织下针、上针织上针的伏针收针。帽子从指定位置挑针，做起伏针和下针编织。参照图示减针。编织终点做休针处理。帽顶做下针无缝缝合。最后系上流苏。

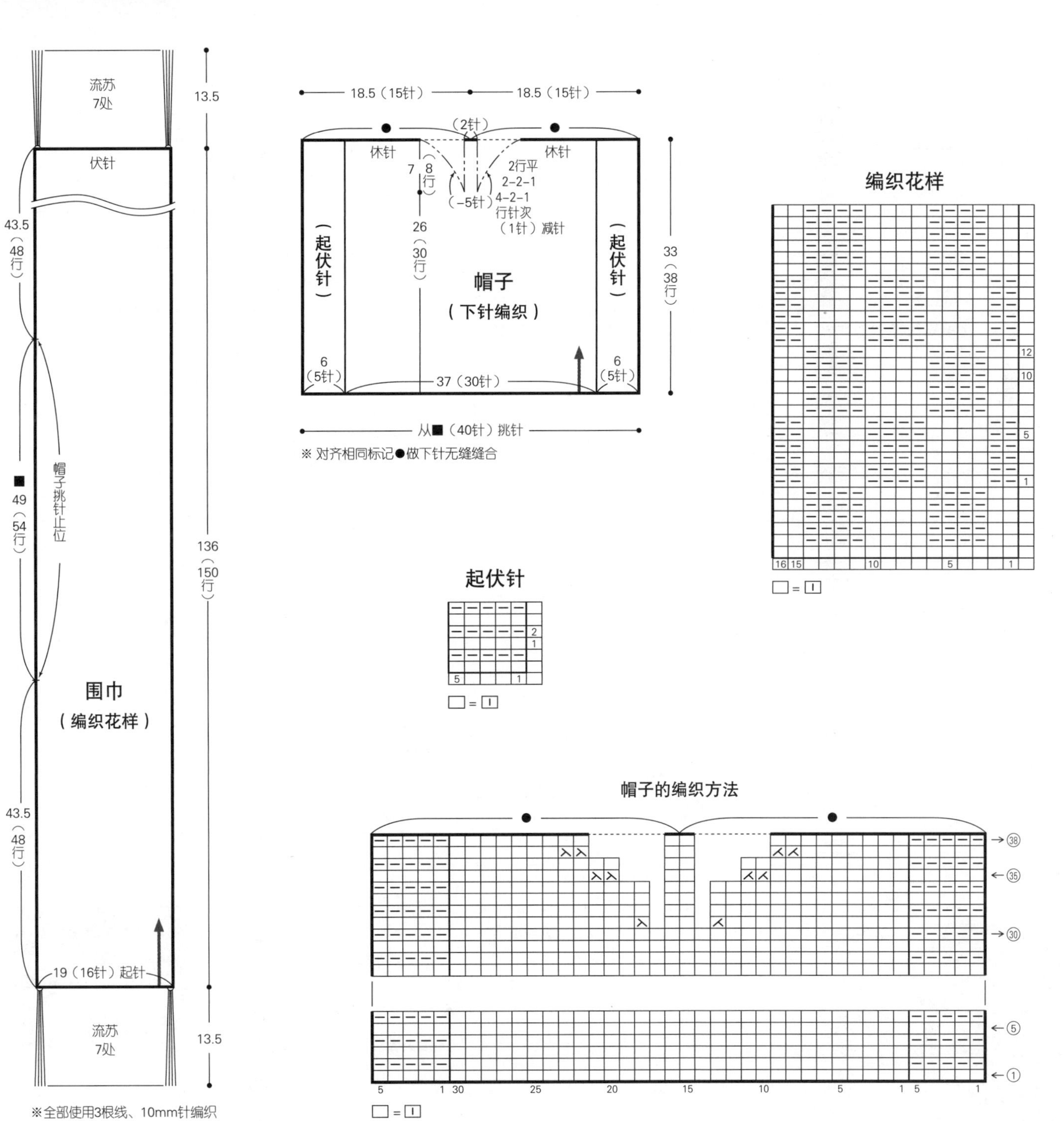

材料

LANA GATTO BABY SOFT 浅黄色(763) 345g/7团，Silk HASEGAWA SEIKA 黄色(26 SUPER LEMON) 95g/4团

工具

棒针6号、4号

成品尺寸

胸围96cm，肩宽41cm，衣长58.5cm，袖长50cm

编织密度

10cm×10cm面积内：编织花样23针，32.5行

编织要点

●身片、衣袖…全部使用BABY SOFT和SEIKA各1根线合股编织。另线锁针起针后，按编织花样编织。减2针及以上时做伏针减针，减1针时立起侧边1针减针。袖下的加针是在1针内侧做扭针加针。

●组合…肩部做盖针接合，胁部、袖下做挑针缝合，注意衣袖将织物的反面用作正面做挑针缝合。下摆、袖口解开起针时的锁针挑针后环形编织单罗纹针，编织终点做单罗纹针收针。衣领挑取指定数量的针目后，环形编织单罗纹针。编织终点与下摆一样收针。衣袖与身片之间做引拔缝合。

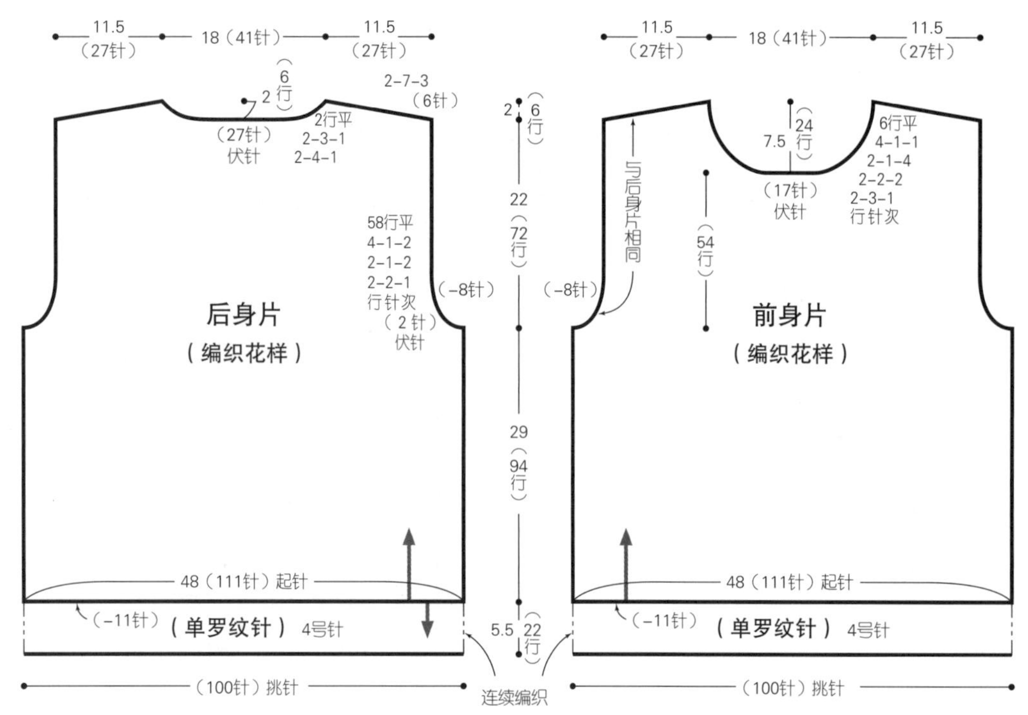

(21针) 伏针

2行平
2-2-6
2-1-9
2-2-4

(3针) 伏针

(-32针)

12.5 (40行)

37 (85针)

衣袖

(编织花样)

6行平
6-1-13
8-1-3
行针次

33 (108行)

(+16针)

23 (53针) 起针

(-3针)

4.5 (18行)

(单罗纹针) 4号针

(50针) 挑针

※衣袖将织物的反面用作正面

※全部使用BABY SOFT和SEIKA各1根线合股编织

※除指定以外均用6号针编织

衣领(单罗纹针) 4号针

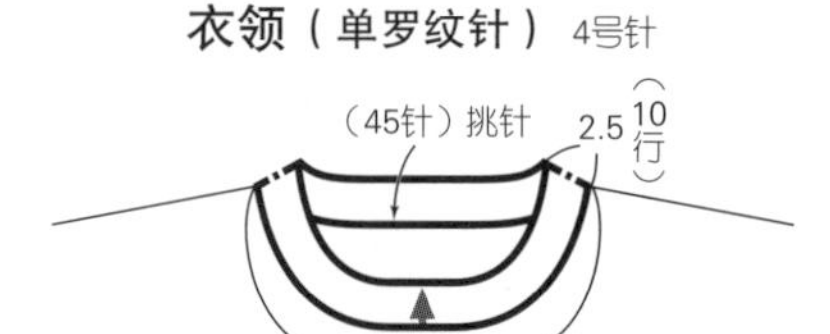

单罗纹针

□ = Ⅰ

编织花样

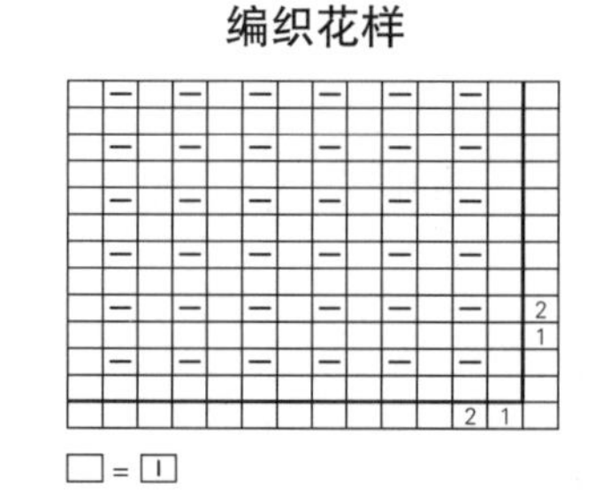

□ = Ⅰ

材料

钻石线 Dianicole 浅灰色系混染(7613) 525g/14团

工具

棒针9号、8号

成品尺寸

胸围106cm，肩宽45cm，衣长53.5cm，袖长47cm

编织密度

10cm×10cm面积内：下针编织、编织花样B均为19.5针，24.5行；编织花样C 26针，24.5行

编织要点

●身片、衣袖…手指挂线起针后，按编织花样A编织。接着，身片按编织花样B和下针编织，衣袖按编织花样B、C编织。领窝减2针及以上时做伏针减针，减1针时立起侧边1针减针。袖下的加针是在1针内侧做扭针加针。衣袖的编织终点做伏针收针。

●组合…肩部做盖针接合。衣袖与身片之间做针与行的接合，胁部、袖下做挑针缝合。衣领挑取指定数量的针目后，按编织花样A环形编织。编织终点做下针织下针、上针织上针的伏针收针。

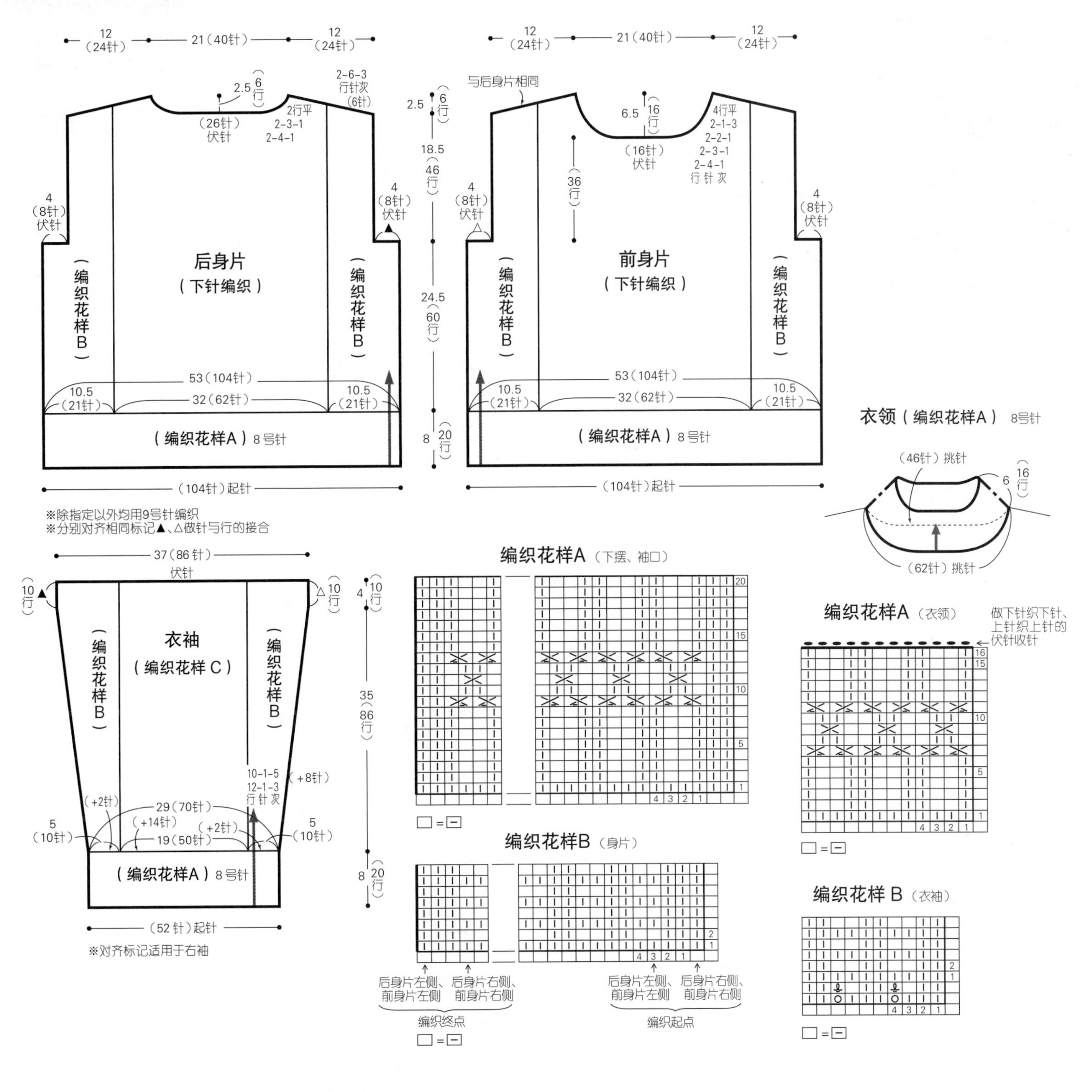

后身片
（下针编织）
（编织花样B）
53（104针）
10.5（21针）
32（62针）
（编织花样A）8号针
（104针）起针
12（24针）
21（40针）
2.5 6行
（26针）伏针
2行平
2-3-1
2-4-1
2-6-3
行针次
（6针）
4（8针）伏针
前身片
（下针编织）
与后身片相同
6.5 16行
（16针）伏针
4行平
2-1-3
2-2-1
2-3-1
2-4-1
行针次
36行
2.5 6行
18.5 46行
24.5 60行
8 20行
※除指定以外均用9号针编织
※分别对齐相同标记▲、△做针与行的接合
衣领（编织花样A）8号针
（46针）挑针
6 16行
（62针）挑针
37（86针）
伏针
10行
衣袖
（编织花样C）
29（70针）
19（50针）
（+14针）
（+2针）
（+8针）
10-1-5
12-1-3
行针次
5（10针）
4 10行
35 86行
8 20行
（52针）起针
※对齐标记适用于右袖
编织花样A（下摆、袖口）
编织花样B（身片）
后身片左侧、前身片左侧
后身片右侧、前身片右侧
编织终点
编织起点
编织花样A（衣领）
做下针织下针、上针织上针的伏针收针
编织花样 B（衣袖）

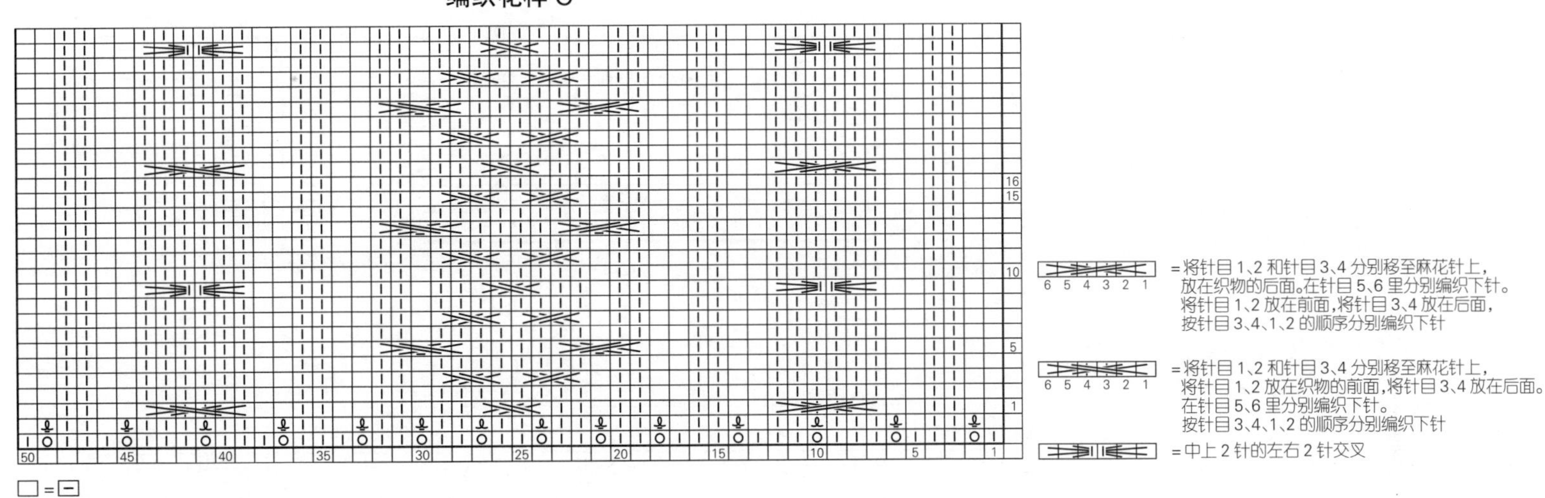

编织花样 C
=将针目 1、2 和针目 3、4 分别移至麻花针上，放在织物的后面。在针目 5、6 里分别编织下针。将针目 1、2 放在前面，将针目 3、4 放在后面，按针目 3、4、1、2 的顺序分别编织下针
=将针目 1、2 和针目 3、4 分别移至麻花针上，将针目 1、2 放在织物的前面，将针目 3、4 放在后面。在针目 5、6 里分别编织下针。按针目 3、4、1、2 的顺序分别编织下针
=中上 2 针的左右 2 针交叉

材料

手织屋 e-Wool 红色(04) 345g

工具

棒针4号、2号

成品尺寸

胸围95cm，衣长52.5cm，连肩袖长71cm

编织密度

10cm×10cm面积内：下针编织23针，34行；编织花样A 32针，34行

编织要点

●育克、身片、衣袖…育克另线锁针起针后，按下针和编织花样A环形编织。参照图示加针。后身片往返编织8行作为前后差。前、后身片从育克上挑针，腋下做卷针起针后环形编织。接着编织单罗纹针，编织终点做下针织下针、上针织上针的伏针收针。衣袖从育克的休针、腋下针目、前后差上挑针，环形编织下针。参照图示减针。接着编织单罗纹针，编织终点与下摆一样收针。

●组合…衣领解开起针时的锁针挑针，按编织花样B环形编织。编织终点与下摆一样收针。

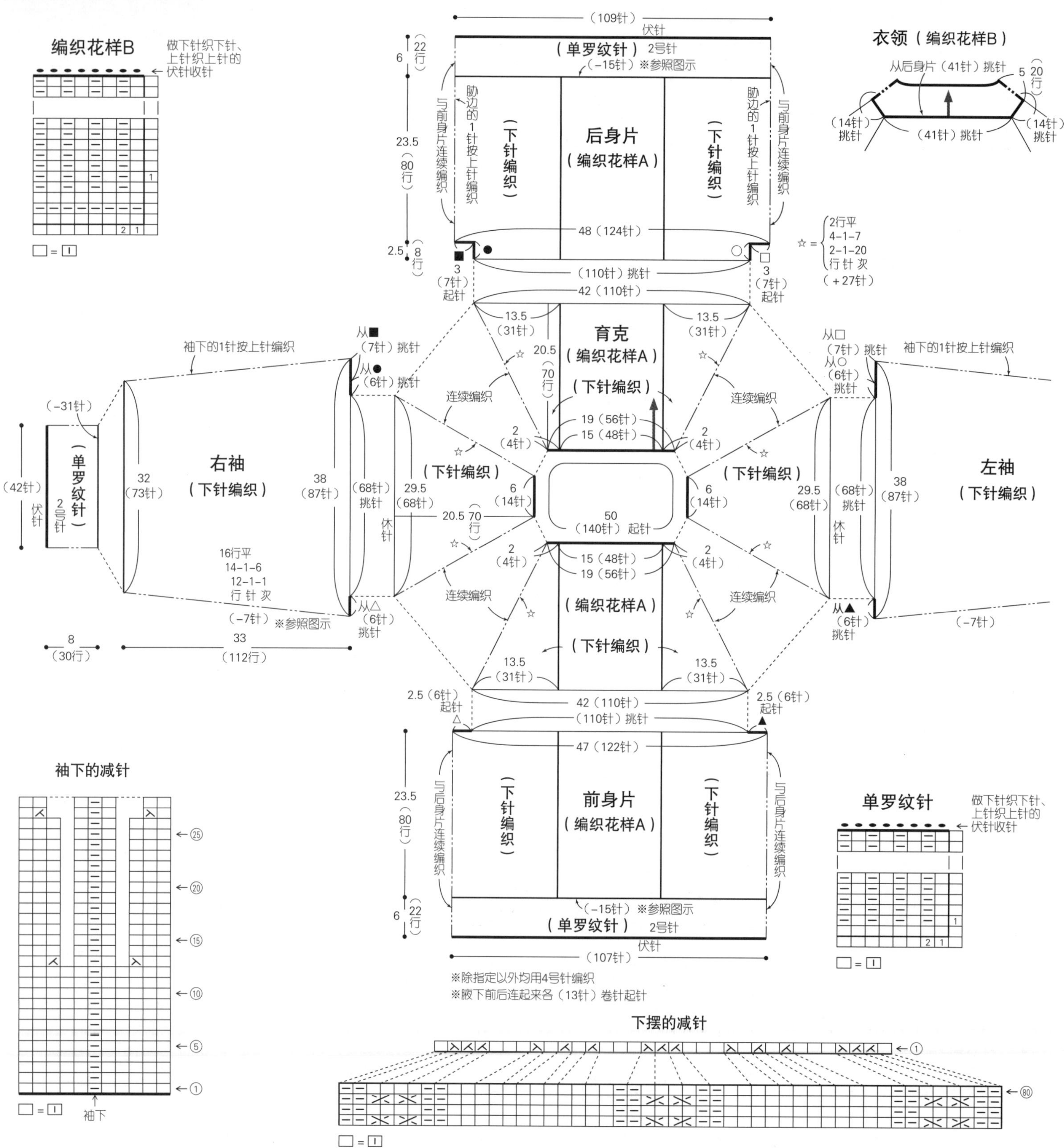

编织花样A

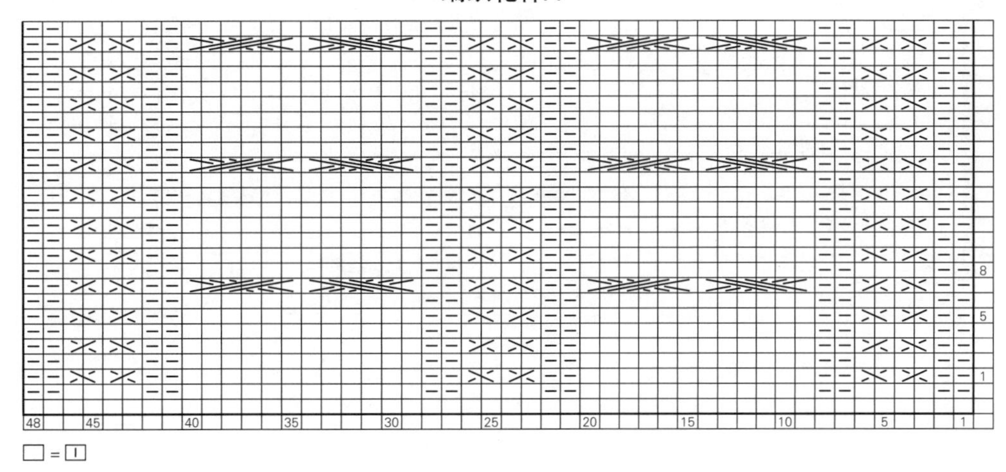

□ = I

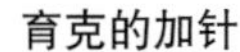

育克的加针

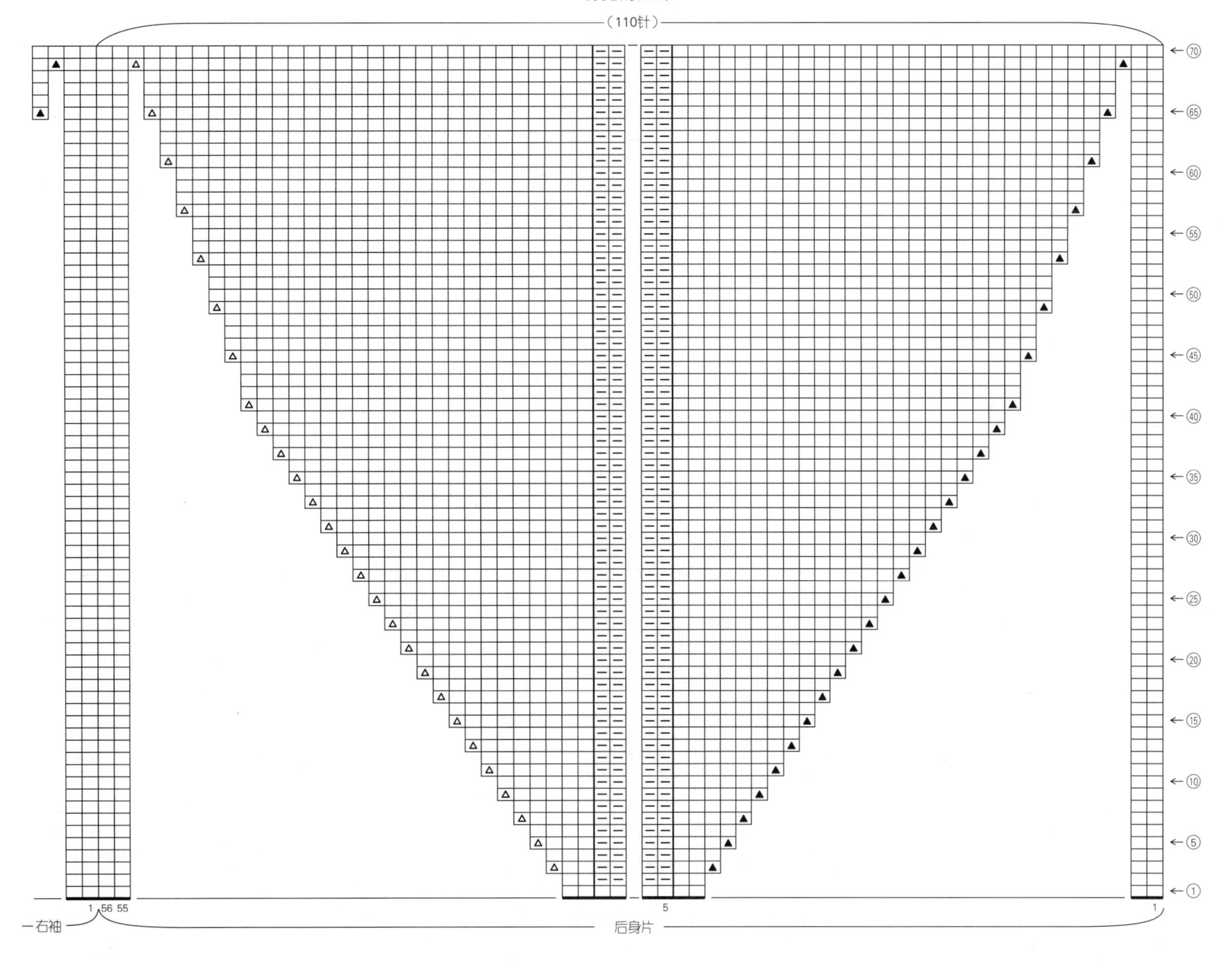

□ = I

▲ = 左扭加针

△ = 右扭加针

※编织方法请参照第116页

材料

手织屋 Moke Wool B 原白色(32) 650g

工具

棒针10号、6号

成品尺寸

胸围86cm，衣长68.5cm，连肩袖长68.5cm

编织密度

10cm×10cm面积内：下针编织18针，28.5行；编织花样B 31.5针，28.5行

编织花样A、A'的1个花样23针8.5cm，编织花样C、C'的1个花样30针9cm，A、A'、C、C'均为10cm28.5行

编织要点

●身片、衣袖…身片双罗纹针起针后，开始环形编织双罗纹针。接着按下针和编织花样A、B、A'编织。从接袖止位开始分成前、后身片做往返编织。前领窝参照图示减针。肩部做盖针接合。衣袖从身片上挑针，按下针、编织花样C或C'环形编织。袖下和袖口参照图示减针。接着编织双罗纹针，编织终点做双罗纹针收针。

●组合…衣领挑取指定数量的针目后，环形编织双罗纹针。编织终点做休针处理，向内侧翻折后做斜针缝。

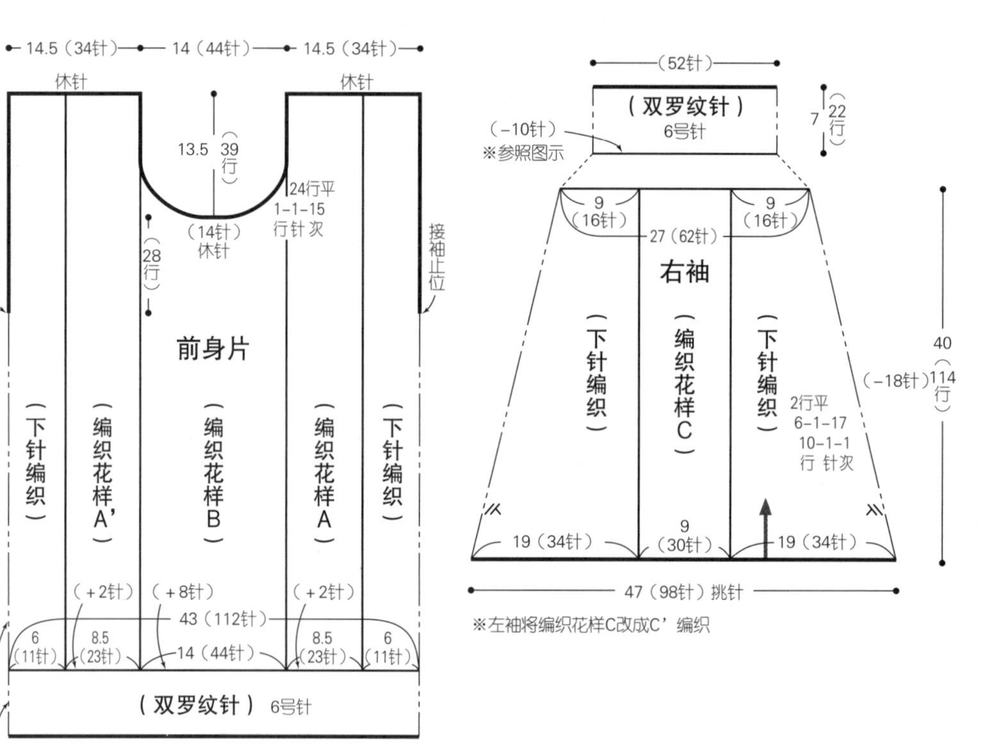

编织花样B

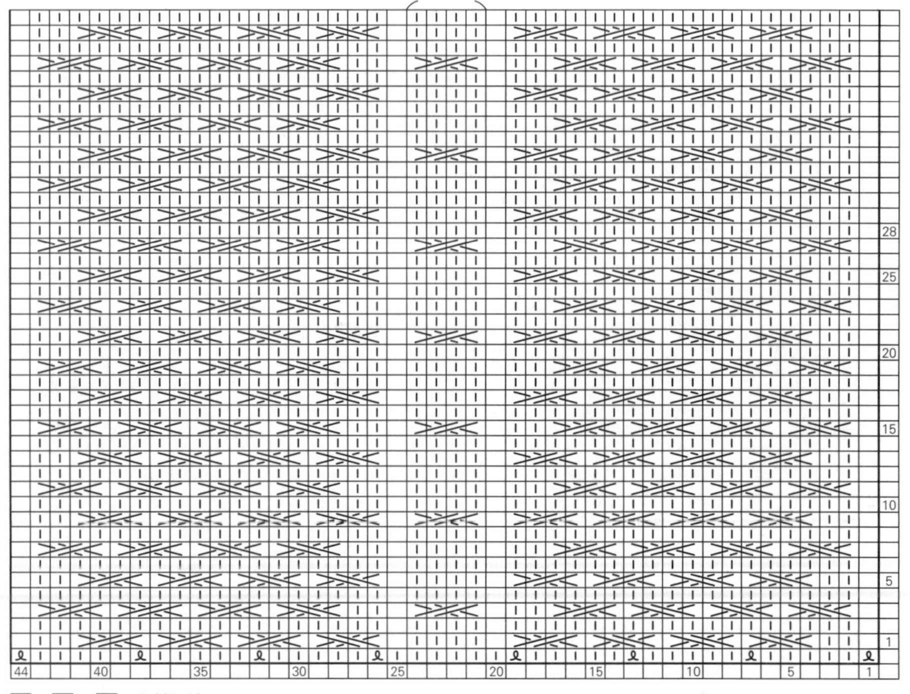

编织花样A

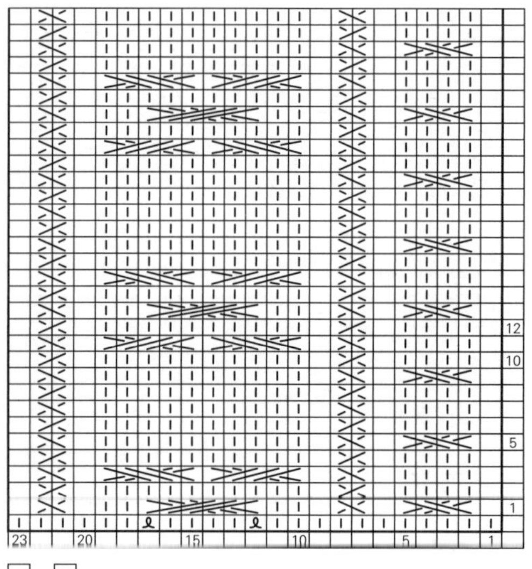

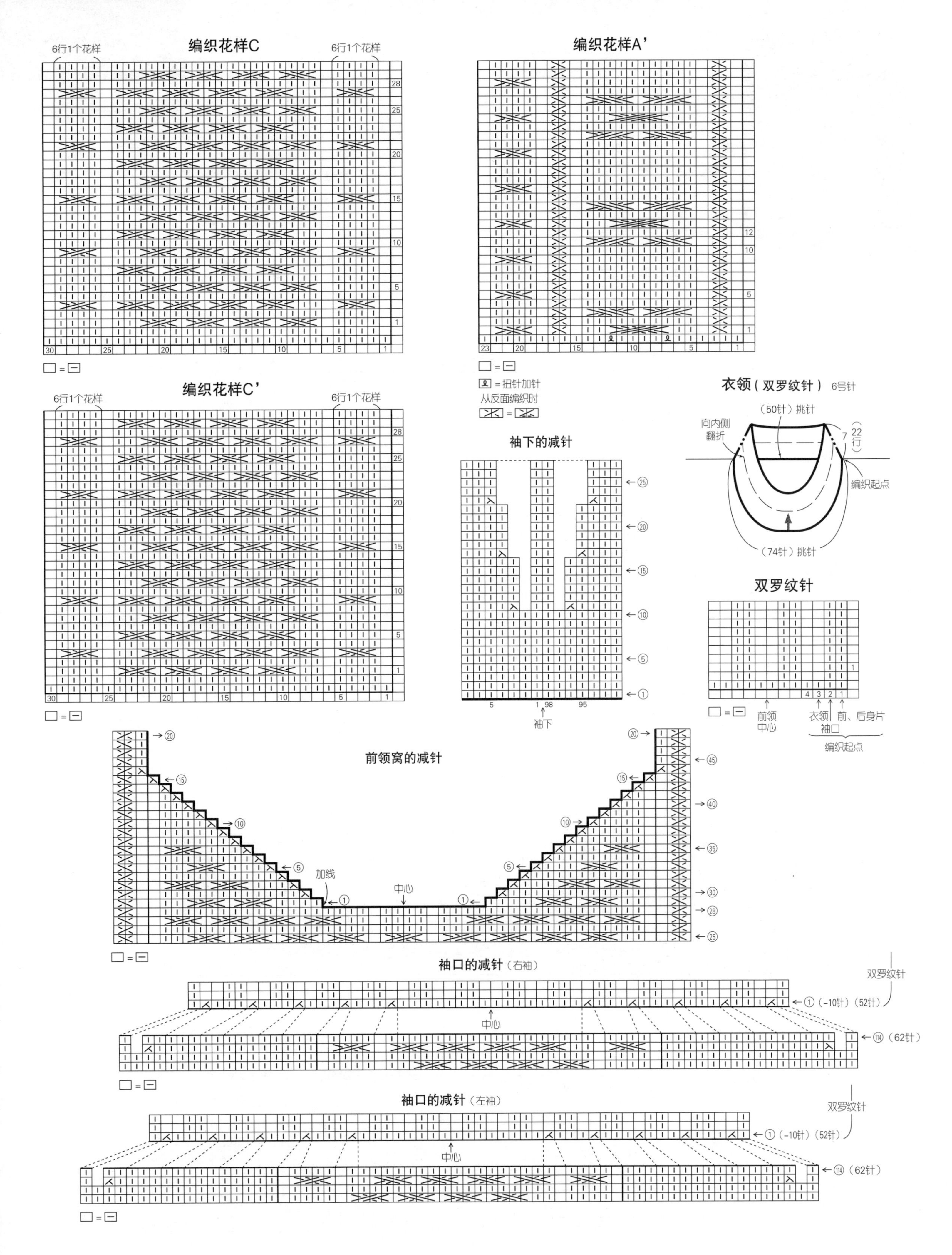

编织花样C
6行1个花样
6行1个花样
□=⊟
编织花样A'
□=⊟
= 扭针加针
从反面编织时
编织花样C'
6行1个花样
6行1个花样
□=⊟
袖下的减针
袖下
衣领（双罗纹针） 6号针
（50针）挑针
向内侧翻折
7（22行）
编织起点
（74针）挑针
双罗纹针
□=⊟
前领中心
衣领
袖口
前、后身片
编织起点
前领窝的减针
加线
中心
□=⊟
袖口的减针（右袖）
双罗纹针
（-10针）（52针）
中心
（62针）
□=⊟
袖口的减针（左袖）
双罗纹针
（-10针）（52针）
中心
（62针）
□=⊟

材料

[斗篷] 钻石线 Diatartan 橘红色(3406) 240g/7团

[暖袖] 钻石线 Diatartan 橘红色(3406) 75g/3团

工具

棒针6号、4号，钩针5/0号

成品尺寸

[斗篷] 衣长41cm

[暖袖] 手掌围21cm，长36cm

编织密度

10cm×10cm面积内：下针编织21针，30行；编织花样A、B均为29针，30行

编织要点

●斗篷…手指挂线起针，前、后身片连起来按起伏针、下针、编织花样A环形编织。参照图示分散减针。编织终点做伏针收针。

●暖袖…手指挂线起针后，按起伏针、下针、编织花样B环形编织。参照图示加减针，拇指位置做休针处理。编织终点做伏针收针。拇指挑取指定数量的针目后，环形编织下针。编织终点做伏针收针。

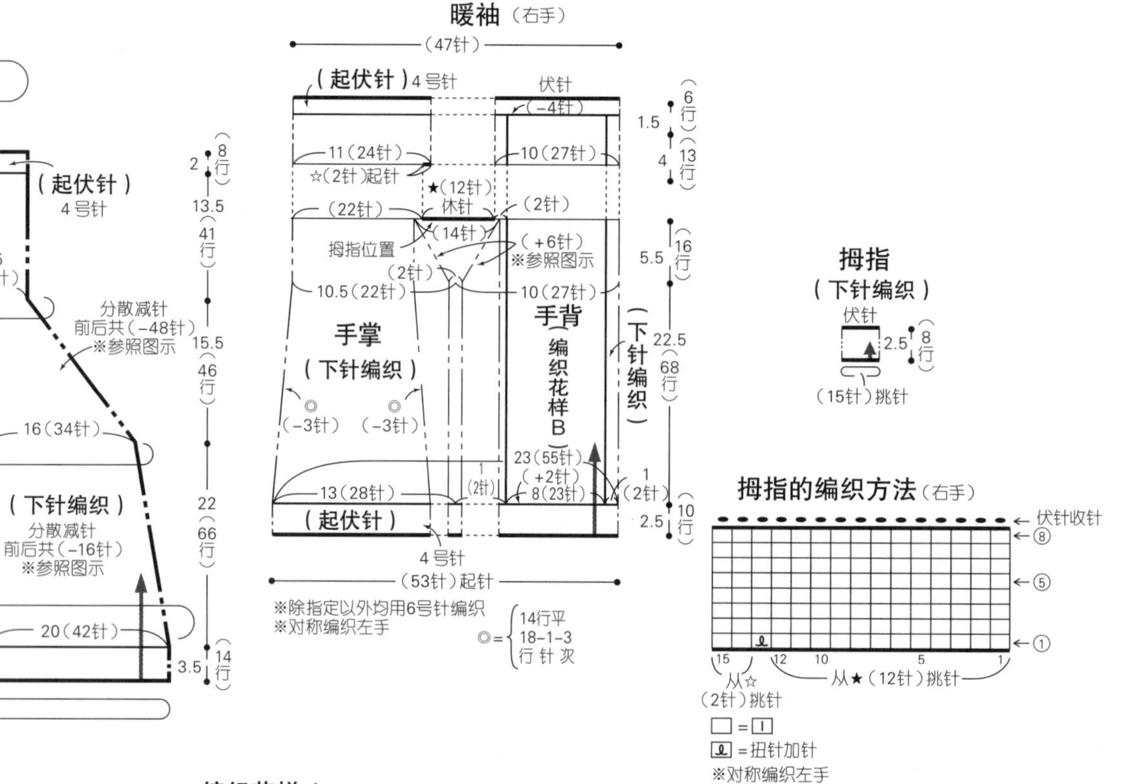

编织花样 A

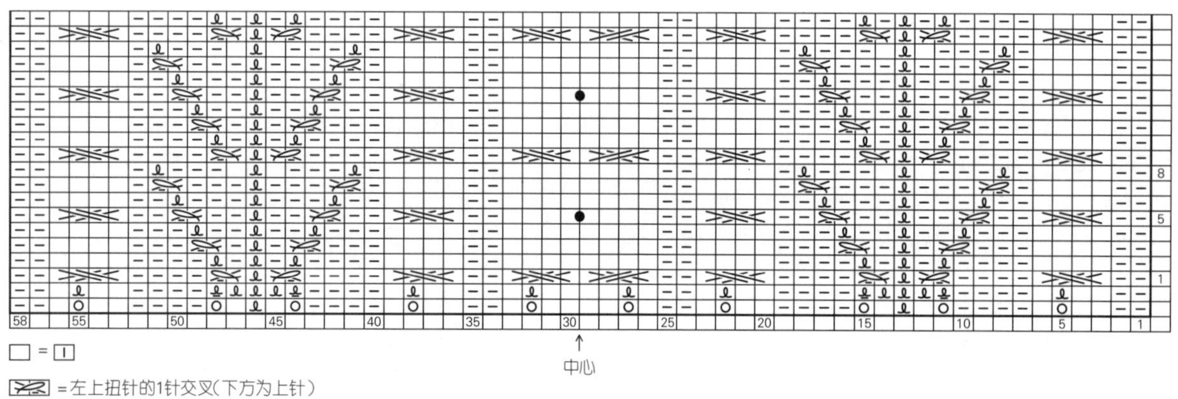

起伏针

编织花样 B

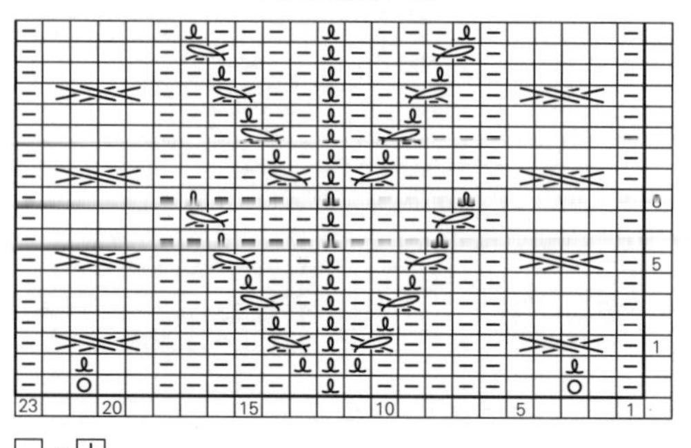

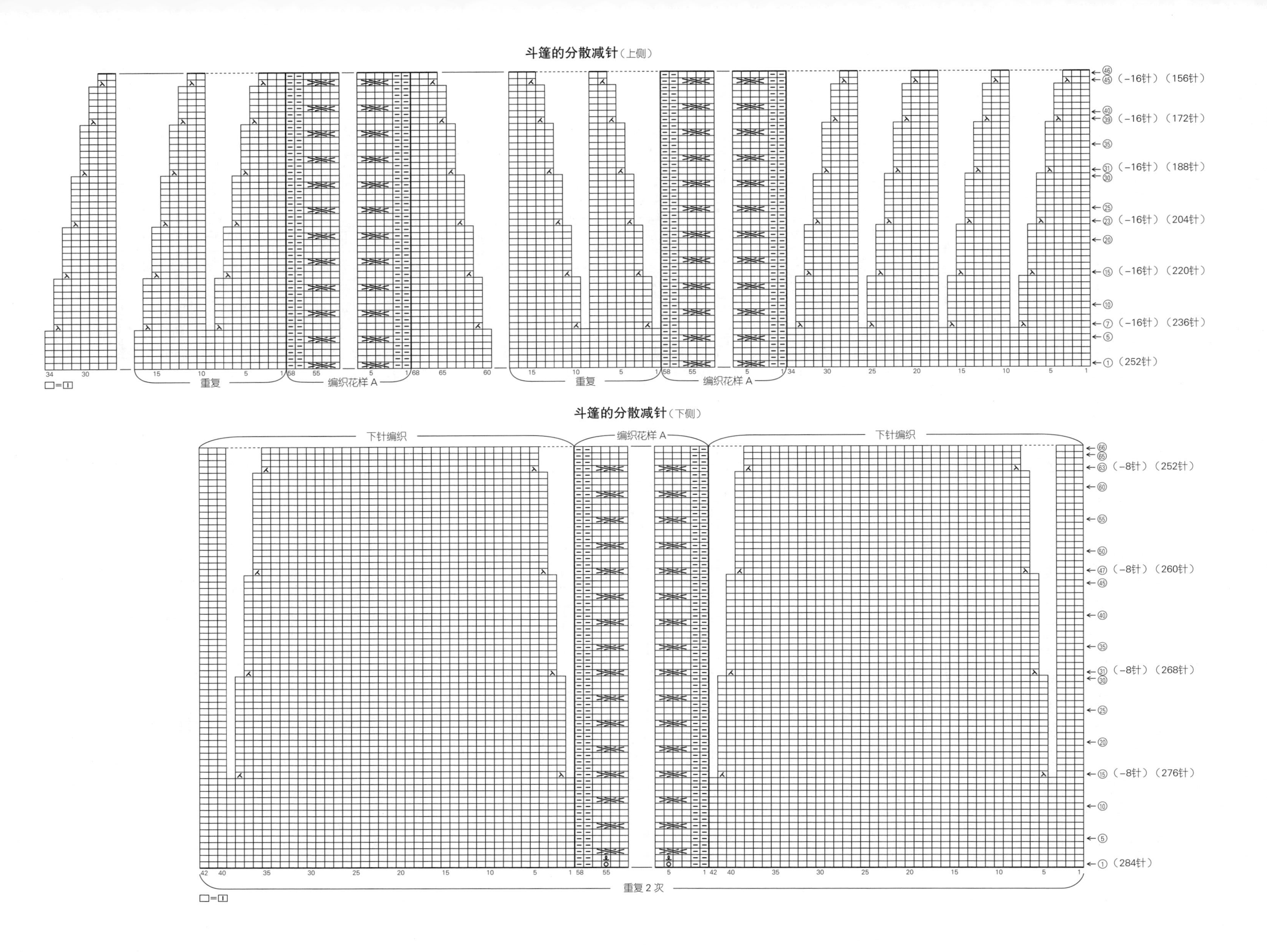
斗篷的分散减针（上侧）
(−16针)（156针）
(−16针)（172针）
(−16针)（188针）
(−16针)（204针）
(−16针)（220针）
(−16针)（236针）
(252针)
重复
编织花样 A
□=⊡
斗篷的分散减针（下侧）
下针编织
编织花样 A
(−8针)（252针）
(−8针)（260针）
(−8针)（268针）
(−8针)（276针）
(284针)
重复 2 次
□=⊡

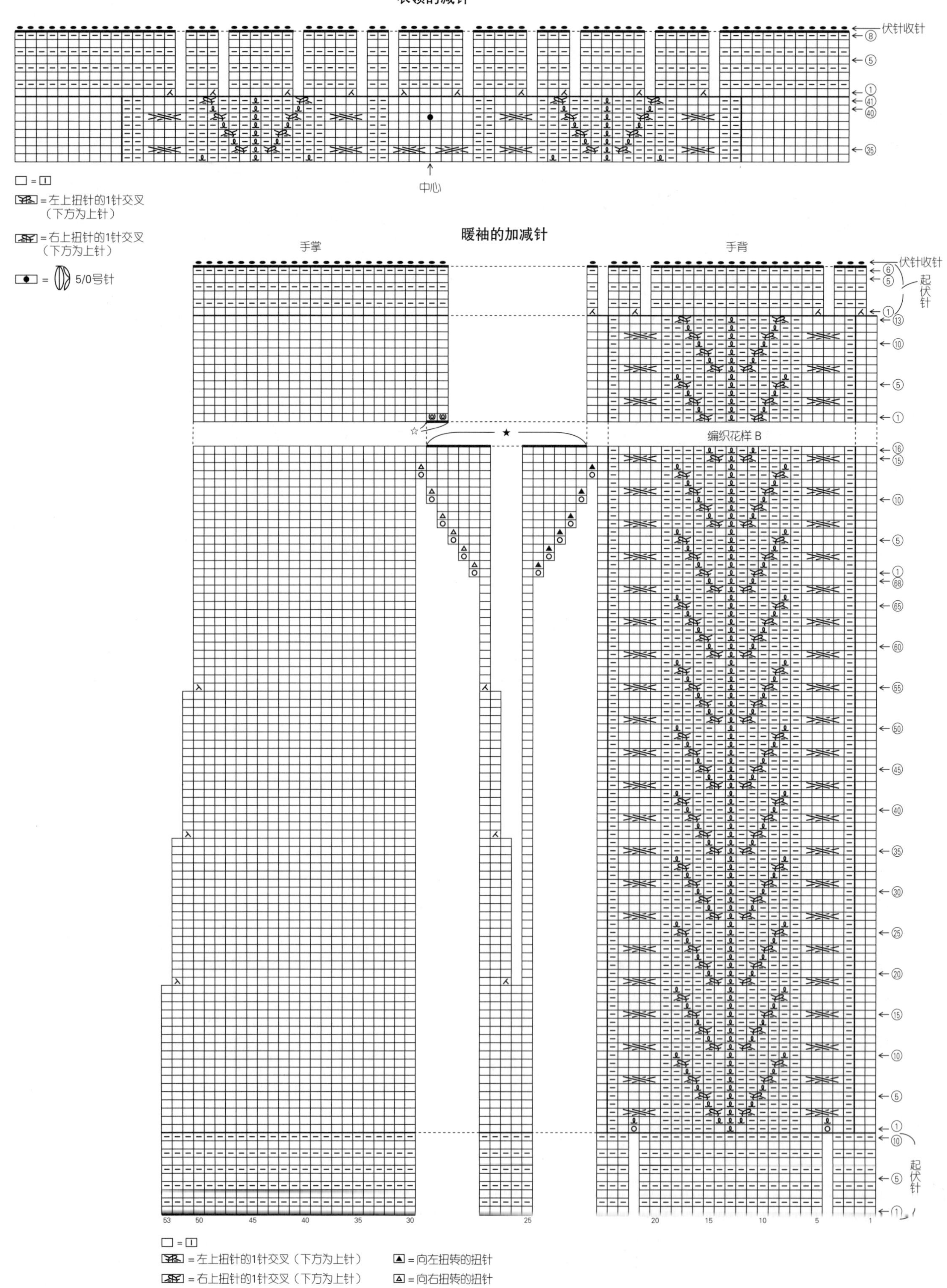

衣领的减针
伏针收针
中心
□=□
=左上扭针的1针交叉（下方为上针）
=右上扭针的1针交叉（下方为上针）
= 5/0号针
暖袖的加减针
手掌
手背
伏针收针
起伏针
☆
★
编织花样 B
起伏针
53
50
45
40
35
30
25
20
15
10
5
1
□=□
=左上扭针的1针交叉（下方为上针）
=右上扭针的1针交叉（下方为上针）
=卷针
▲=向左扭转的扭针
△=向右扭转的扭针
※扭转方法请参照第116页

材料

内藤商事 Magia 粉红色和黄色系段染(3) 380g/8团

工具

棒针8号、6号

成品尺寸

胸围102cm，衣长65.5cm，连肩袖长76.5cm

编织密度

10cm×10cm面积内：编织花样A 18针，40行；下针编织18针，24.5行

编织要点

●身片、衣袖…另线锁针起针后，做编织花样A和下针编织。后身片接着编织8行作为前后差。袖下的加针是在1针内侧做扭针加针。编织终点做伏针收针。下摆、袖口解开起针时的锁针挑针后编织单罗纹针，编织终点做单罗纹针收针。

●组合…胁部、袖下做挑针缝合，分别对齐相同标记做下针无缝缝合以及针与行的接合。育克从身片和衣袖上挑针，一边分散减针一边按编织花样B环形编织，编织终点做伏针收针。衣领从育克上挑针，编织单罗纹针。编织终点与下摆一样收针。

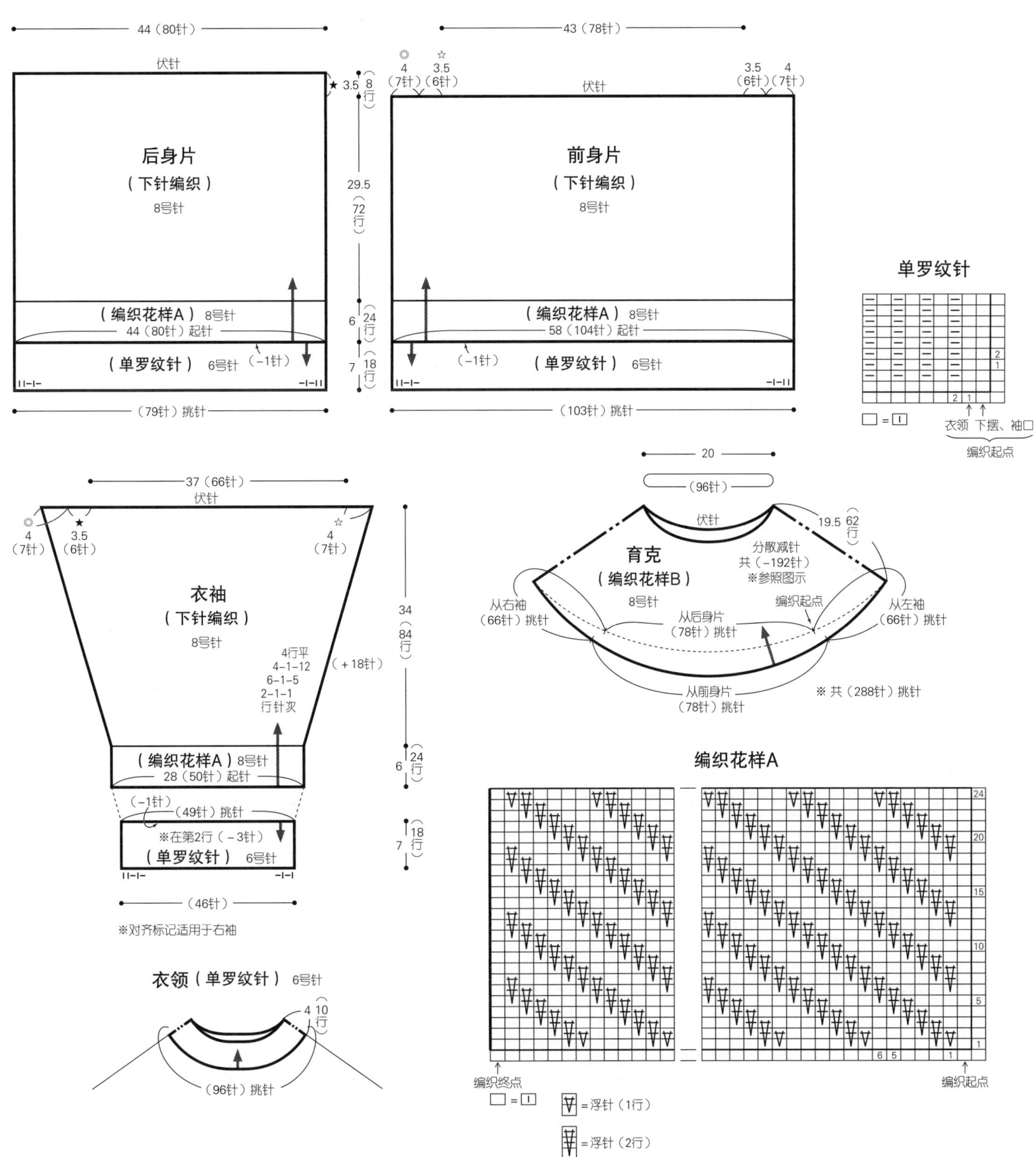

编织花样B和育克的分散减针

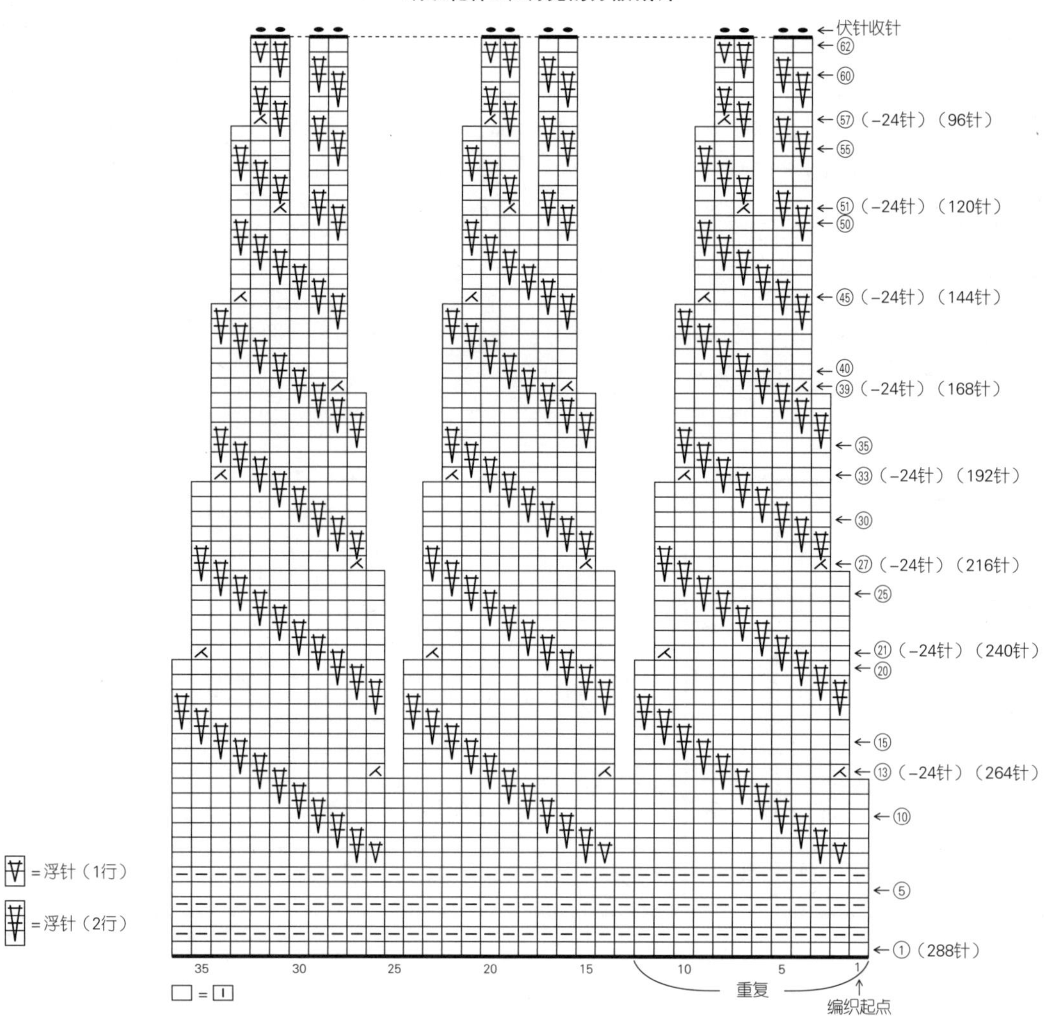

▶接第137页

后身片〈上〉的挑针方法

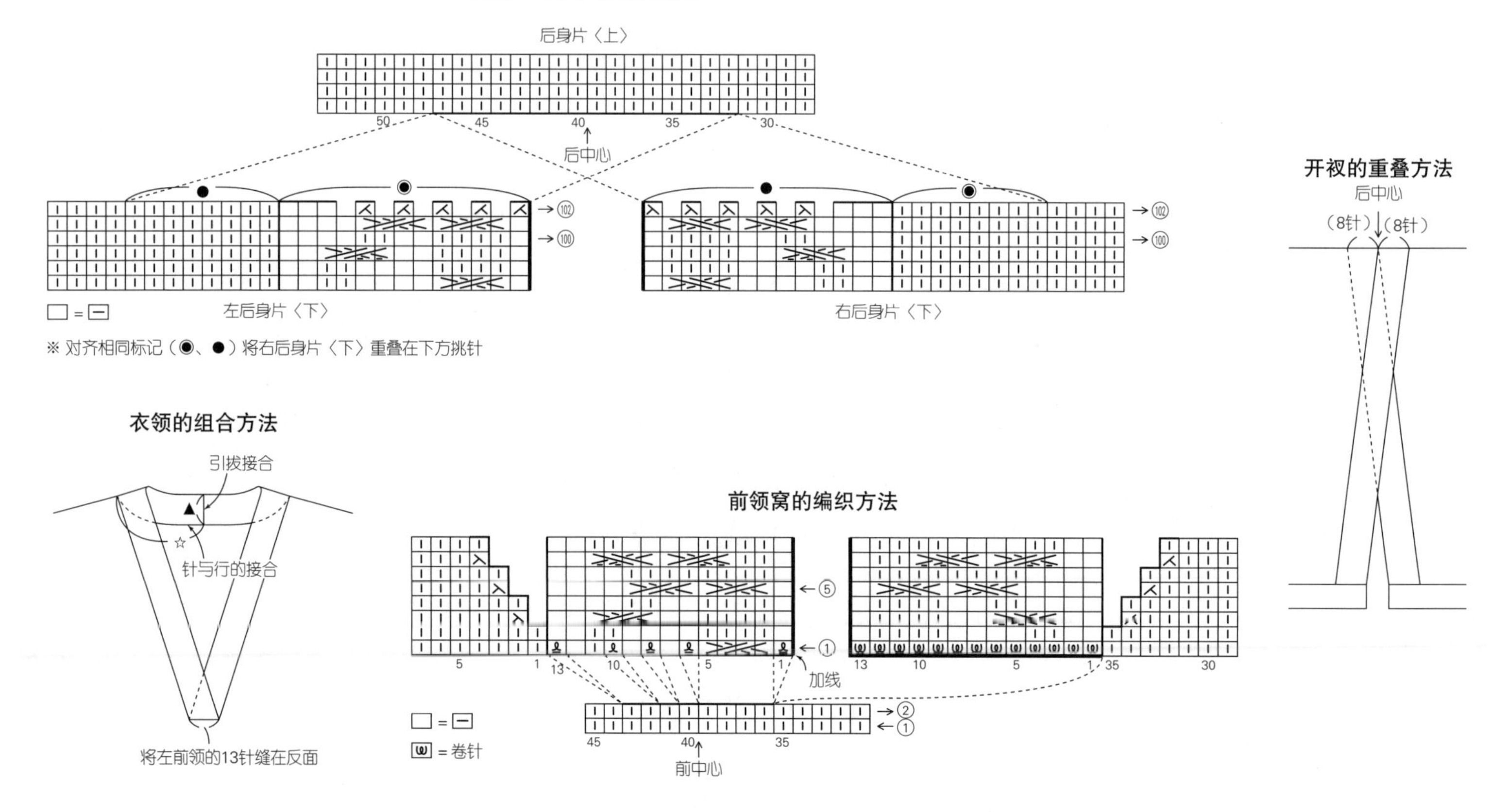

材料

内藤商事 Incanto 粉红色、绿色和蓝色系段染(106) 250g/7团

工具

棒针9号

成品尺寸

胸围101cm，肩宽45cm，衣长64cm

编织密度

10cm×10cm面积内：下针编织20.5针，28行

编织花样A、A' 均为1个花样13针3.5cm，10cm28行

编织要点

●身片…手指挂线起针后开始编织。左后身片〈下〉、前身片〈下〉、右后身片〈下〉连起来做双罗纹针、编织花样A、编织花样A'和下针编织。参照图示加针。后身片〈上〉从右后身片〈下〉、左后身片〈下〉挑针，做双罗纹针和下针编织。后领窝减2针及以上时做伏针减针，减1针时立起侧边1针减针。左前身片〈上〉、右前身片〈上〉从前身片〈下〉挑针，做编织花样A、编织花样A'、下针编织和双罗纹针。前领窝参照图示减针。接着编织后领，编织终点做休针处理。

●组合…肩部做盖针接合。后领对齐标记▲做引拔接合。再分别对齐相同标记☆、★做针与行的接合。

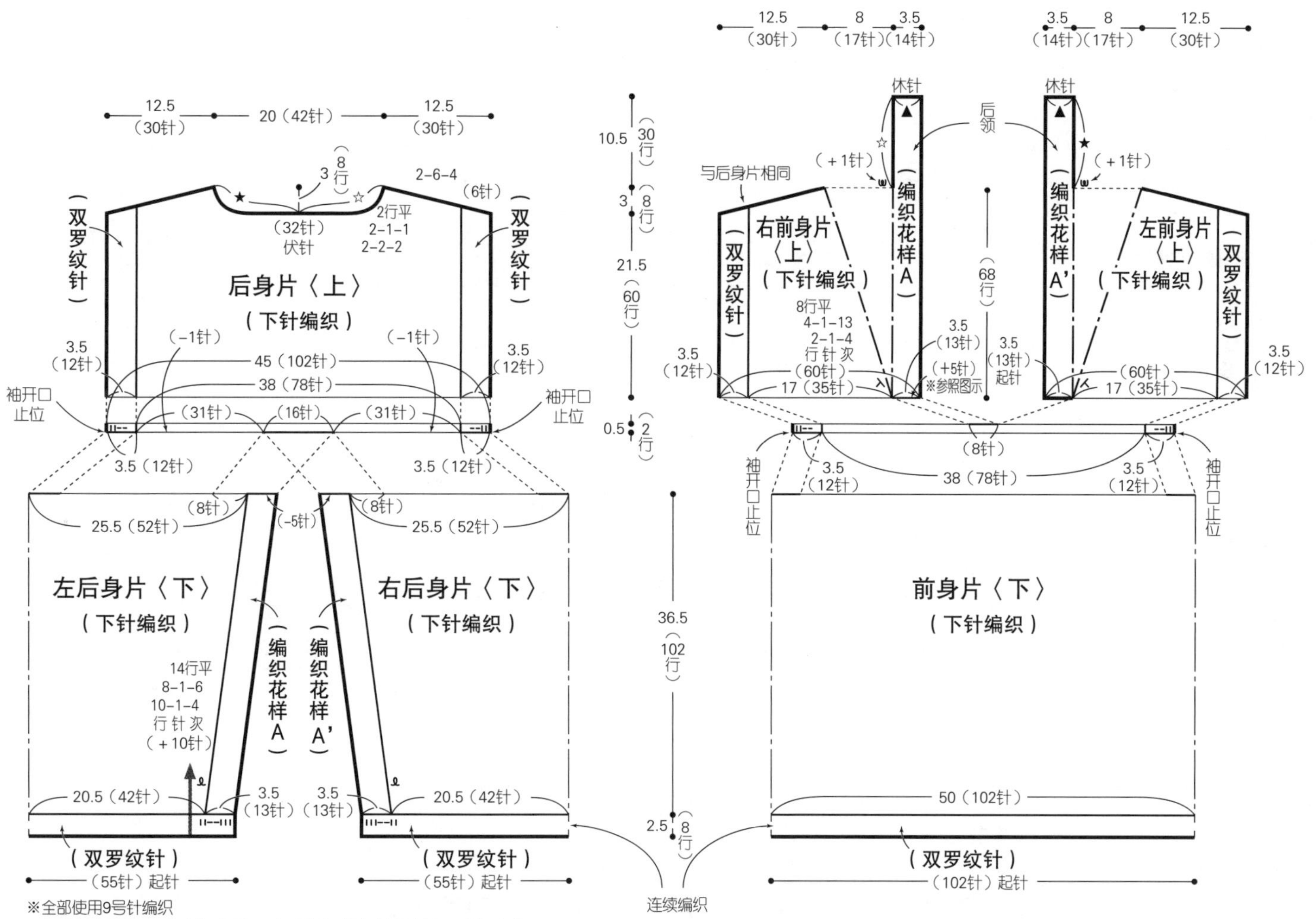

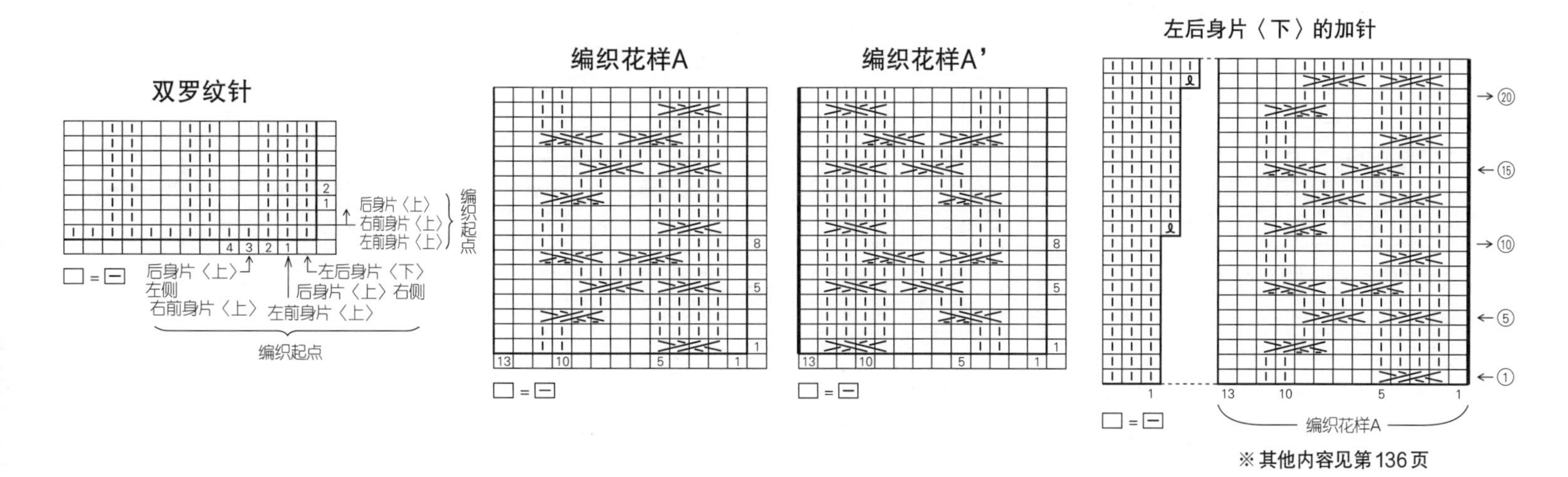

※其他内容见第136页

材料

达摩手编线 Falkland Wool 沙米色(2) 70g/2团，Wool Mohair 天蓝色(8) 5g/1团

工具

棒针9号

成品尺寸

头围44cm，深23.5cm

编织密度

10cm×10cm面积内：编织花样21.5针，25行

编织要点

●帽口手指挂线起针后，按编织花样和扭针的单罗纹针环形编织。编织24行后翻至反面，用相同方法按编织花样、扭针的单罗纹针、单罗纹针编织。参照图示减针。编织终点穿线收紧。

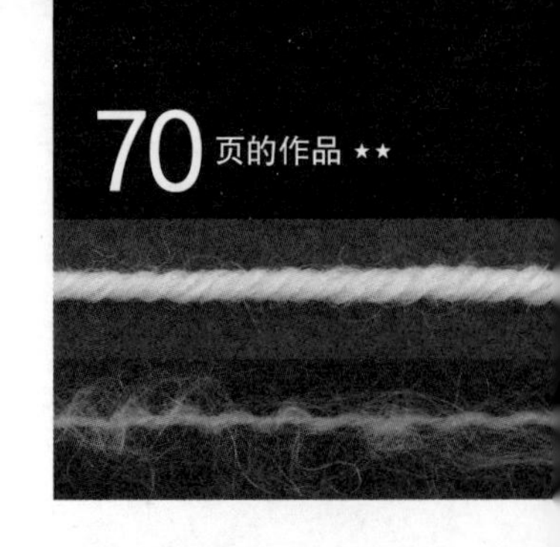

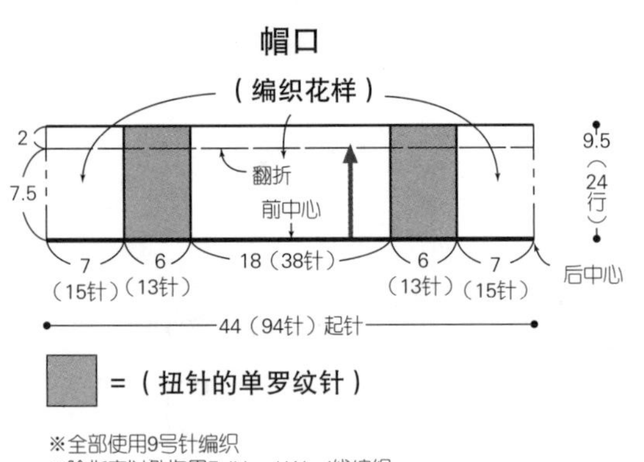

※全部使用9号针编织

※除指定以外均用Falkland Wool线编织

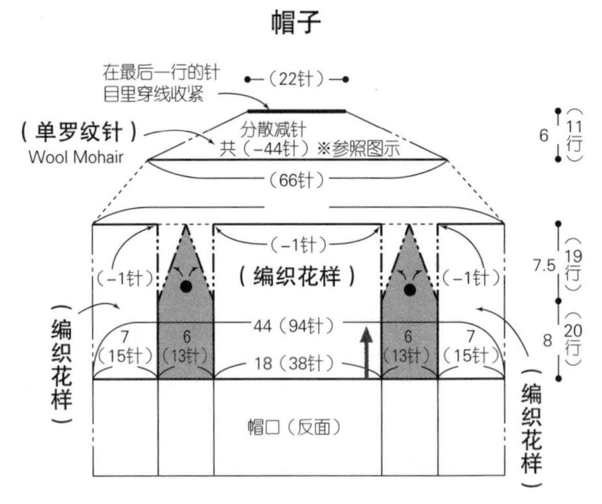

●=（-6针）※参照图示

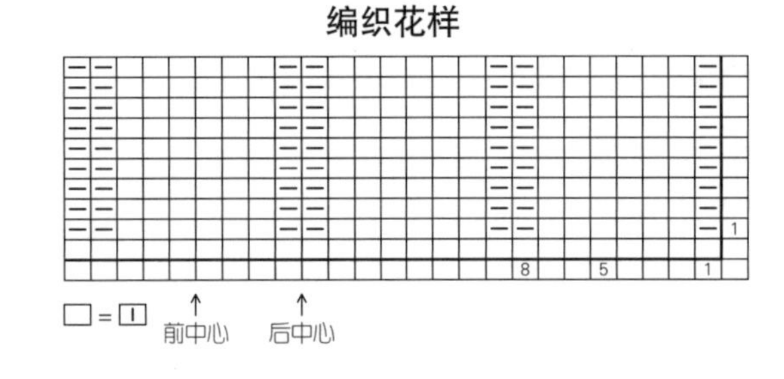

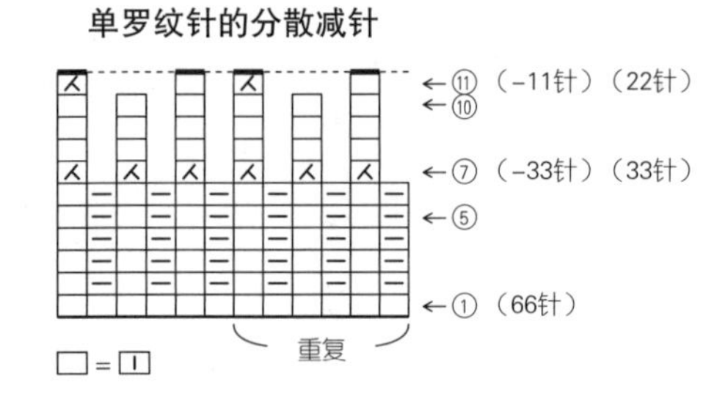

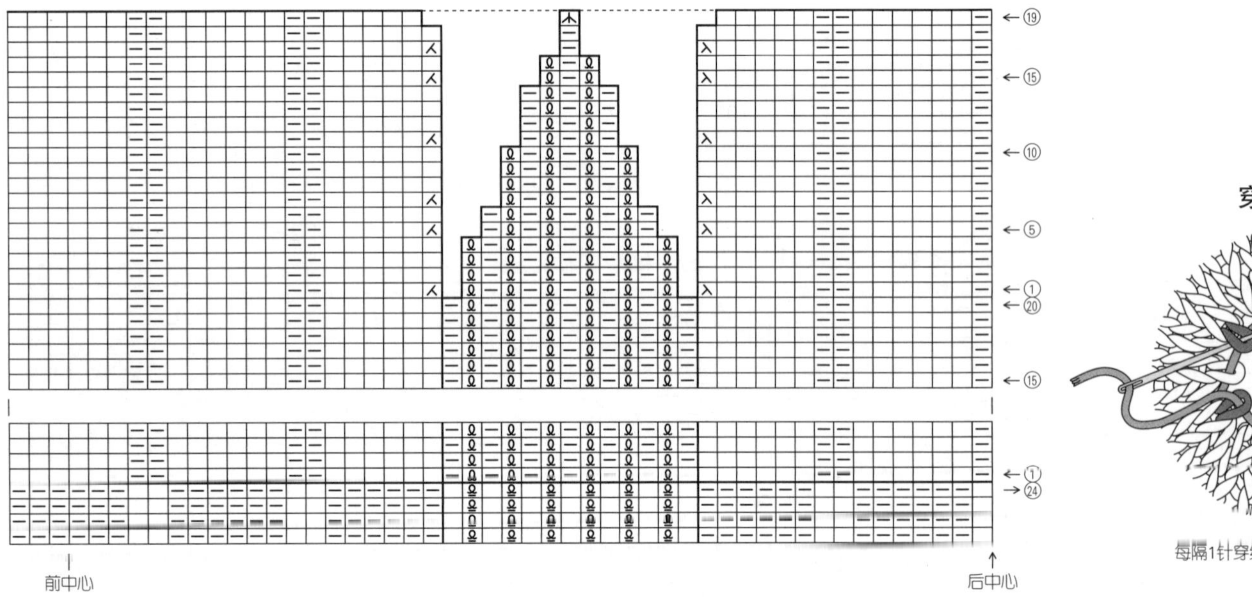

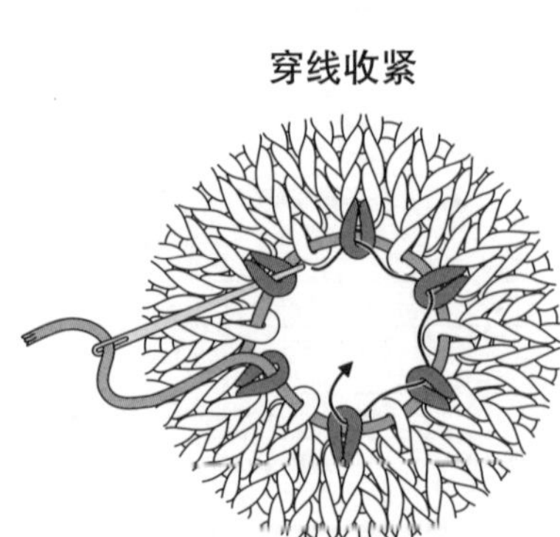

每隔1针穿线，分2次穿线收紧

材料

alize Angora Gold Ombre Batik 蓝色系段染（7363）295g/2团

工具

钩针5/0号

成品尺寸

胸围110cm，衣长50.5cm，连肩袖长57.5cm

编织密度

10cm×10cm面积内：编织花样24针，10行

编织要点

●身片、衣袖…前身片锁针起针后，按编织花样钩织。钩织20行后，按袖下和胁部的长度留出4倍的线头剪断，用于后面的连接。在指定位置加线继续钩织30行。另取一团线，钩织后领窝部分的锁针，接着前、后领窝连起来环形钩织1行短针。后身片从前身片起针时的锁针以及后领窝起针时的锁针上挑针，按前身片的要领钩织。

●组合…袖下用留出的线头做卷针缝合。胁部钩织短针和锁针做连接，可以用卷针缝合时剩下的线头和编织终点的线头。下摆环形钩织1行短针整理形状。

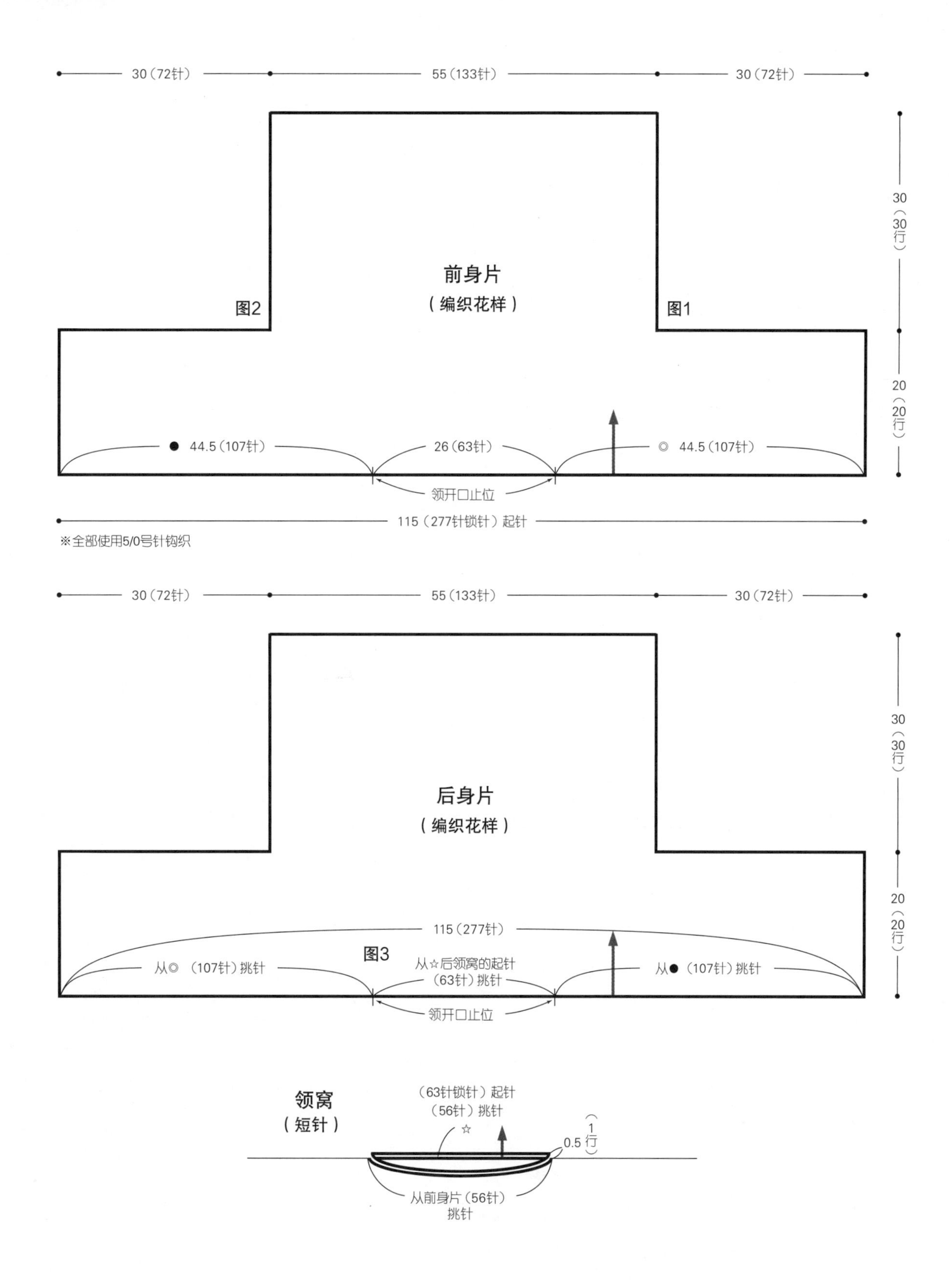

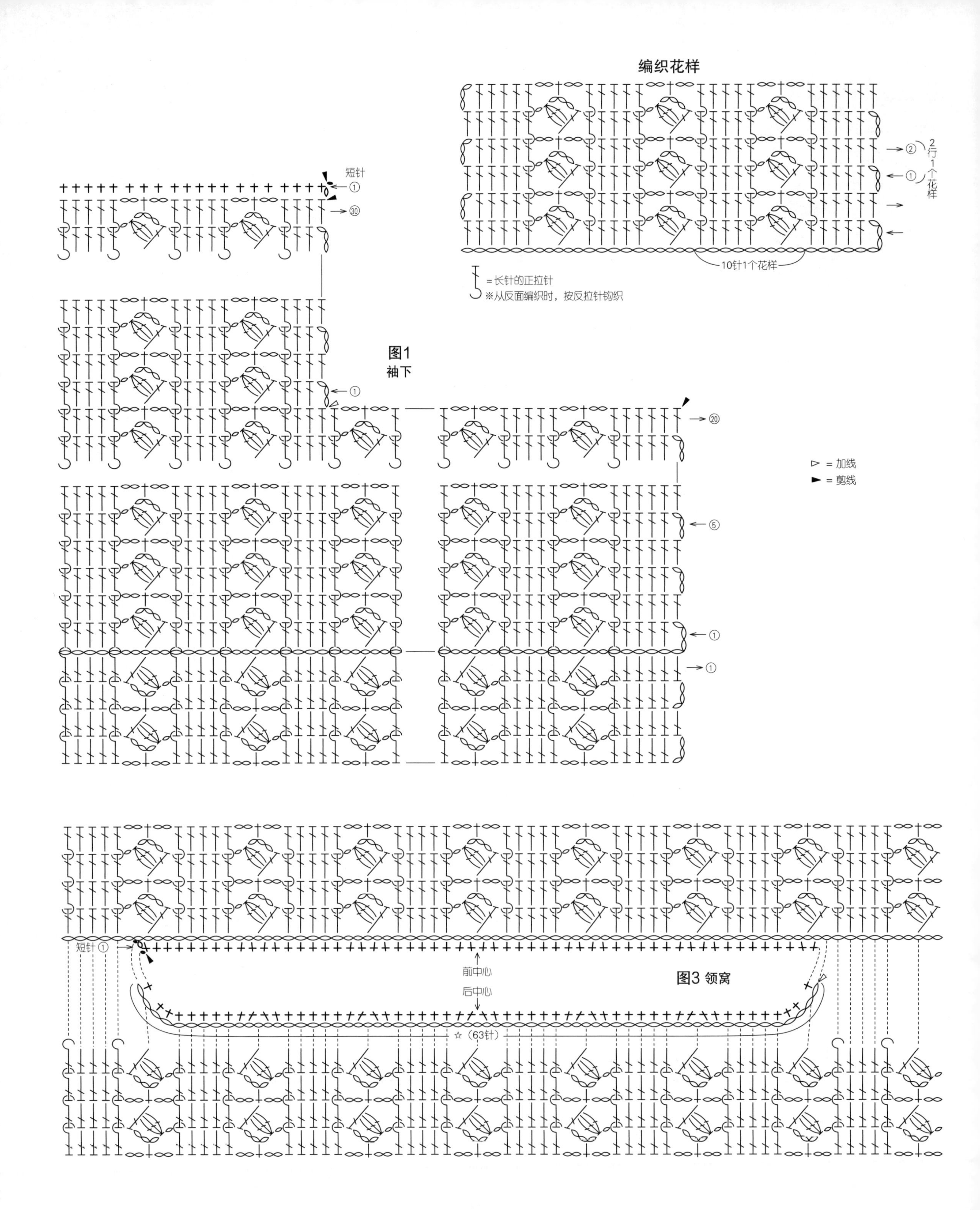

编织花样
2行1个花样
10针1个花样
=长针的正拉针
※从反面编织时，按反拉针钩织
短针
图1
袖下
▷ = 加线
► = 剪线
短针
前中心
后中心
图3 领窝
☆（63针）

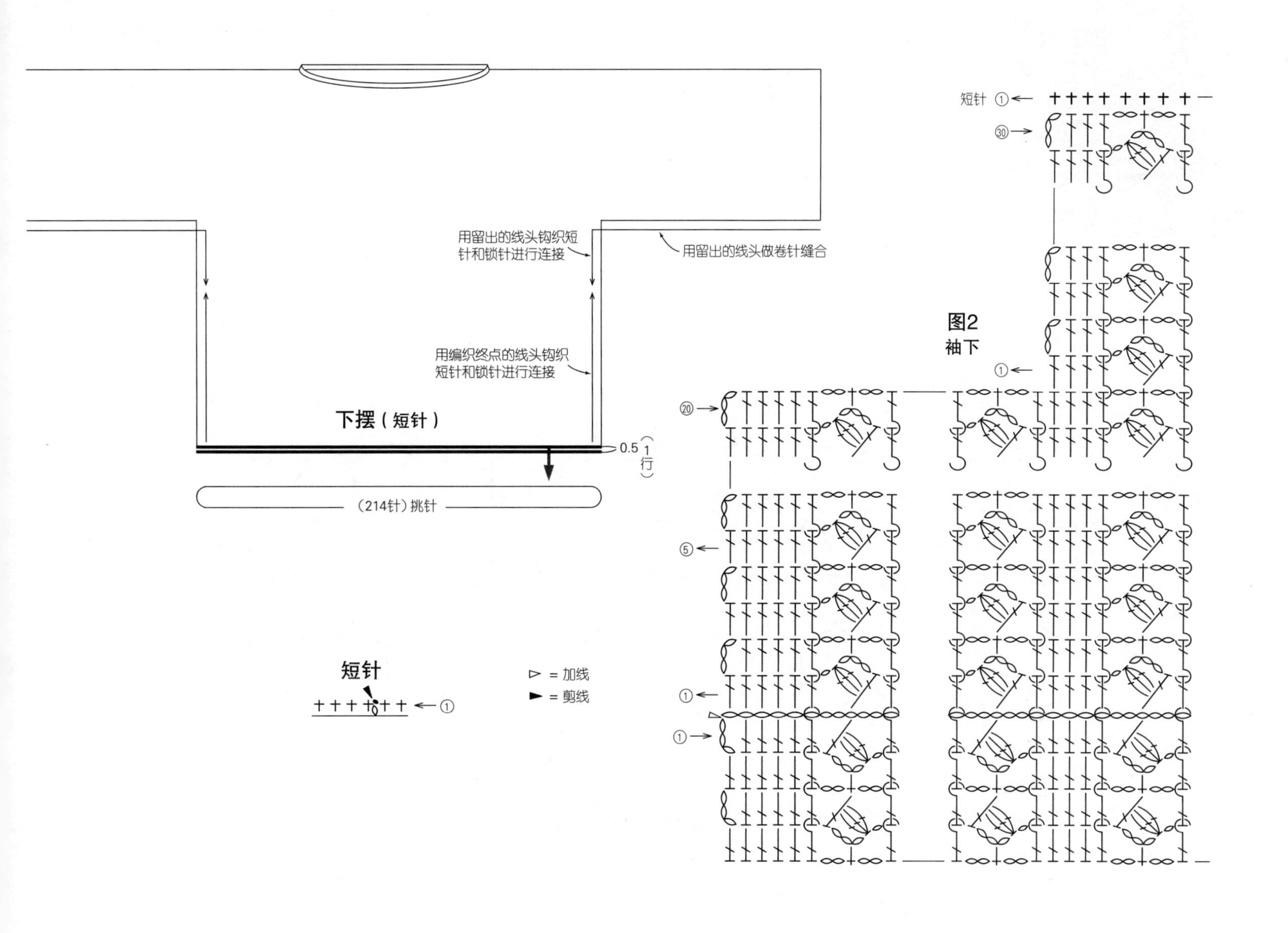

长针的正拉针

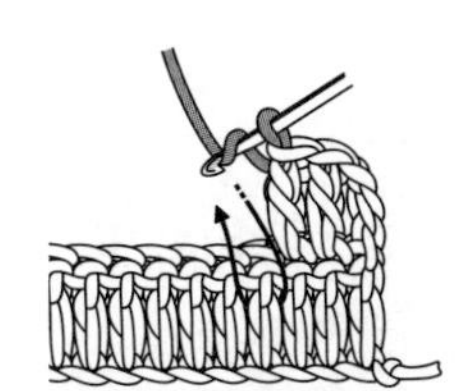

1 针头挂线，如箭头所示从前面将钩针插入前一行长针的根部，将线拉出。

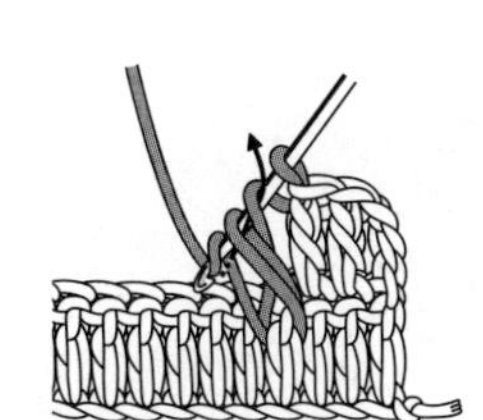

2 挂线，引拔穿过针上的 2 个线圈。

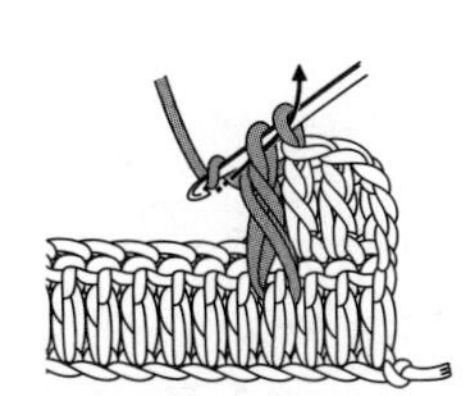

3 再次挂线，引拔穿过针上的 2 个线圈。

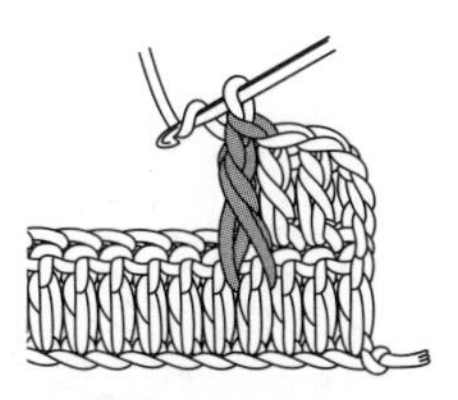

4 1 针长针的正拉针完成。

长针的反拉针

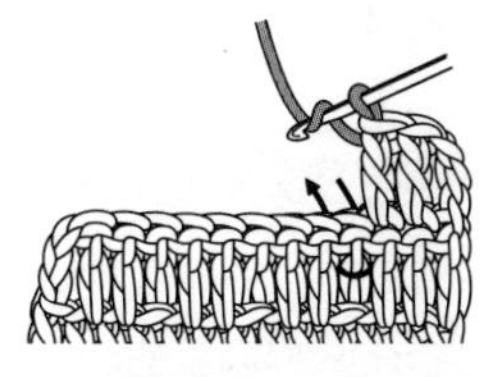

1 针头挂线，如箭头所示从后面将钩针插入前一行长针的根部，将线拉出。

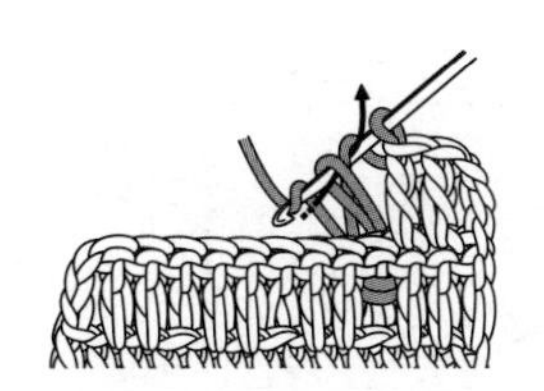

2 挂线，引拔穿过针上的 2 个线圈。

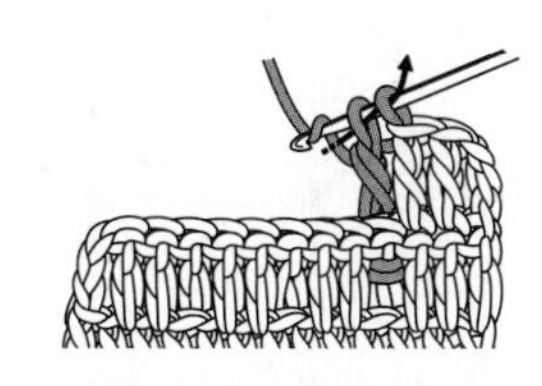

3 再次挂线，引拔穿过针上的 2 个线圈。

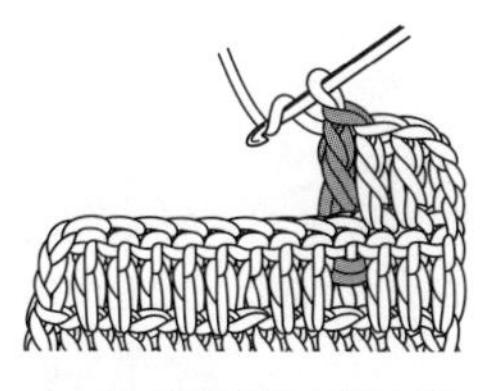

4 1 针长针的反拉针完成。

材料

alize Super Wash Artisan 绿色系段染（9001）490g/5团，蓝绿色（507）75g/1团

工具

钩针5/0号

成品尺寸

胸围114cm，衣长60cm，连肩袖长80.5cm

编织密度

花片的大小请参照图示

10cm×10cm面积内：长针21针，11.5行

编织要点

●身片、衣袖…钩织指定数量的花片。参照图示将花片正面朝内对齐，钩织引拔针进行连接。袖下的拼条从身片上挑针钩织长针，与花片做连接。

●组合…前门襟和下摆钩织边缘，接着钩织系带和衣领。袖口环形钩织边缘。

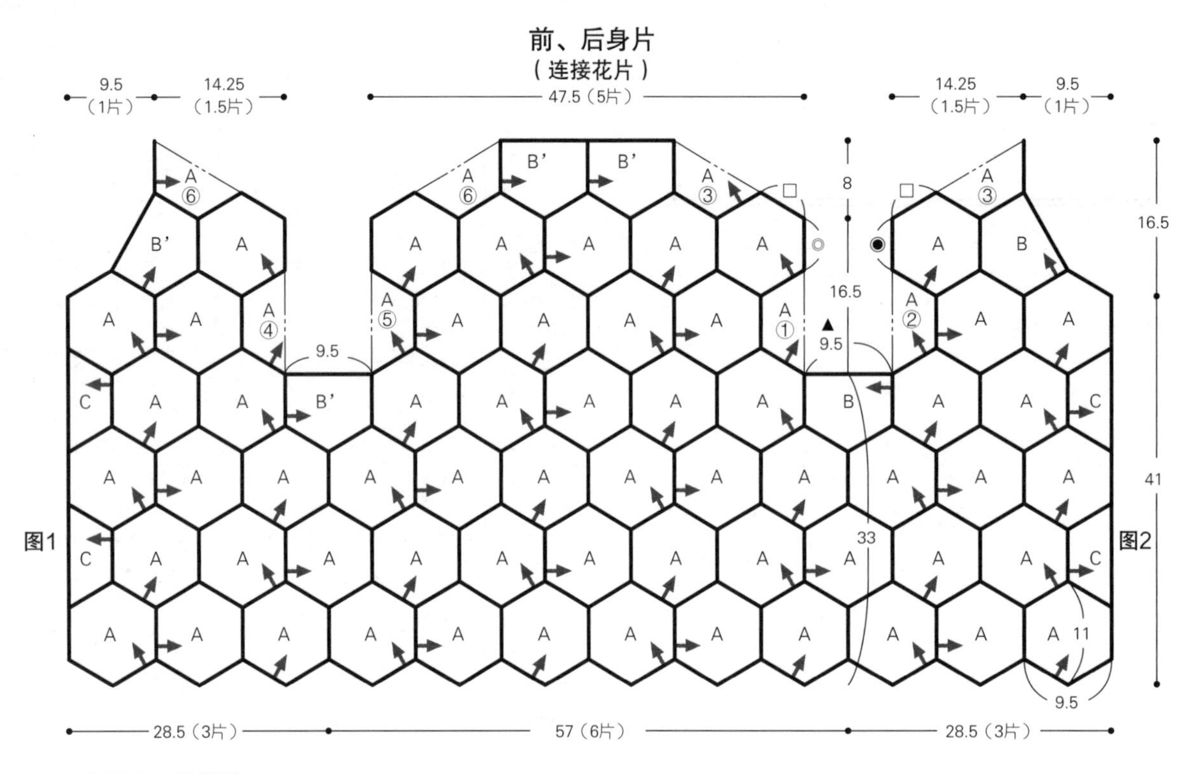

※全部使用5/0号针钩织

※除指定以外均用段染线钩织

※分别对齐相同标记□、◉、◎做连接

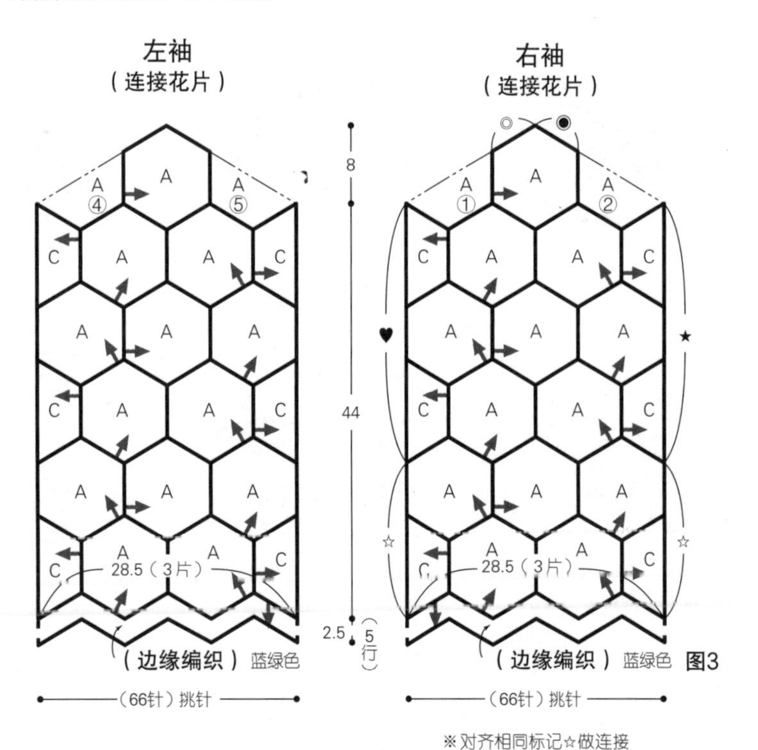

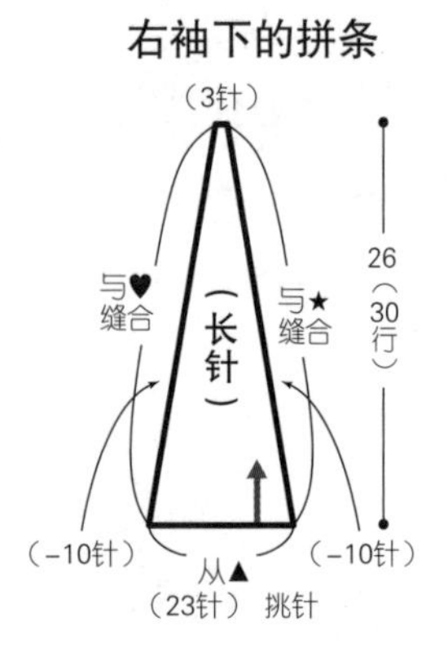

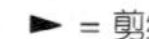

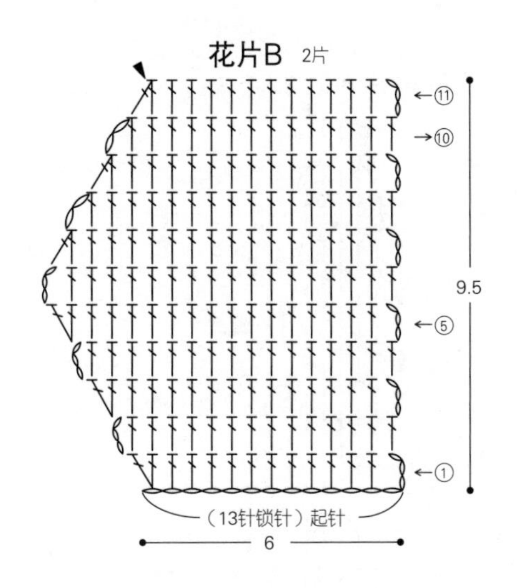

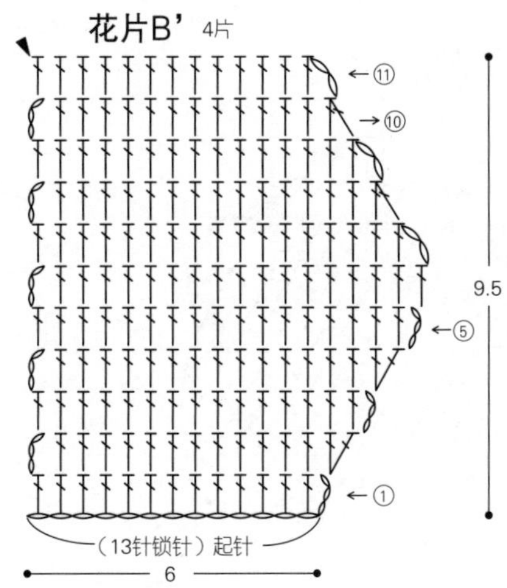

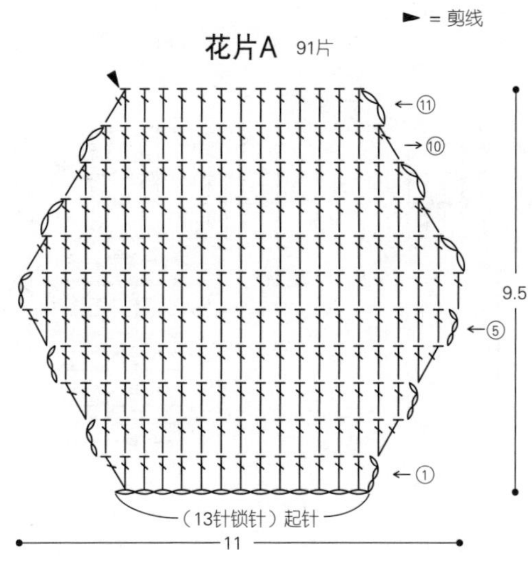

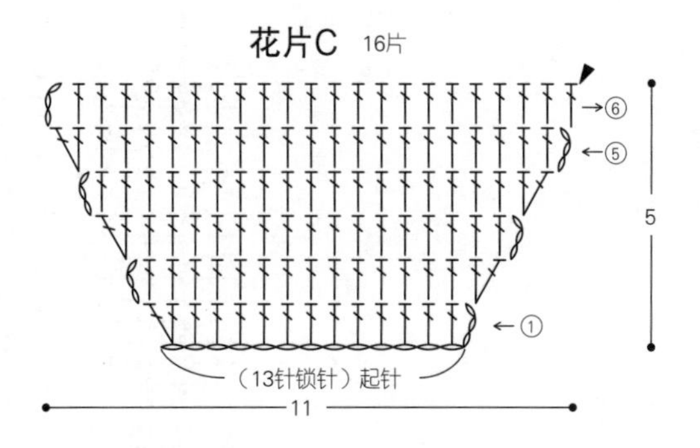

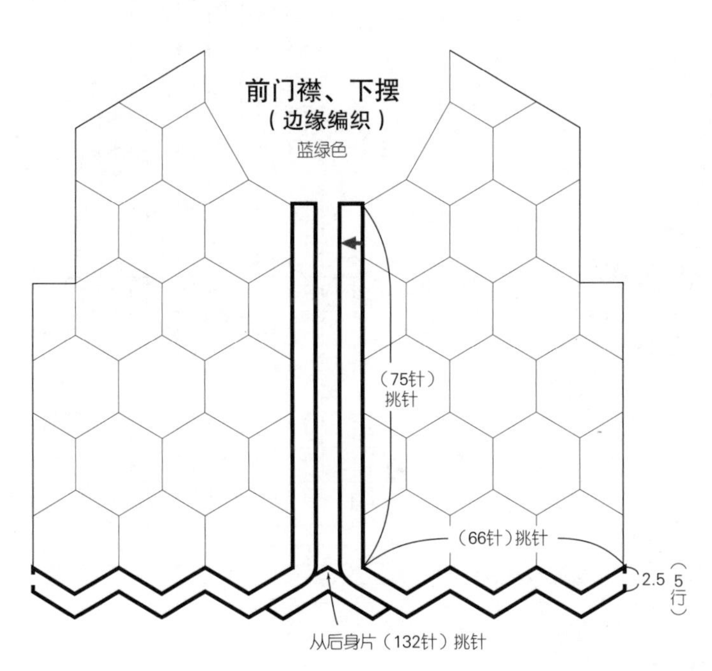

边缘编织

（前门襟、下摆、系带、衣领）

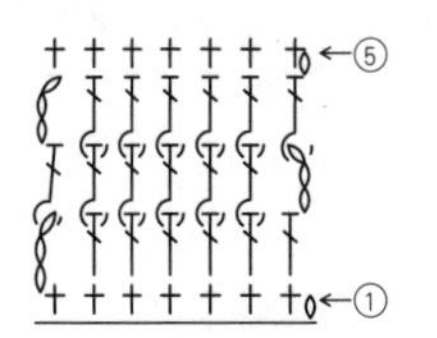

= 长针的反拉针

※从反面编织时，按正拉针钩织

※钩织方法请参照第141页

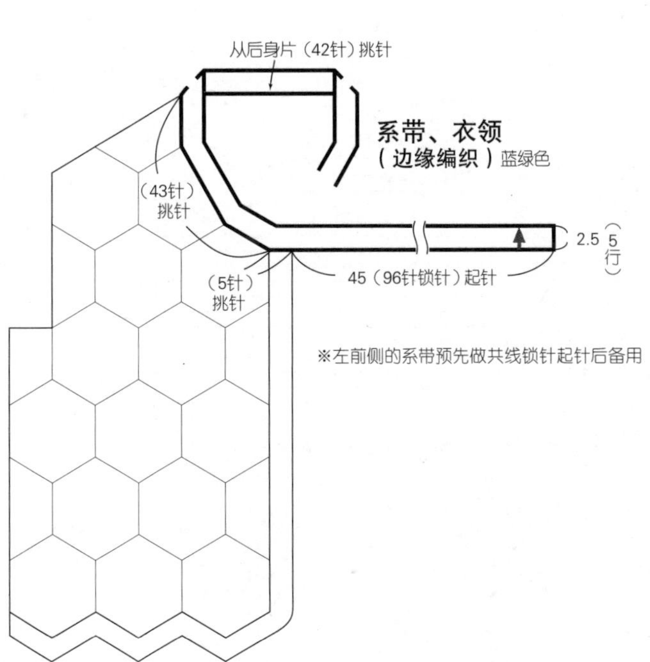

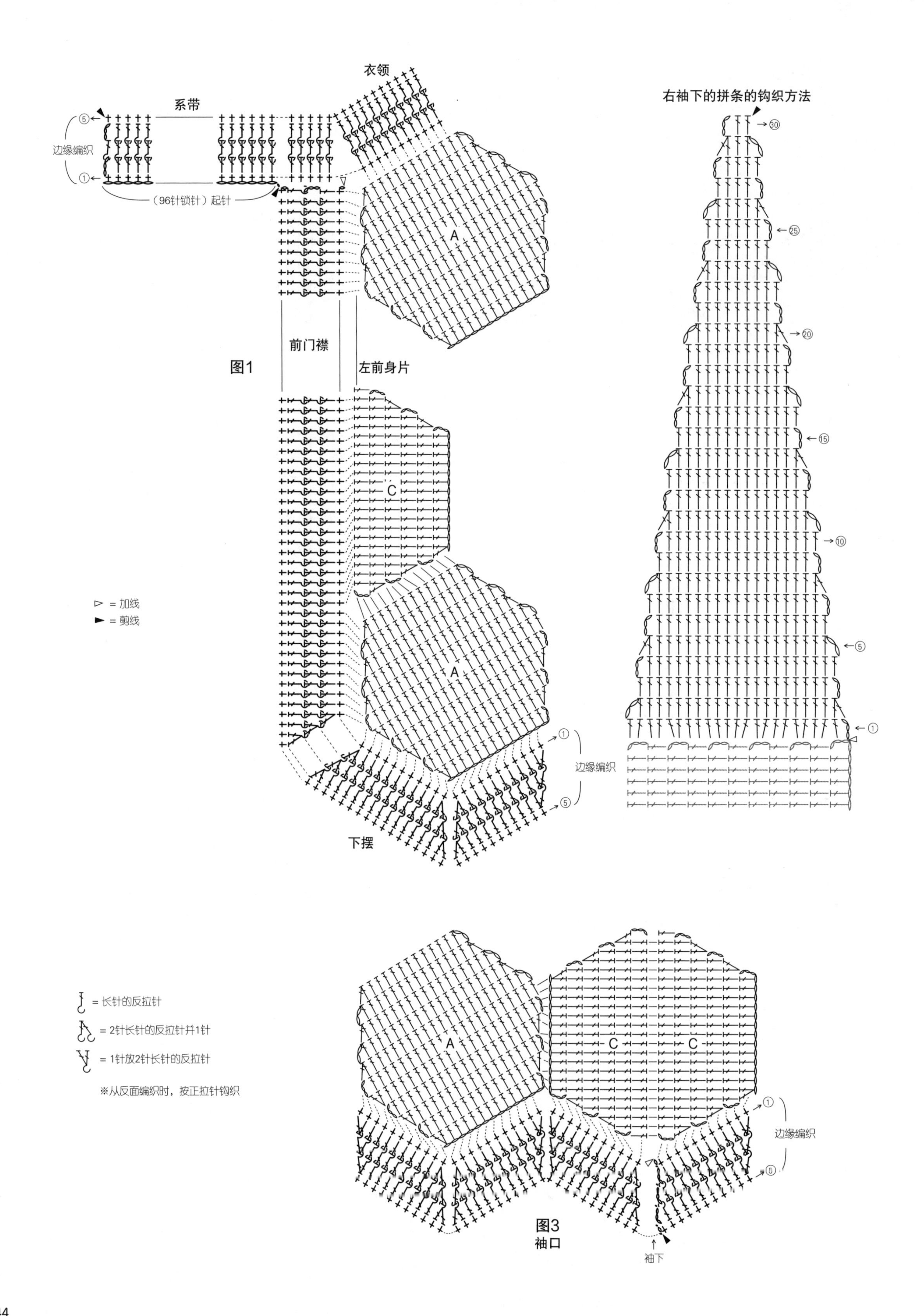
衣领
系带
⑤
边缘编织
①
（96针锁针）起针
A
前门襟
图1
左前身片
C
A
▷ = 加线
► = 剪线
①
边缘编织
⑤
下摆
右袖下的拼条的钩织方法
30
25
20
15
10
5
①
= 长针的反拉针
= 2针长针的反拉针并1针
= 1针放2针长针的反拉针
※从反面编织时，按正拉针钩织
A
C
C
①
边缘编织
⑤
图3
袖口
袖下

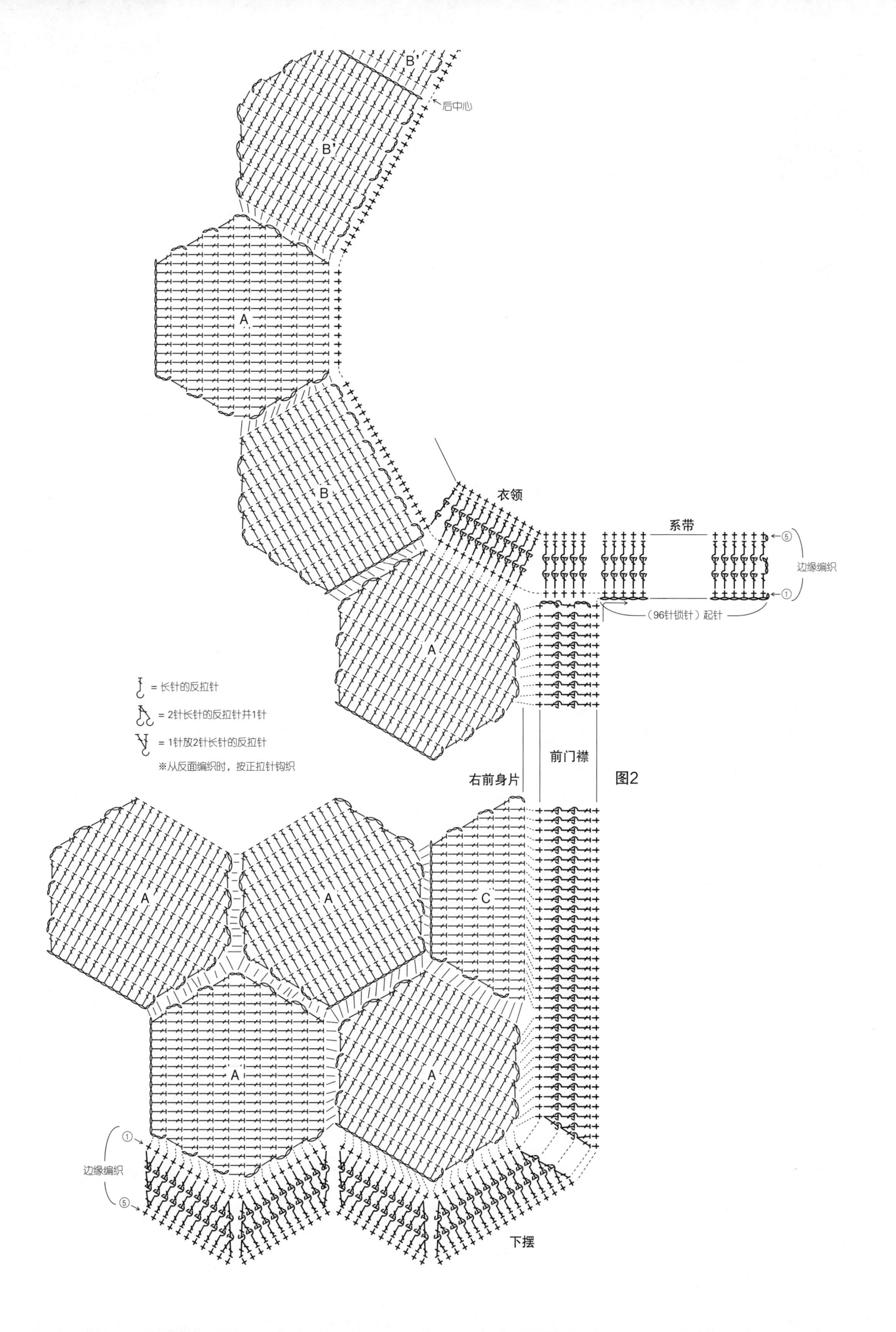
B'
后中心
B'
A
B
衣领
系带
⑤
边缘编织
①
（96针锁针）起针
A
= 长针的反拉针
= 2针长针的反拉针并1针
= 1针放2针长针的反拉针
※从反面编织时，按正拉针钩织
前门襟
右前身片
图2
A
A
C
A
A
①
边缘编织
⑤
下摆

材料

钻石线 Dia Carillon 绿色系段染（2510）385g/13团

工具

钩针4/0号、5/0号

成品尺寸

胸围110cm，衣长51.5cm，连肩袖长73cm

编织密度

10cm×10cm面积内：编织花样28.5针，11.5行

编织要点

●身片、衣袖…锁针起针后按编织花样钩织。参照图示加减针。

●组合…肩部、胁部、袖下分别钩织引拔针和锁针做连接。下摆、袖口按边缘编织A环形钩织。衣领挑取指定数量的针目后，一边更换针号一边按边缘编织B做环状的往返编织。钩织至第10行后向内侧翻折，松松地做斜针缝。衣袖与身片之间钩织引拔针和锁针进行连接。

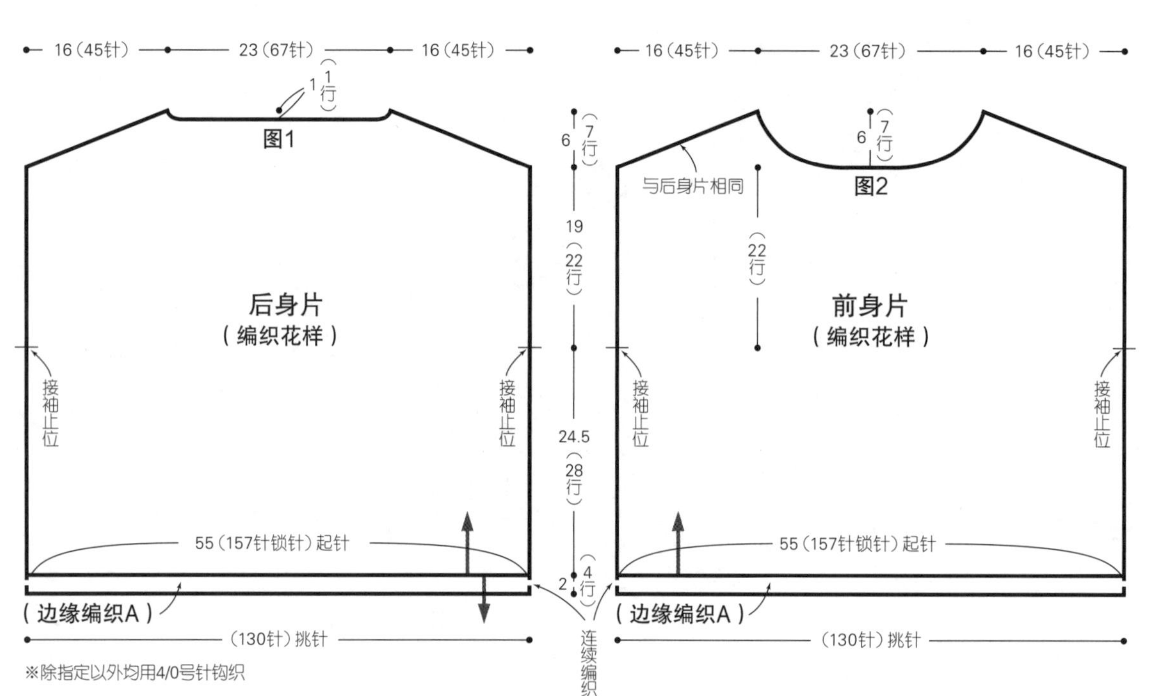

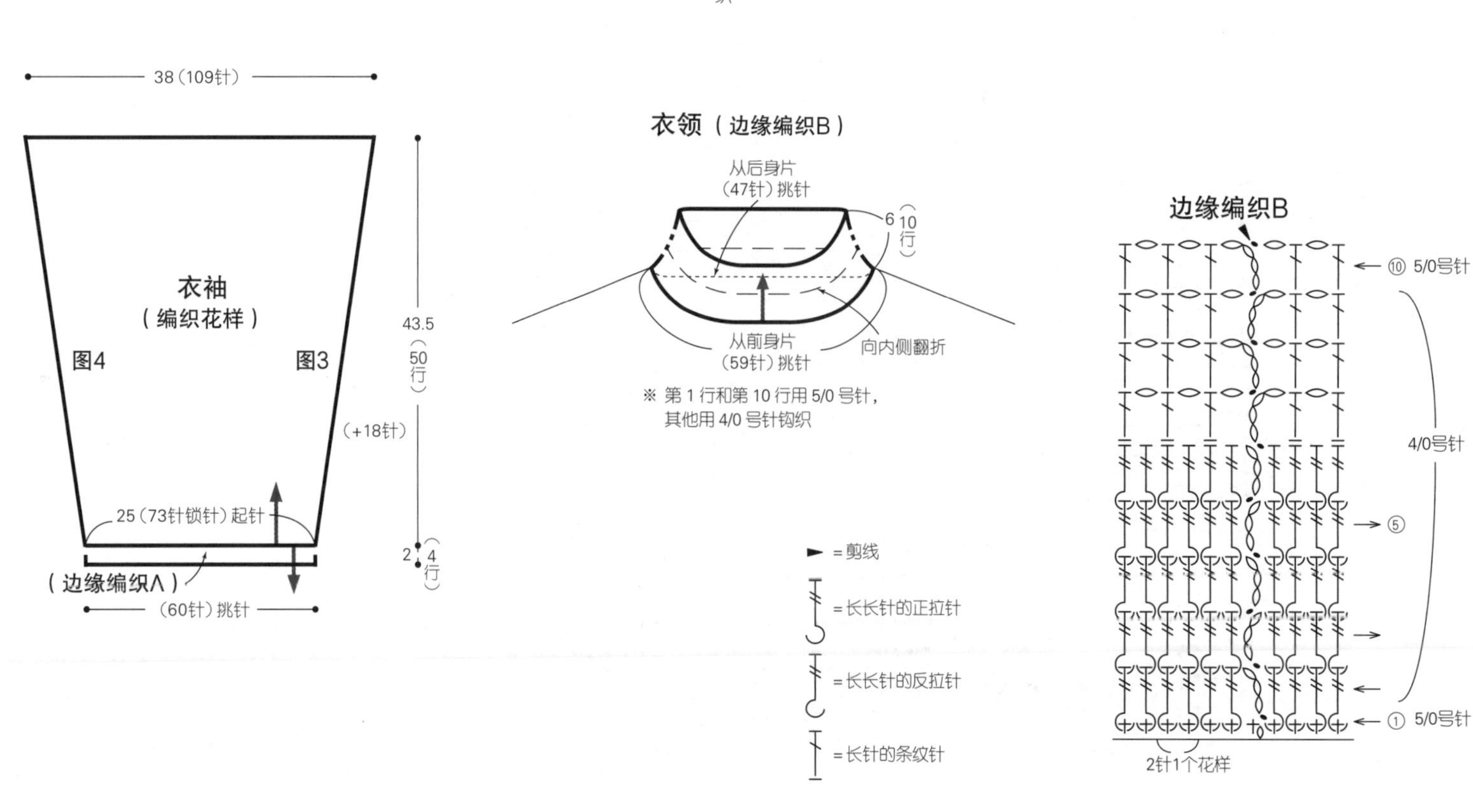

编织花样

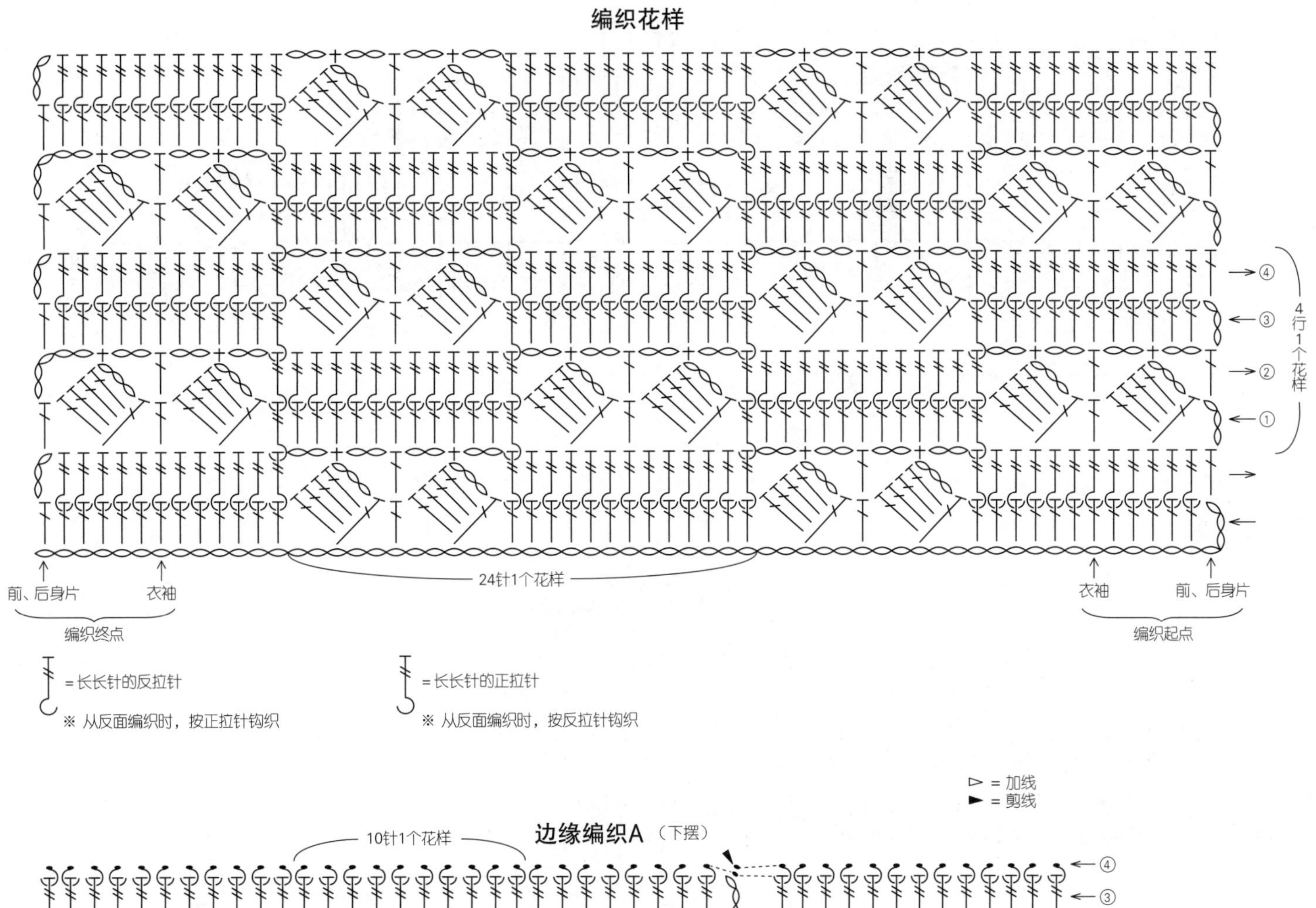

= 长长针的反拉针
※ 从反面编织时，按正拉针钩织

= 长长针的正拉针
※ 从反面编织时，按反拉针钩织

▷ = 加线
▶ = 剪线

边缘编织A（下摆）

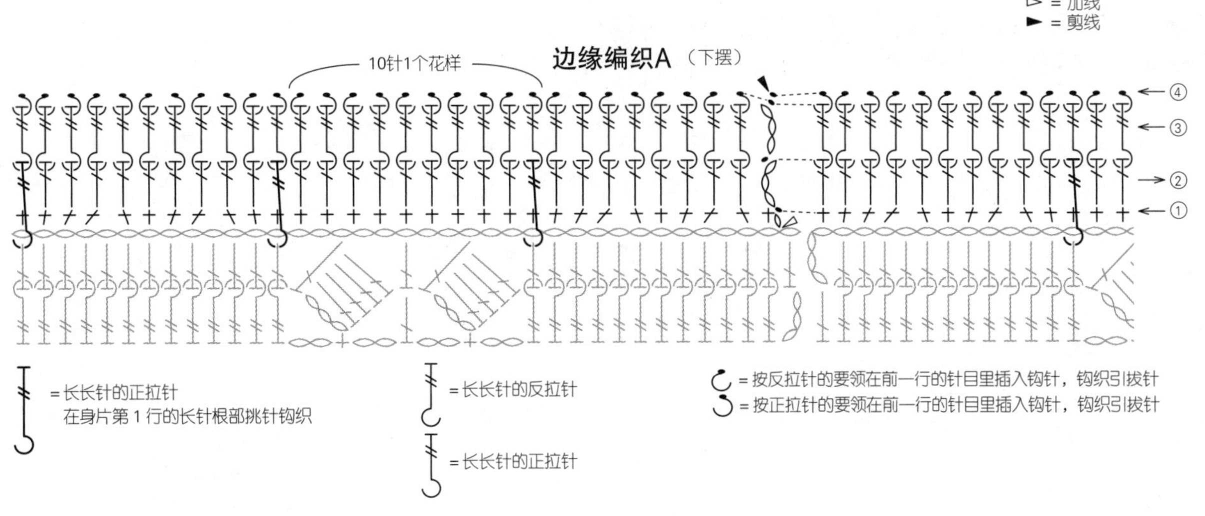

= 长长针的正拉针
在身片第1行的长针根部挑针钩织

= 长长针的反拉针

= 长长针的正拉针

= 按反拉针的要领在前一行的针目里插入钩针，钩织引拔针
= 按正拉针的要领在前一行的针目里插入钩针，钩织引拔针

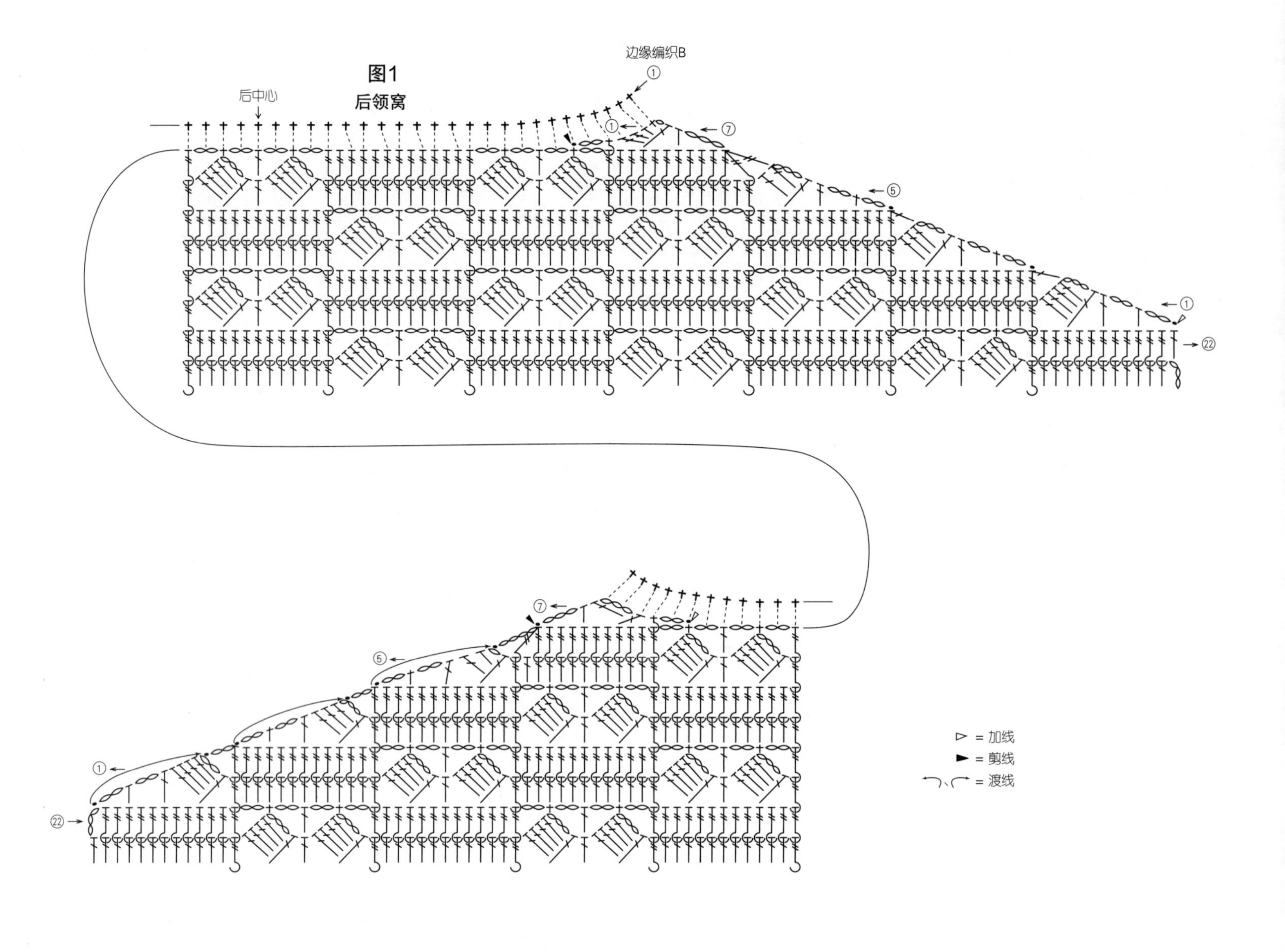
图1
后领窝
后中心
边缘编织B
①
⑦
⑤
㉒
▷ = 加线
► = 剪线
= 渡线

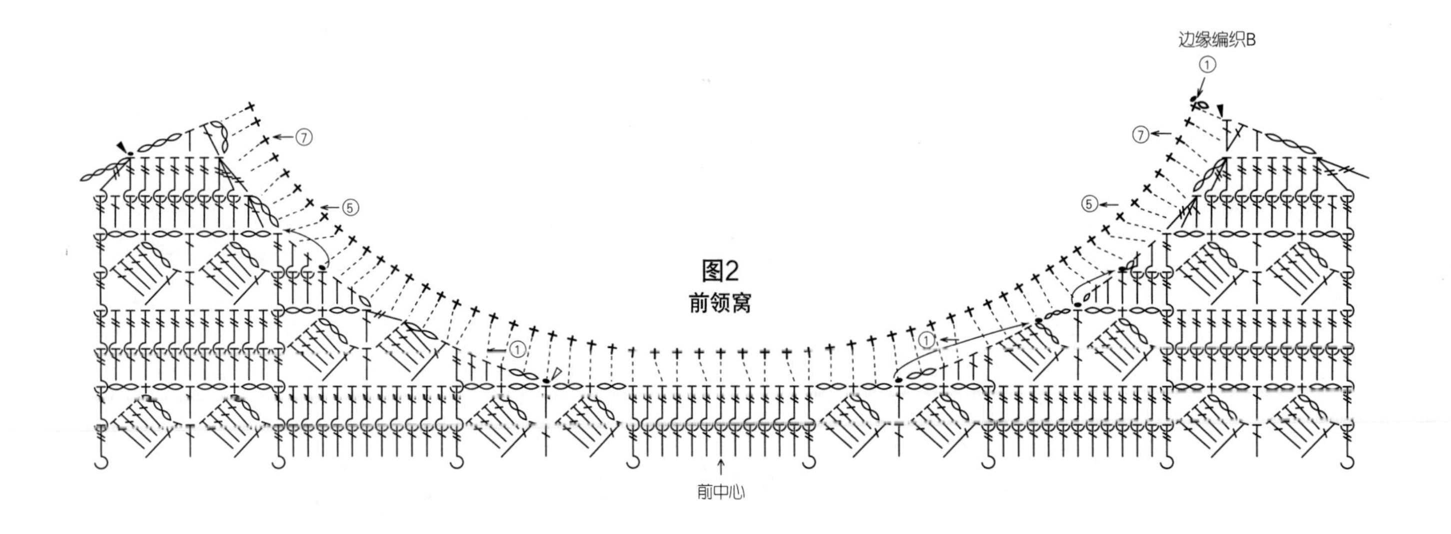
图2
前领窝
边缘编织B
①
⑦
⑤
前中心

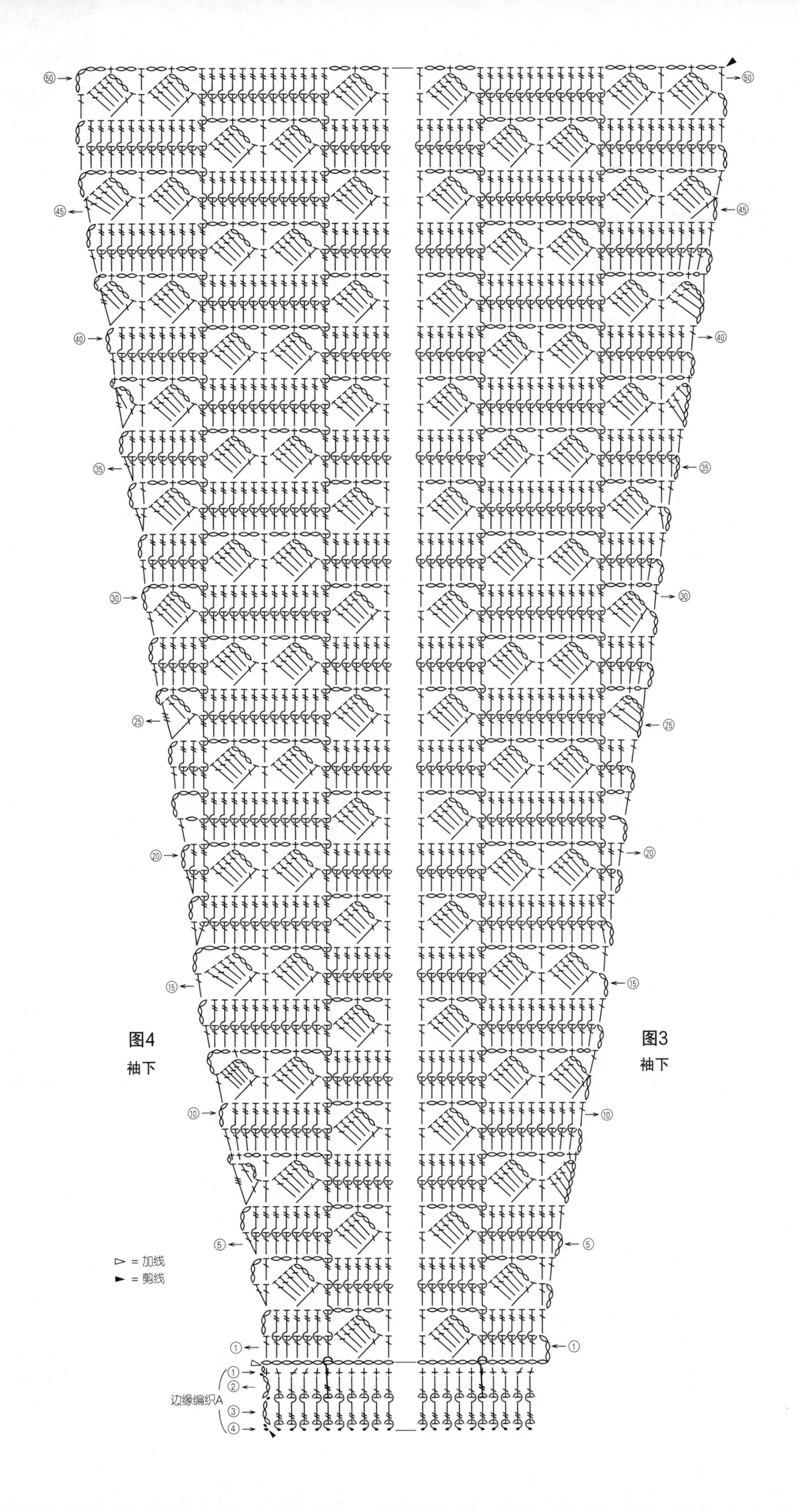

50
45
40
35
30
25
20
15
10
5
1
图4
袖下
图3
袖下
⊳ = 加线
► = 剪线
边缘编织A
1
2
3
4

材料

钻石线 Dia Innocent 黄色系段染(3504) 160g/6团，褐色系段染(3502) 155g/6团

工具

棒针6号、4号

成品尺寸

胸围108cm，衣长57cm，连肩袖长67cm

编织密度

10cm×10cm面积内：下针条纹A、B、C、D均为21针，30行

编织要点

●身片、衣袖…身片用指定颜色的线手指挂线起针，按桂花针条纹、桂花针、下针条纹A和B编织。花样的交界处按纵向渡线编织配色花样的要领编织。领窝减2针及以上时做伏针减针，减1针时立起侧边1针减针。肩部做盖针接合。衣袖从身片上挑针，按下针条纹C或下针条纹D、桂花针编织。袖下的减针在边上第2针和第3针里编织2针并1针。编织终点一边继续编织花样一边做伏针收针。

●组合…胁部、袖下做挑针缝合。衣领挑取指定数量的针目后，环形编织双罗纹针条纹。编织终点做下针织下针、上针织上针的伏针收针。

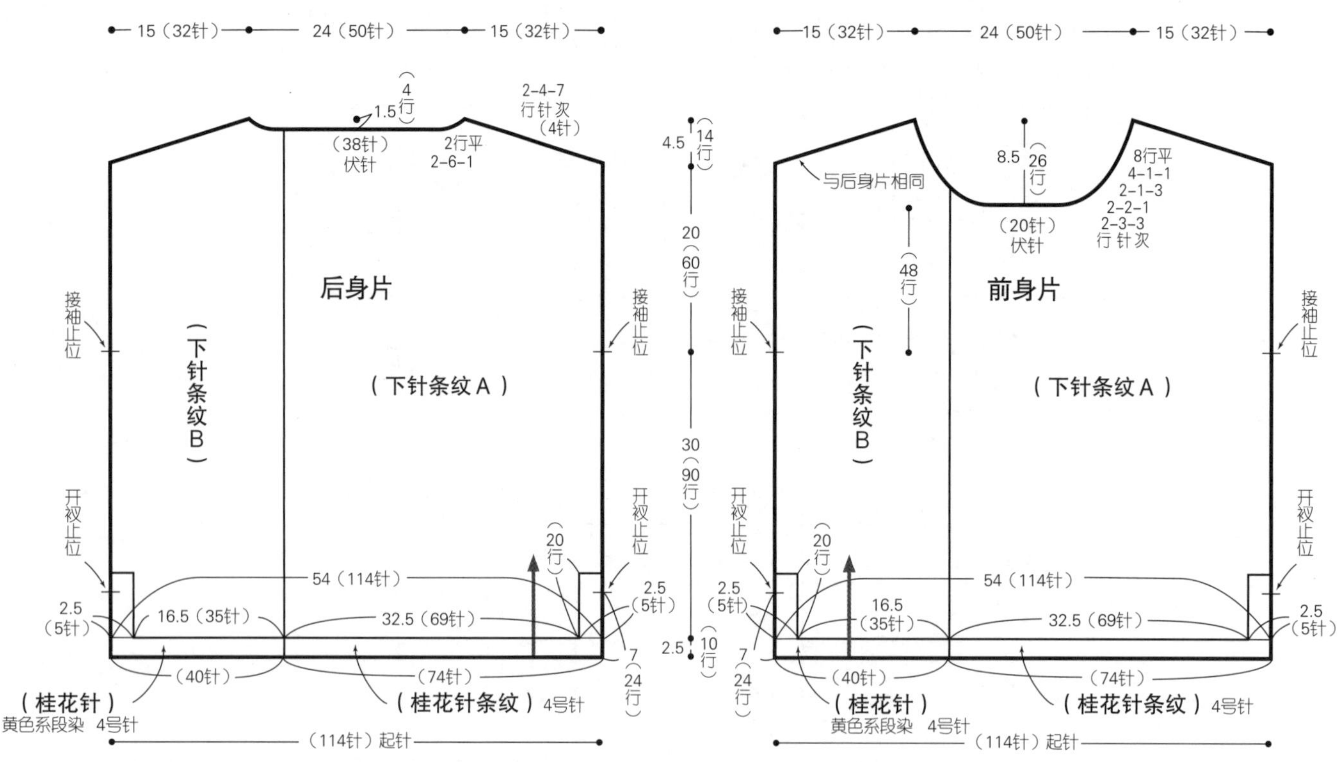

※除指定以外均用6号针编织
※花样的交界处按纵向渡线编织配色花样的要领编织

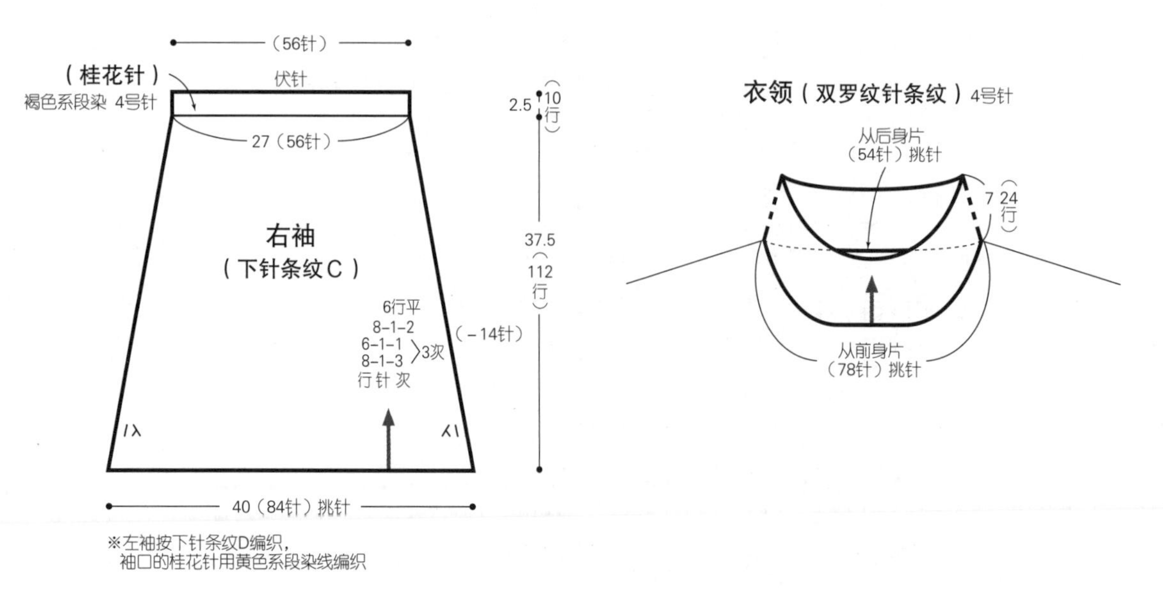

※左袖按下针条纹D编织，袖口的桂花针用黄色系段染线编织

桂花针条纹

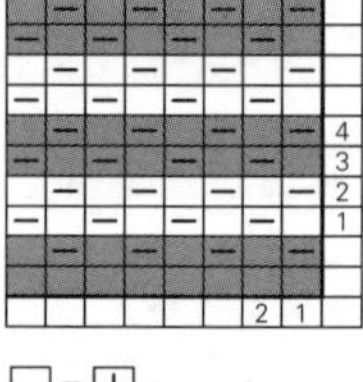

配色：■=褐色系段染 □=黄色系段染

桂花针

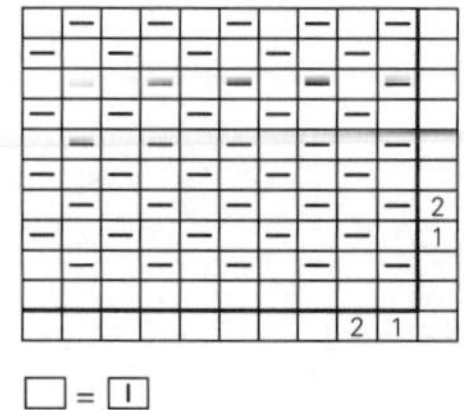

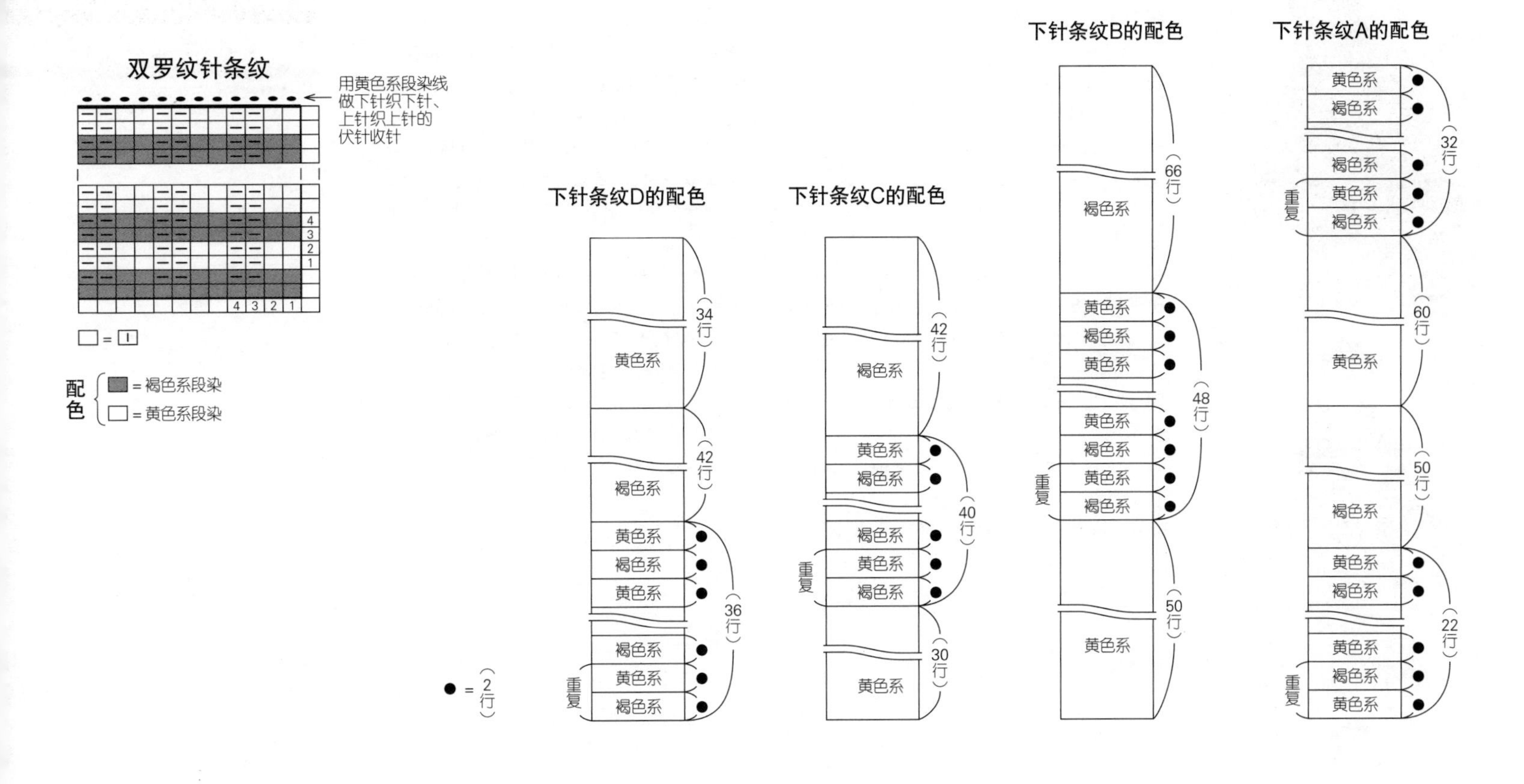

★第61页星形装饰花片的编织方法

编织用语缩写一览表

缩写	完整的编织用语	中文翻译
ch	chain	锁针
sc	single crochet	短针
hdc	half double crochet	中长针
dc	double crochet	长针
sl	slip stitch	引拔，引拔针
st	stitch	针目
–	ring	环形起针

<Pattern> (Star)

Make an adjustable ring. Ch 1.
The following rounds will be worked in a spiral, so do not join after each round.
Round 1: Work 5 sc into ring.
Round 2: Work 2 sc into each st.
Round 3: [1 sc, 6 ch, sl st into 3rd ch from hook, 1 sc into next ch, 1 hdc into next ch, 1 dc into next chain, sc into next st], repeat [ ] four more times. (Total five times)
Fasten off.

<花样>（星形）

环形起针，钩1针锁针。
虽然是环形编织，但是每行的终点无须引拔，呈螺旋状钩织。
第1行：在线环中钩入5针短针。
第2行：在前一行的每个针目里钩入2针短针。
第3行：[在前一行的针目里钩1针短针，6针锁针，在针头侧数起的第3针锁针里引拔，在剩下的3针锁针里分别钩1针短针、1针中长针、1针长针，在前一行的下一个针目里钩1针短针]，再重复4次[~]。（一共5次）
将线剪断，收针。

A

B

C

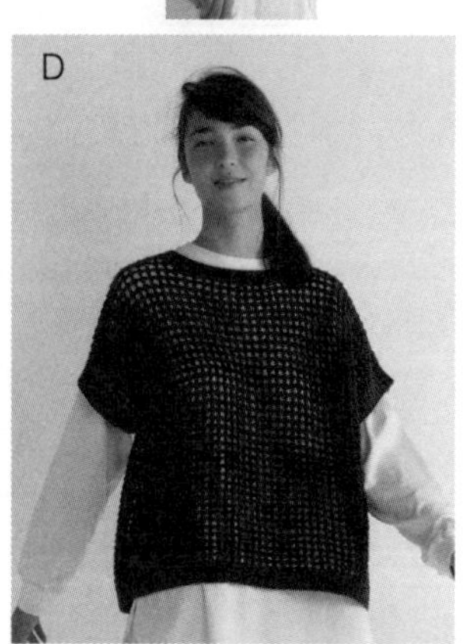

D

E

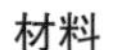

材料

奥林巴斯 Flores

[A] 粉紫色（10）325g/9团

[B] 浅绿色（9）370g/10团

[C] 红色（5）310g/8团

[D] 蓝色（8）280g/7团

[E] 浅米色（2）240g/6团

工具

棒针4号

成品尺寸

[A] 胸围112cm，衣长40cm，连肩袖长75cm

[B] 胸围138cm，衣长55cm，连肩袖长55cm

[C] 胸围112cm，衣长64.5cm，连肩袖长31.5cm

[D] 胸围128cm，衣长50cm，连肩袖长35.5cm

[E] 胸围102cm，衣长55cm，连肩袖长29cm

编织密度

10cm×10cm面积内：编织花样23.5针，35行

编织要点

●A、B…身片、衣袖另线锁针起针后，按编织花样编织。领窝参照图示减针。衣袖的编织终点做伏针收针。下摆、袖口解开起针时的锁针挑针后编织双罗纹针，编织终点做下针织下针、上针织上针的伏针收针。肩部做盖针接合。衣领挑取指定数量的针目后，环形编织双罗纹针。编织终点与下摆一样收针。衣袖与身片之间做针与行的接合。胁部、袖下做挑针缝合。

●C、D、E…身片另线锁针起针后，按编织花样编织。领窝参照图示减针。下摆解开起针时的锁针挑针后编织双罗纹针，编织终点做下针织下针、上针织上针的伏针收针。肩部做盖针接合，胁部做挑针缝合。衣领、袖口挑取指定数量的针目后，环形编织双罗纹针。编织终点与下摆一样收针。

A、B

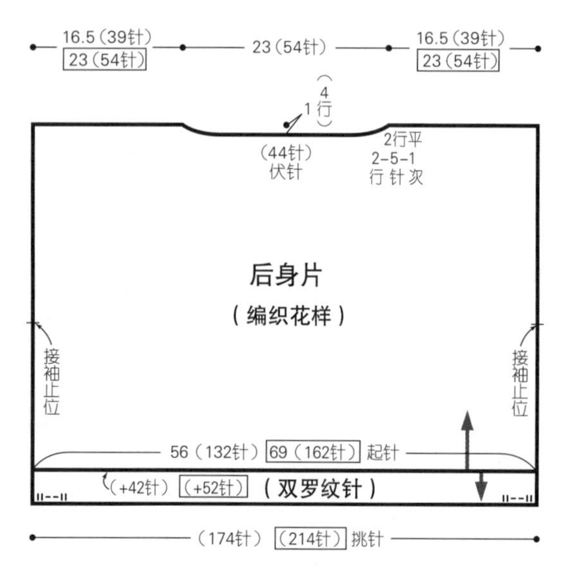

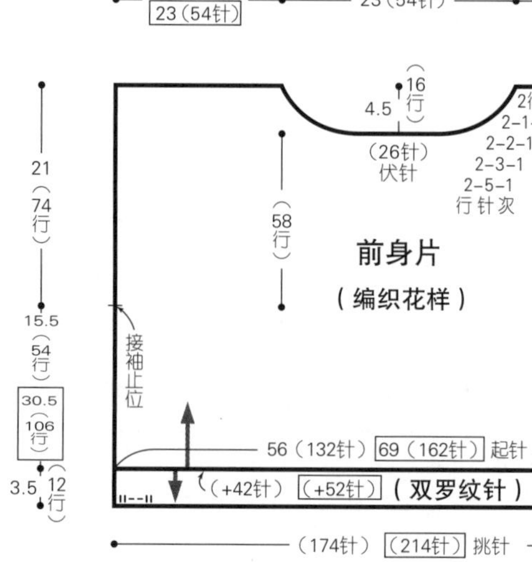

※ 全部使用4号针编织

※ ▭内为作品B的数据，其他为作品A或通用的数据

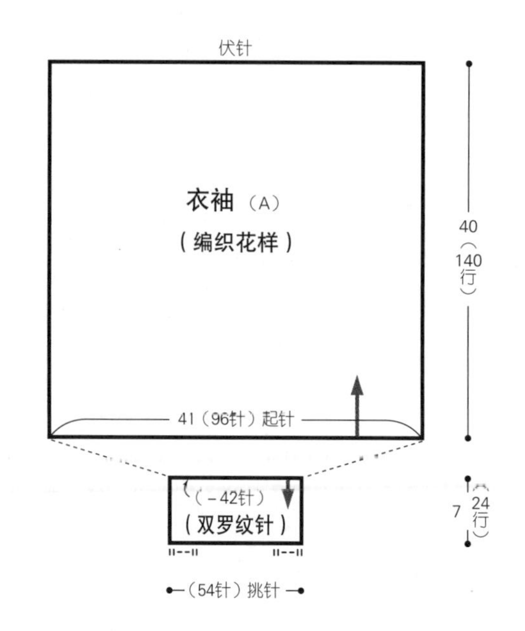

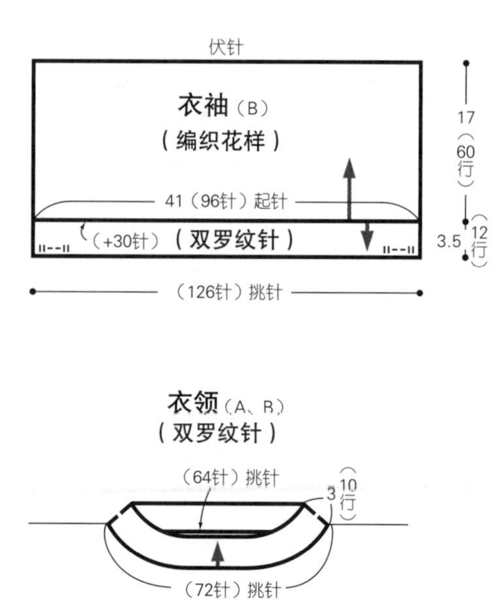

C、D、E

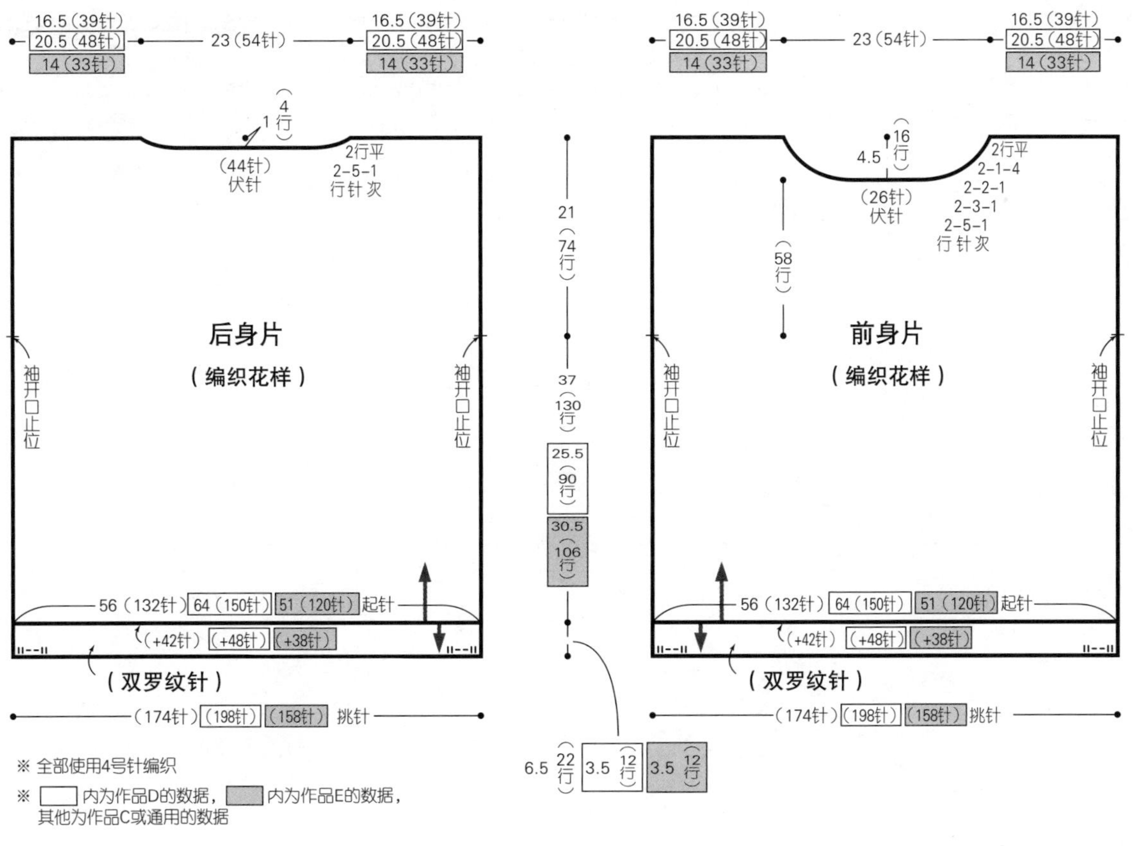

※ 全部使用4号针编织

※ □内为作品D的数据，■内为作品E的数据，其他为作品C或通用的数据

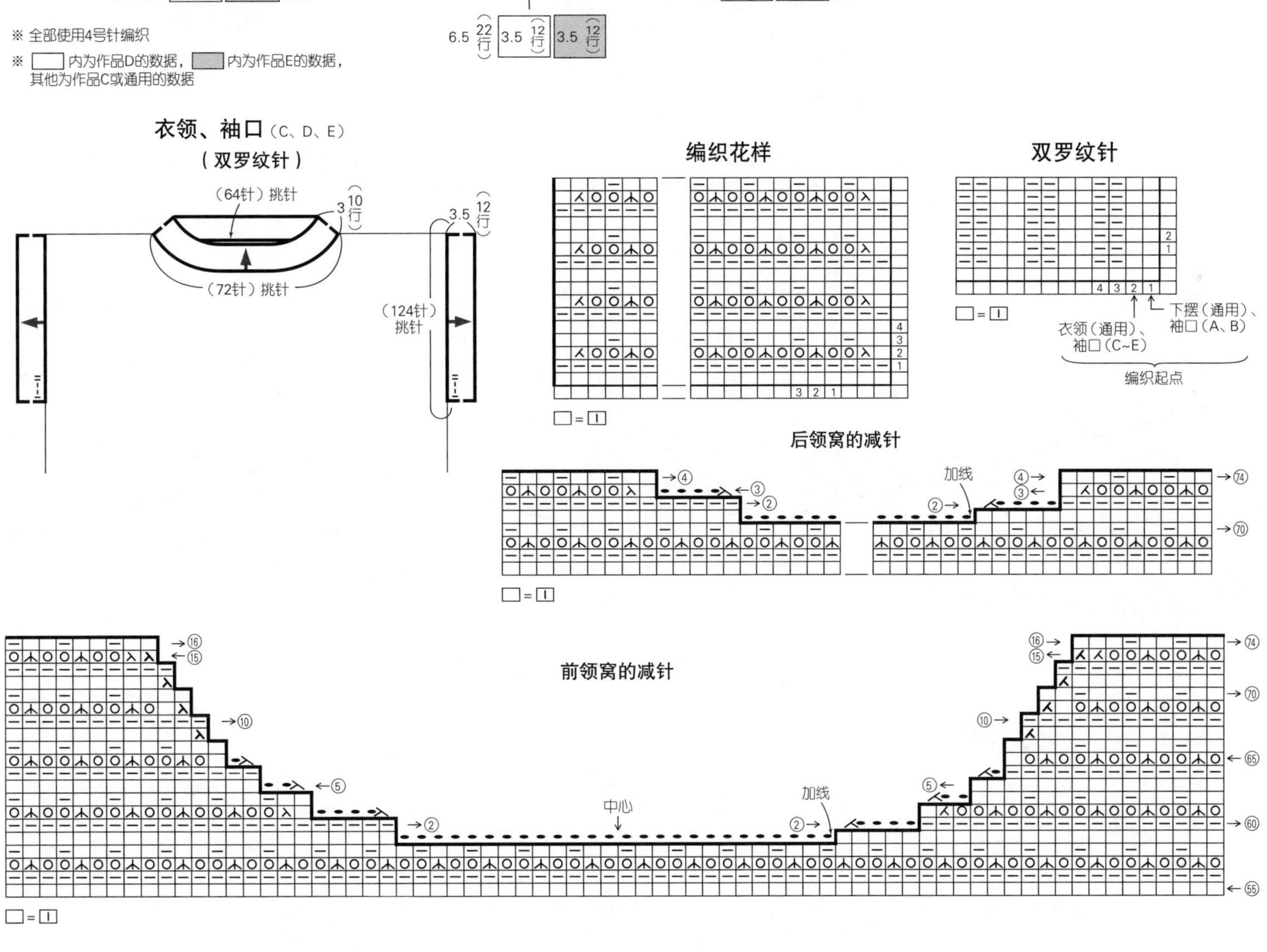

材料

Silk HASEGAWA GINGA LINEN 蓝色（47 OXFORD BLUE）、浅绿色（119 BASIL）各45g/各1团，SILK FOR DENIM 绿色和褐色混染（8 FOREST NIGHT）40g/1团，SEIKA 浅米色（6 WOOD ASH）40g/2团

工具

棒针6号、9号

成品尺寸

宽146cm，长73cm（实测）

编织密度

10cm×10cm面积内：条纹花样18.5针，28行；编织花样18.5针，32行

编织要点

●手指挂线起3针后，编织8行的i-cord。接着参照图示，从i-cord上挑针编织条纹花样，注意编织起点的8行有变化。配色线不要剪断，每2行与底色线交叉后编织。参照图示加针。接着做编织花样和边缘编织。编织终点换成9号针做上针的伏针收针。

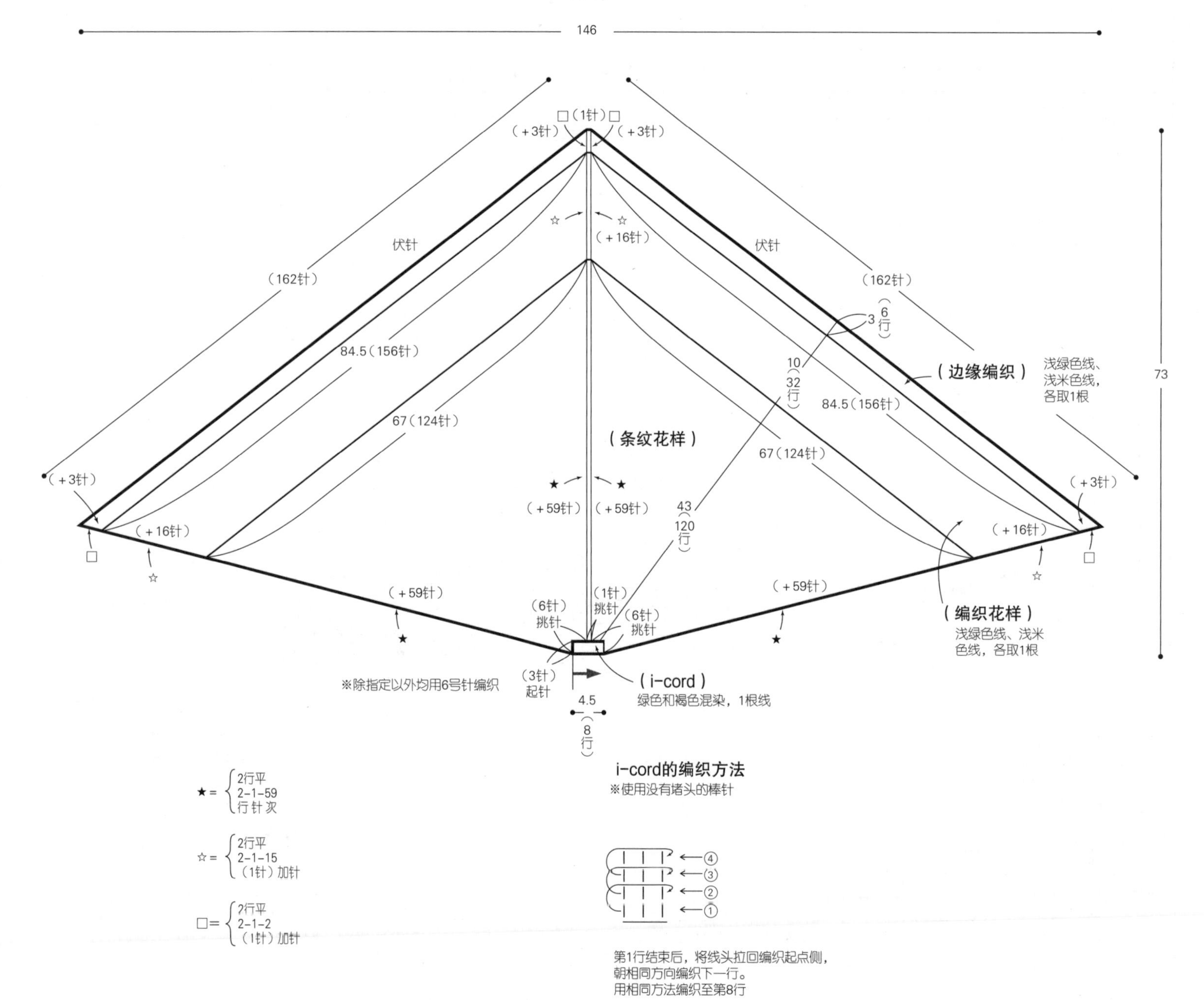

披肩的加针

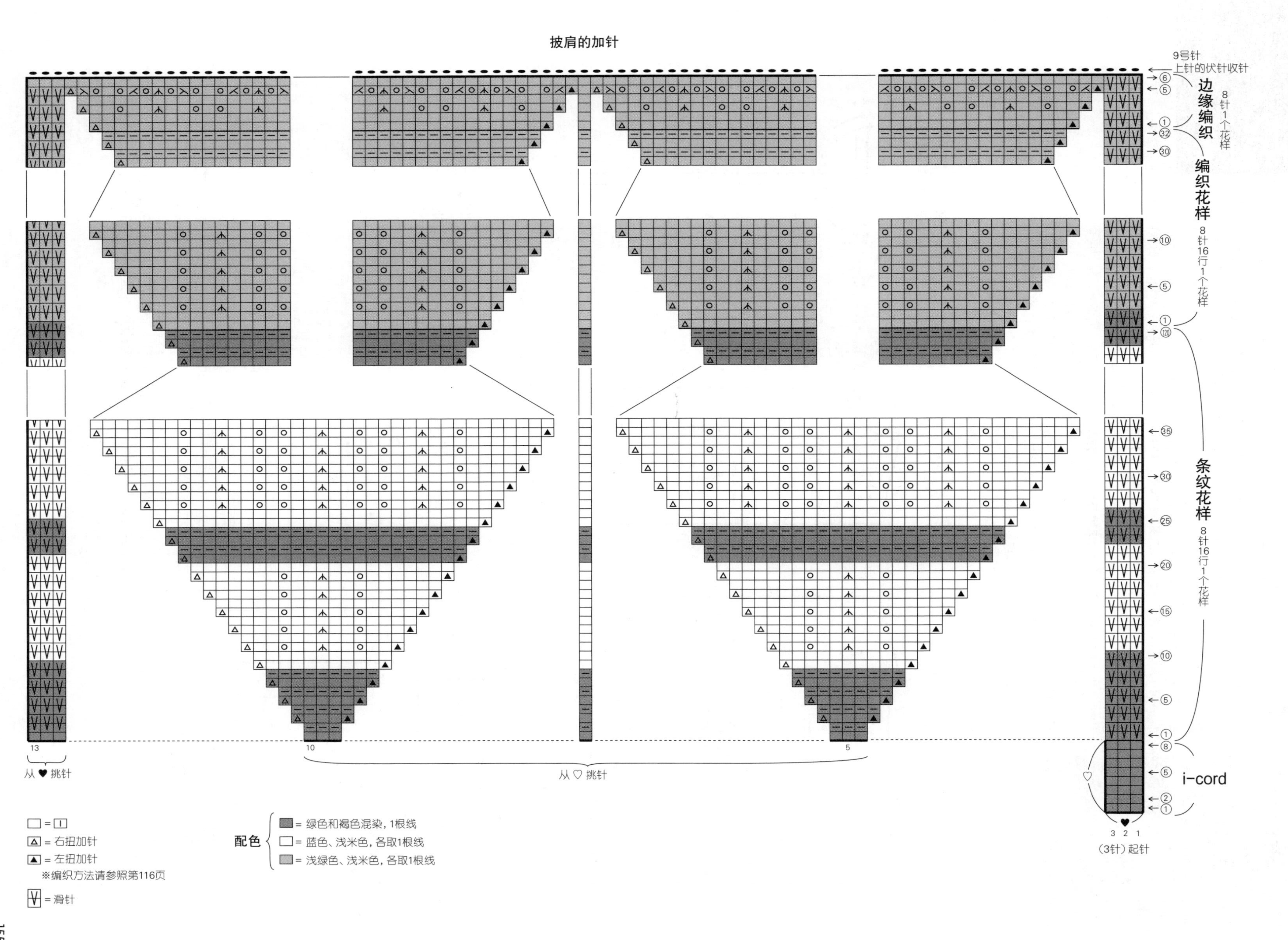

9号针
上针的伏针收针
边缘编织
8针1个花样
编织花样
8针16行1个花样
条纹花样
8针16行1个花样
i-cord
(3针)起针
13
10
5
从♥挑针
从♡挑针
□=⊡
△=右扭加针
▲=左扭加针
※编织方法请参照第116页
V=滑针
配色
■=绿色和褐色混染，1根线
□=蓝色、浅米色，各取1根线
▒=浅绿色、浅米色，各取1根线

材料

奥林巴斯 SILK & WOOL 灰色(3) 295g/6团，直径20mm的纽扣3颗

工具

棒针6号、5号，钩针5/0号

成品尺寸

胸围101cm，衣长53.5cm，连肩袖长72.5cm

编织密度

10cm×10cm面积内：下针编织、编织花样B均为22针，29行

编织要点

●身片、衣袖…身片手指挂线起针后，做扭针的单罗纹针、编织花样A、编织花样B和下针编织，注意编织花样B的编织终点有变化。领窝减2针及以上时做伏针减针，减1针时立起侧边1针减针。衣袖另线锁针起针后，做编织花样B和下针编织。袖口解开起针时的锁针挑针后编织扭针的单罗纹针，编织终点做伏针收针。

●组合…肩部做盖针接合。衣领、前门襟挑取指定数量的针目后，编织扭针的单罗纹针。在右前门襟留出扣眼。编织终点与袖口一样收针。衣袖与身片之间做针与行的接合。胁部、袖下做挑针缝合。身片边缘、袖口边缘分别从下摆、前门襟、衣领、袖口挑取指定数量的花样，环形钩织边缘。最后缝上纽扣。

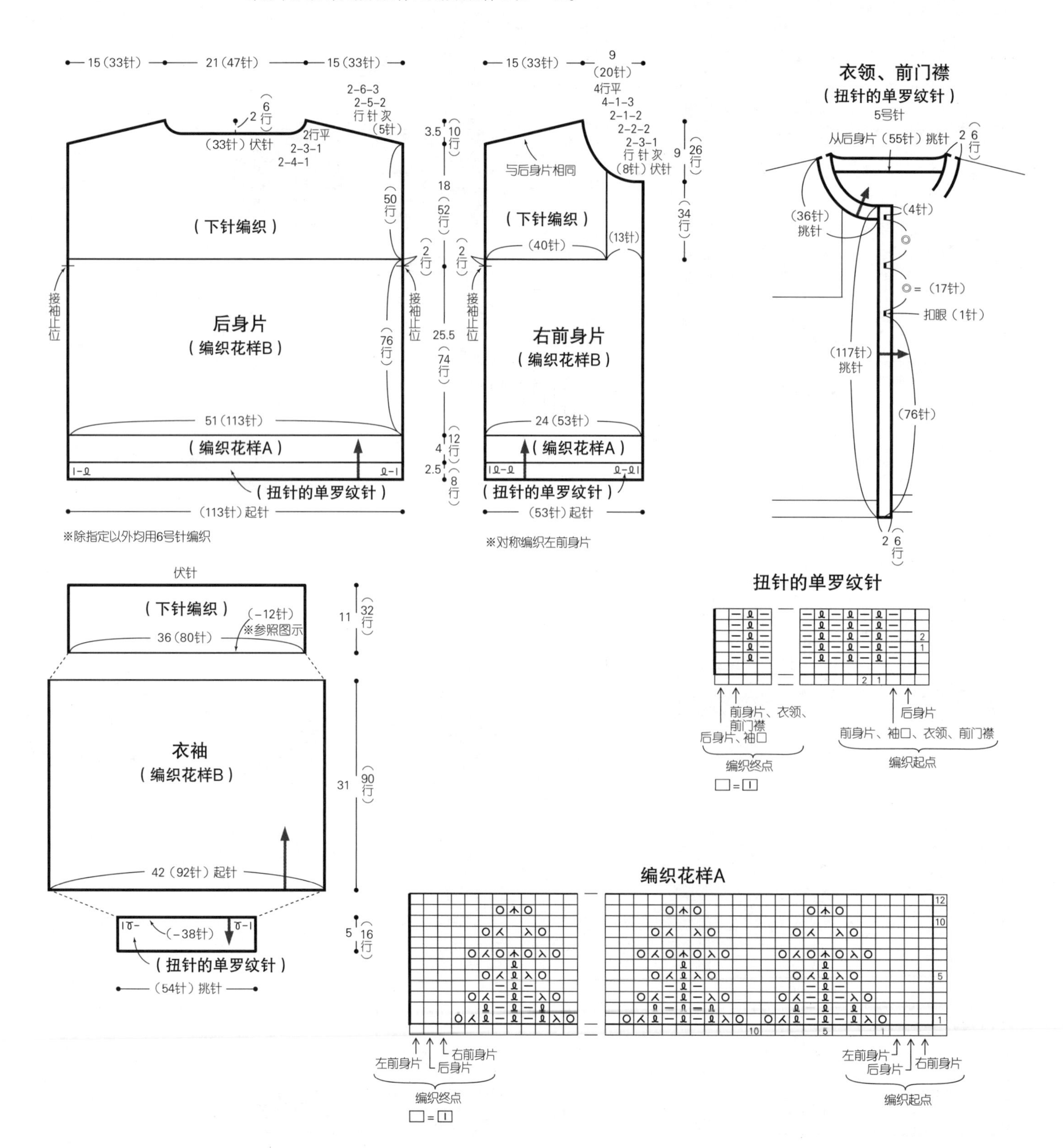

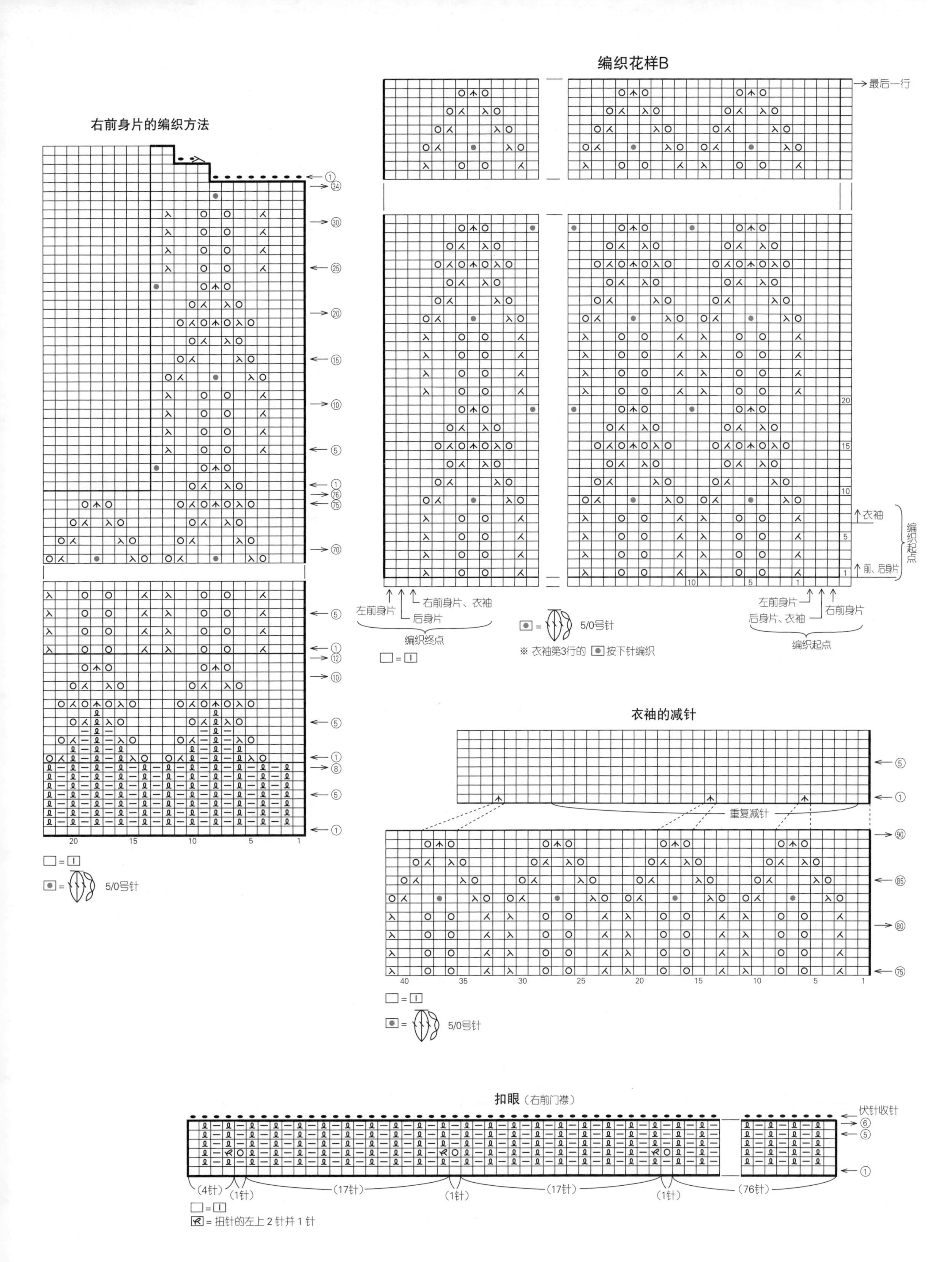
右前身片的编织方法
编织花样B
最后一行
衣袖
前、后身片
编织起点
左前身片
右前身片、衣袖
后身片
编织终点
左前身片
后身片、衣袖
右前身片
5/0号针
※ 衣袖第3行的 按下针编织
衣袖的减针
重复减针
扣眼（右前门襟）
伏针收针
(4针)
(1针)
(17针)
(76针)
= 扭针的左上 2 针并 1 针

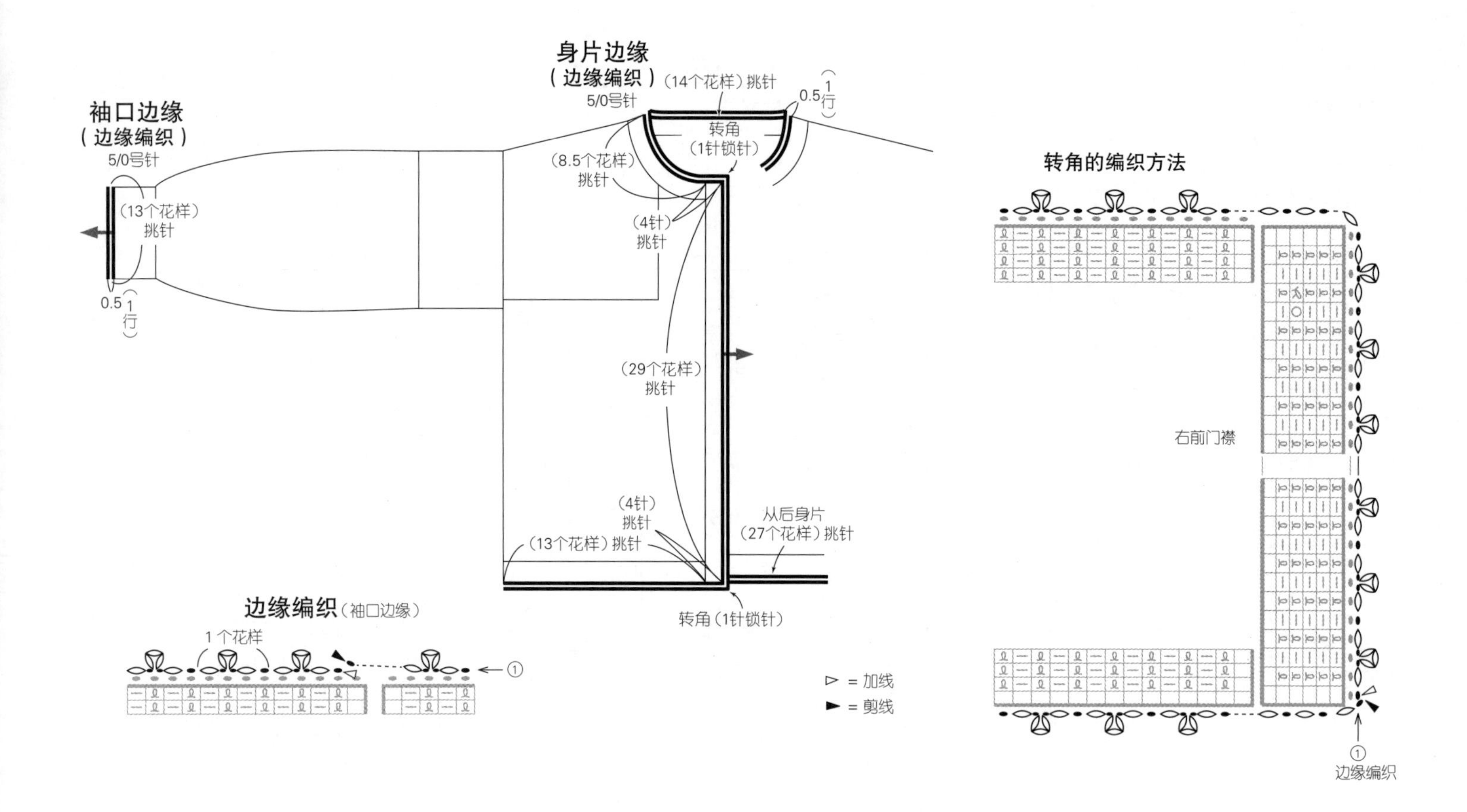

▶接第159页

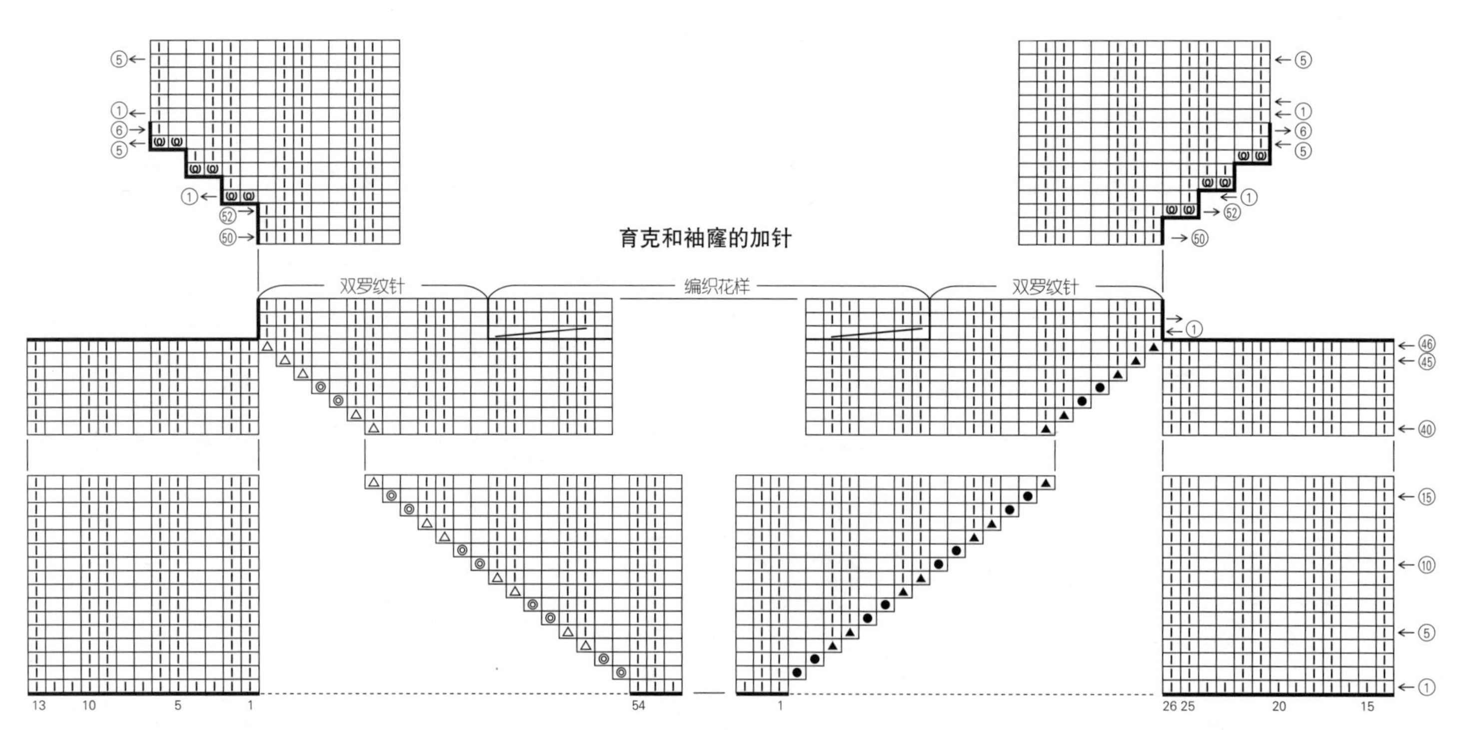

□=⊟

● = 上针的左扭加针

◎ = 上针的右扭加针

▲ = 左扭加针

△ = 右扭加针

※编织方法请参照第116页

◎ = 卷针

材料
奥林巴斯 SILK & WOOL 深褐色(7) 260g/6团

工具
棒针5号、3号

成品尺寸
胸围90cm，衣长60.5cm，连肩袖长24.5cm

编织密度
10cm×10cm面积内：双罗纹针(5号针)、编织花样均为34.5针，33行

编织要点
●育克、身片…育克手指挂线起针后，环形编织双罗纹针。参照图示加针。接着分成前、后身片，按双罗纹针和编织花样往返编织。袖窿参照图示加针。再将前、后身片连起来环形编织。编织终点做下针织下针、上针织上针的伏针收针。
●组合…衣领、袖口挑取指定数量的针目后，环形编织双罗纹针。编织终点与下摆一样收针。

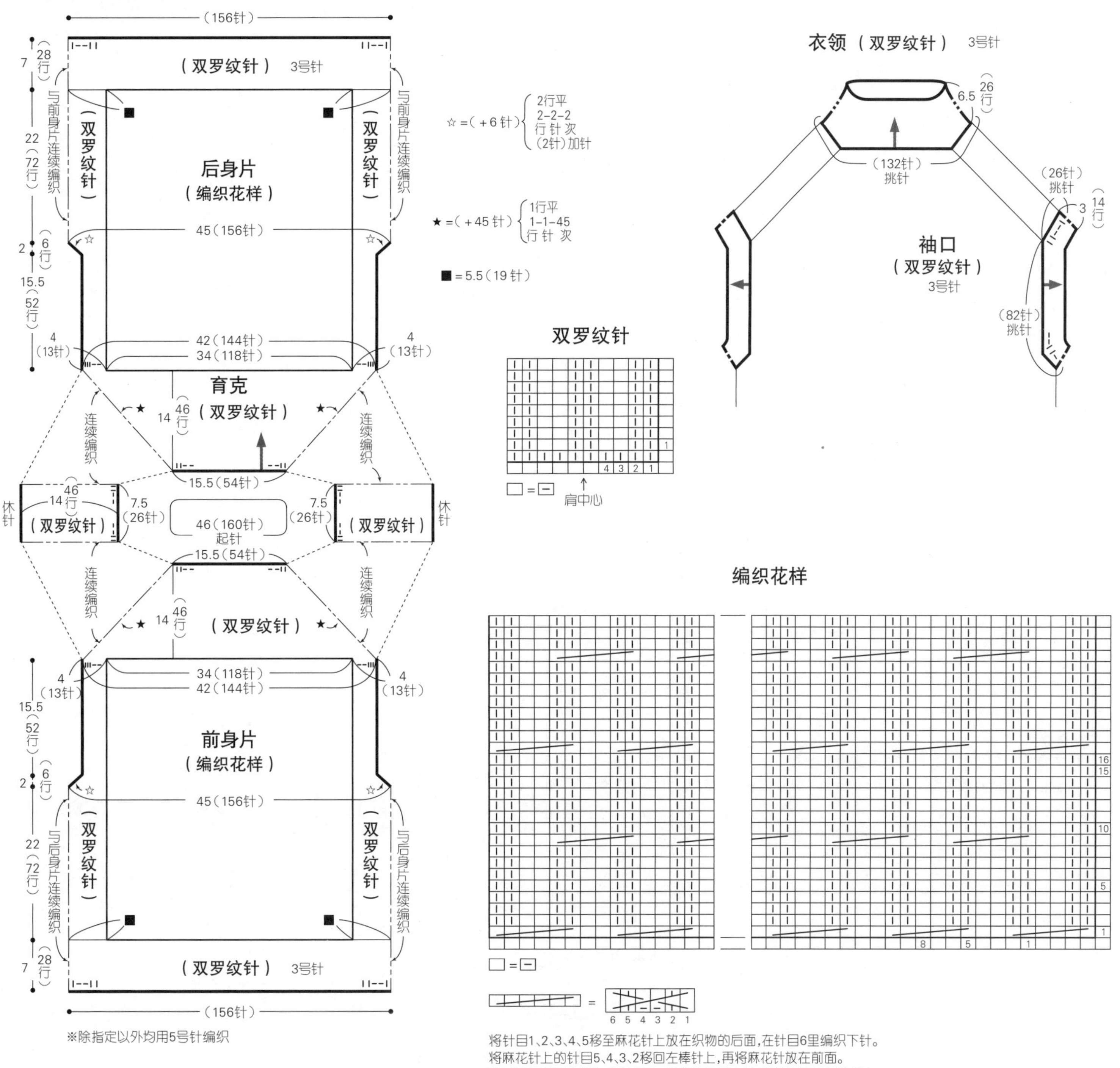

将针目1、2、3、4、5移至麻花针上放在织物的后面，在针目6里编织下针。
将麻花针上的针目5、4、3、2移回左棒针上，再将麻花针放在前面。
在针目2里编织下针，在针目3、4里分别编织上针，在针目5里编织下针。
最后在针目1里编织下针

※其他内容见第158页

材料

Silk HASEGAWA ANEMONE 黑色（624 BLACK）130g/3团，CAMELLIA 米色（3 BOULDER）100g/2团，SEIKA 黑色（40 BLACK）60g/3团、米色（4 CAFE AU LAIT）40g/2团；20mm×13mm的纽扣 5颗

工具

棒针6号、5号、8号

成品尺寸

胸围103cm，肩宽36cm，衣长51.5cm，袖长51cm

编织密度

10cm×10cm面积内：条纹花样、编织花样均为24针，26.5行；下针编织23针，26行

编织要点

●身片、衣袖…用指定的线合股编织。另线锁针起针，身片按条纹花样和编织花样编织，衣袖做下针编织和条纹花样。袖窿、肩部、袖下、袖山减2针及以上时做伏针减针，减1针时立起侧边1针减针。条纹花样和编织花样由挂针和2针并1针组成，减针时注意成对编织。袖口解开起针时的锁针挑针后，按配色花样A编织。配色花样用横向渡线的方法编织，编织终点做伏针收针。

●组合…肩部做下针无缝缝合，胁部、袖下做挑针缝合。下摆解开起针时的锁针挑针后编织起伏针，编织终点从反面做伏针收针。衣领挑取指定数量的针目后，一边调整编织密度一边按配色花样B编织，编织终点与袖口一样收针。衣领和袖口向内侧翻折后缝合。前门襟编织起伏针。在右前门襟留出扣眼。编织终点与下摆一样收针。衣袖与身片之间做引拔接合。最后缝上纽扣。

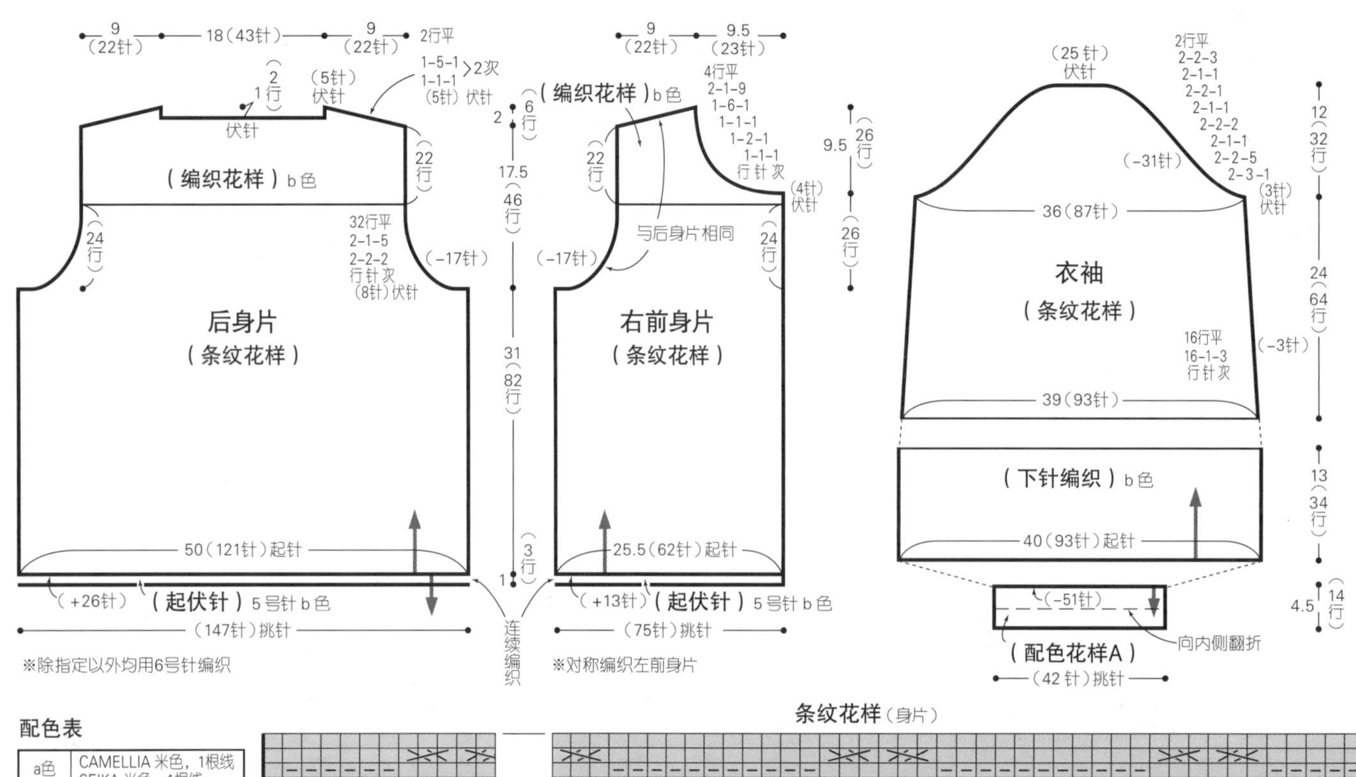

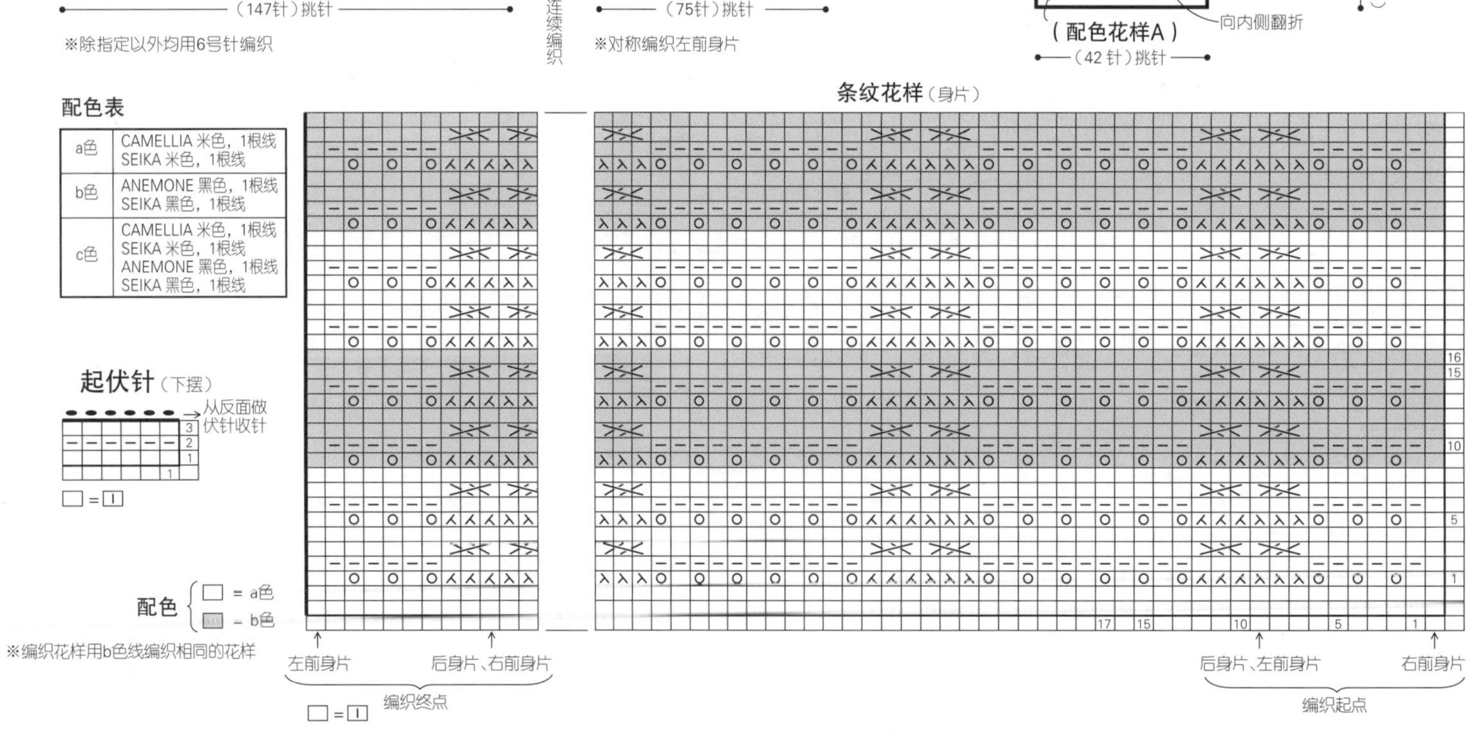

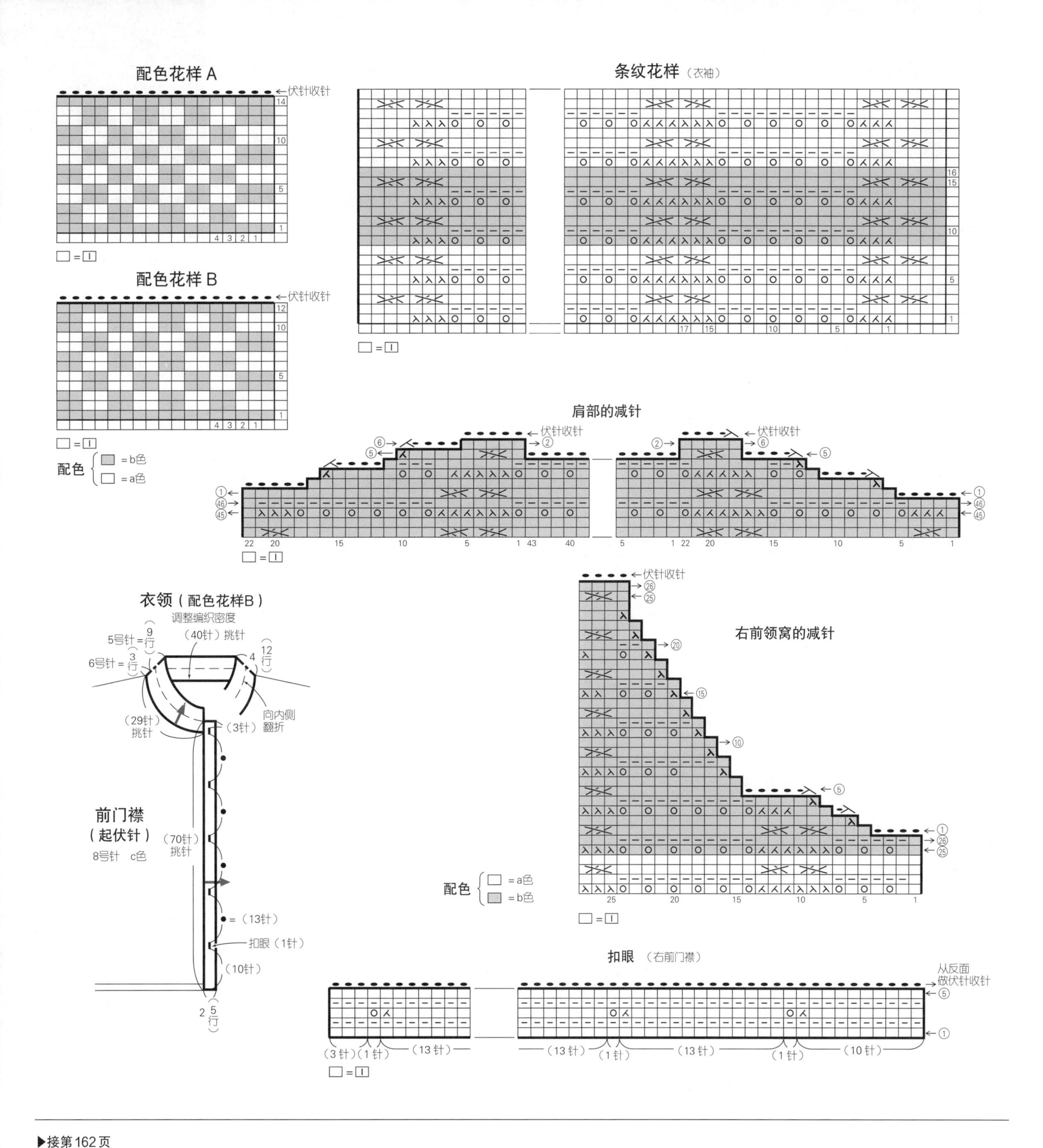

配色花样 A
伏针收针
□ = ▯
配色花样 B
伏针收针
□ = ▯
配色
= b色
= a色
条纹花样（衣袖）
□ = ▯
肩部的减针
伏针收针
□ = ▯
衣领（配色花样B）
调整编织密度
（40针）挑针
5号针 =
6号针 =
（29针）挑针
（3针）
向内侧翻折
前门襟
（起伏针）
8号针　c色
（70针）挑针
● =（13针）
扣眼（1针）
（10针）
右前领窝的减针
伏针收针
配色
= a色
= b色
□ = ▯
扣眼（右前门襟）
从反面做伏针收针
（3针）（1针）（13针）
（13针）（1针）（13针）（1针）（10针）
□ = ▯

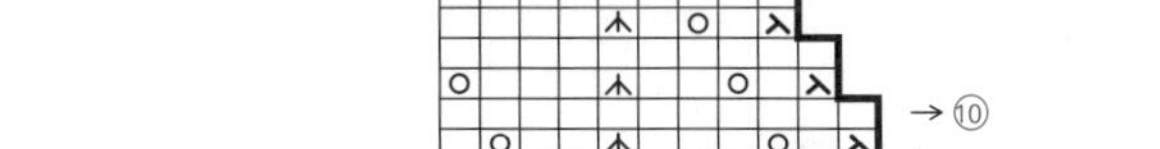

▶接第162页

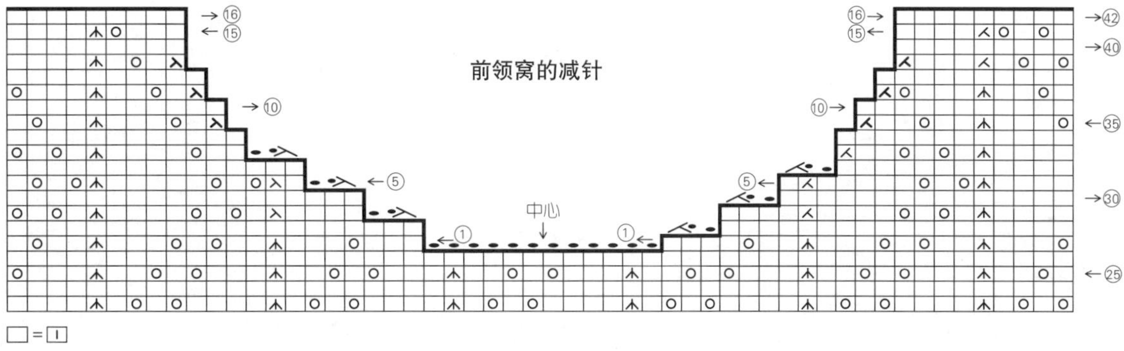

前领窝的减针
中心
□ = ▯

材料

Silk HASEGAWA GINGA LINEN 黄色系混染（60 LEMON）150g/3团，SEIKA 银灰色（24 SILVER GRAY）50g/2团

工具

棒针8号、3号

成品尺寸

胸围110cm，衣长57cm，连肩袖长48.5cm

编织密度

10cm×10cm面积内：编织花样18.5针，23行

编织要点

●身片、衣袖…身片手指挂线起针后，按单罗纹针和编织花样编织。后领窝一边编织最后一行一边做伏针收针。前领窝参照图示减针。肩部做盖针接合。衣袖挑取指定数量的针目后，按编织花样和单罗纹针编织。编织终点做单罗纹针收针。

●组合…胁部、袖下做挑针缝合。衣领挑取指定数量的针目后，环形编织单罗纹针。编织终点与袖口一样收针。

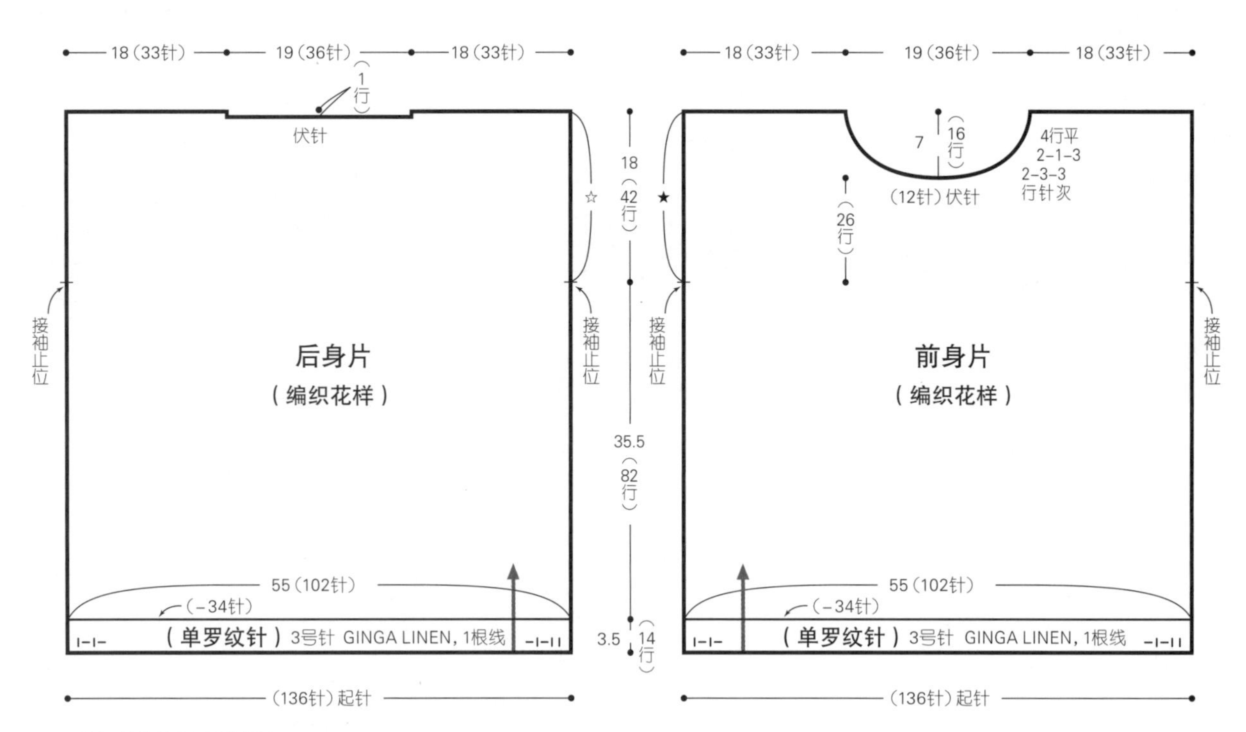

※除指定以外均用8号针编织

※除指定以外均用GINGA LINEN和SEIKA各取1根线合股编织

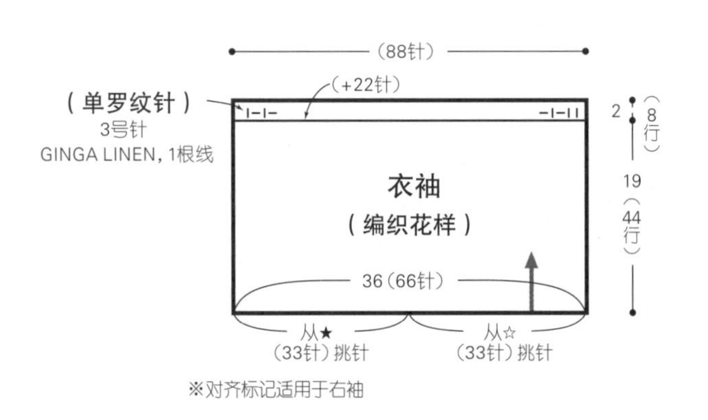

※对齐标记适用于右袖

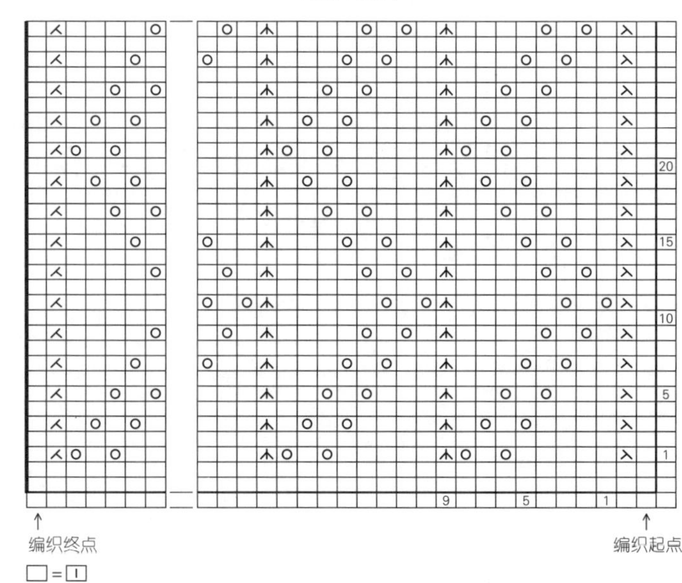

□=□

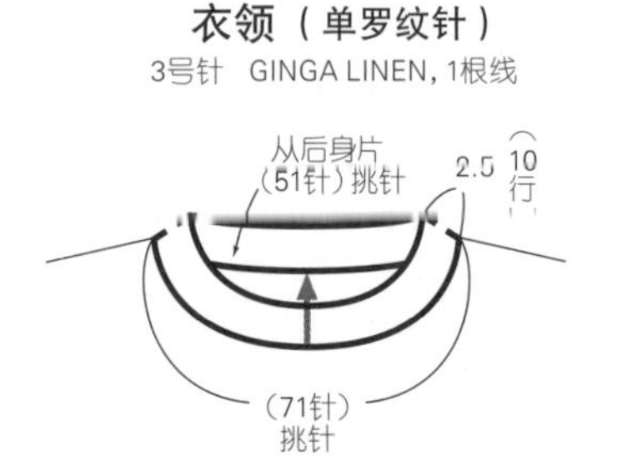

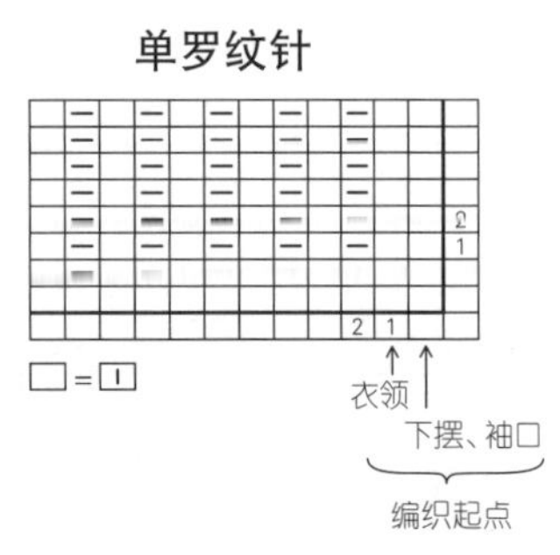

□=□

※其他内容见第161页

材料

Silk HASEGAWA GINGA-3 藏青色和蓝绿色系混染（50 BILLARD）265g/6团，SEIKA 浅灰色（16 RAINY DAY）115g/5团

工具

棒针5号、3号，钩针5/0号

成品尺寸

胸围96cm，肩宽43cm，衣长91cm

编织密度

10cm×10cm面积内：下针编织20针，27行；编织花样A 23.5针，27行；编织花样B 20针，25.5行

编织要点

●身片…另线锁针起针后，做下针编织和编织花样A。减2针及以上时做伏针减针，减1针时立起侧边1针减针。编织花样A由挂针和2针并1针组成，减针时注意成对编织。下摆解开起针时的锁针挑针后，按条纹花样A、编织花样B编织。编织终点做下针织下针、上针织上针的伏针收针。

●组合…肩部做盖针接合，胁部做挑针缝合。衣领、袖口挑取指定数量的针目后，按条纹花样B环形编织。编织终点做扭针织扭针、上针织上针的伏针收针。最后在下摆环形钩织边缘。

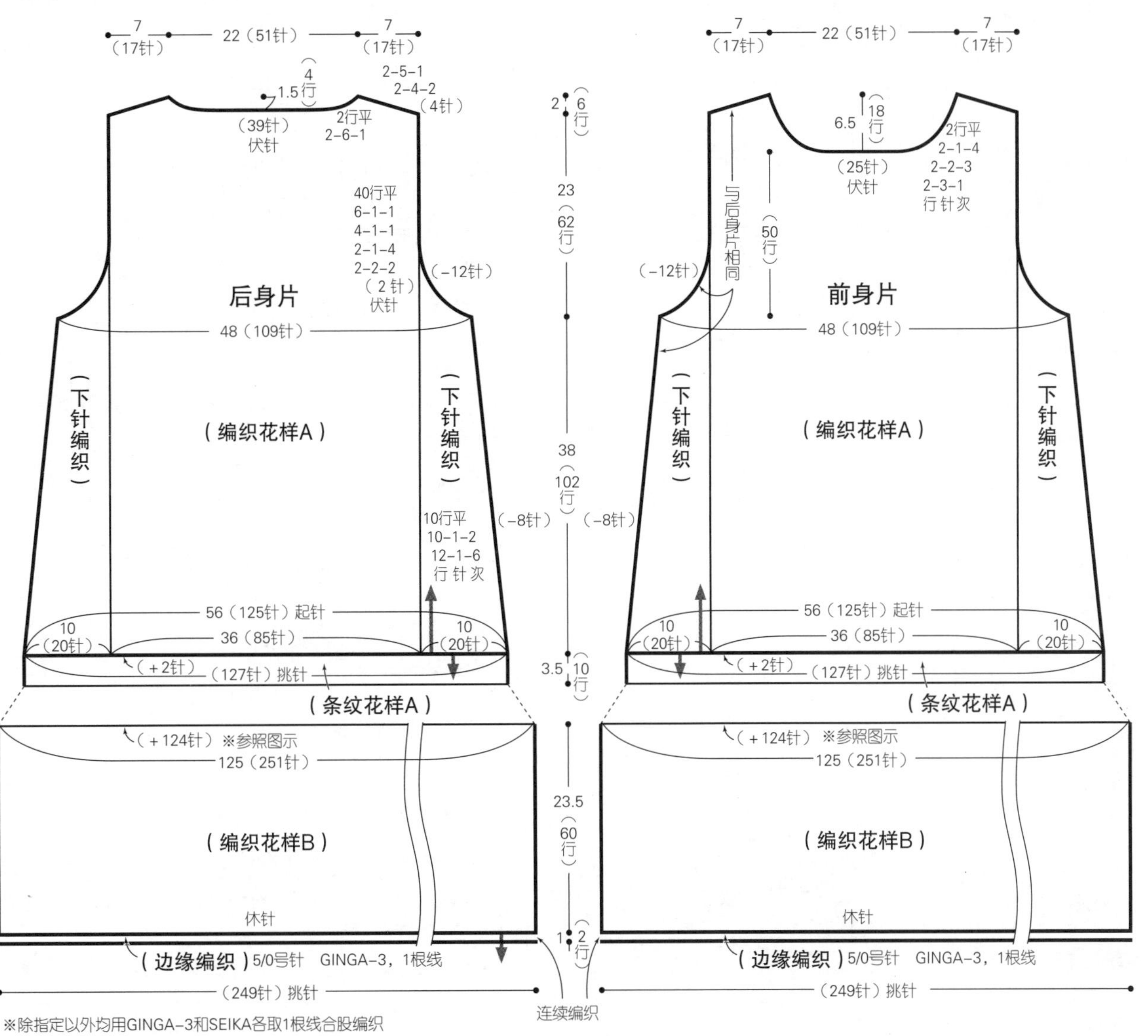

※除指定以外均用GINGA-3和SEIKA各取1根线合股编织

※除指定以外均用5号针编织

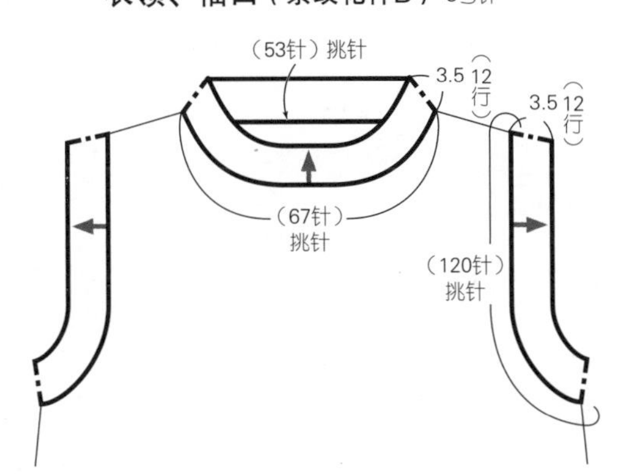

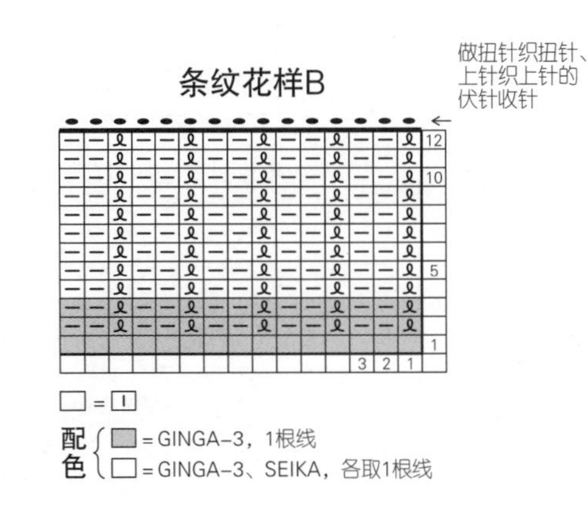

编织花样A

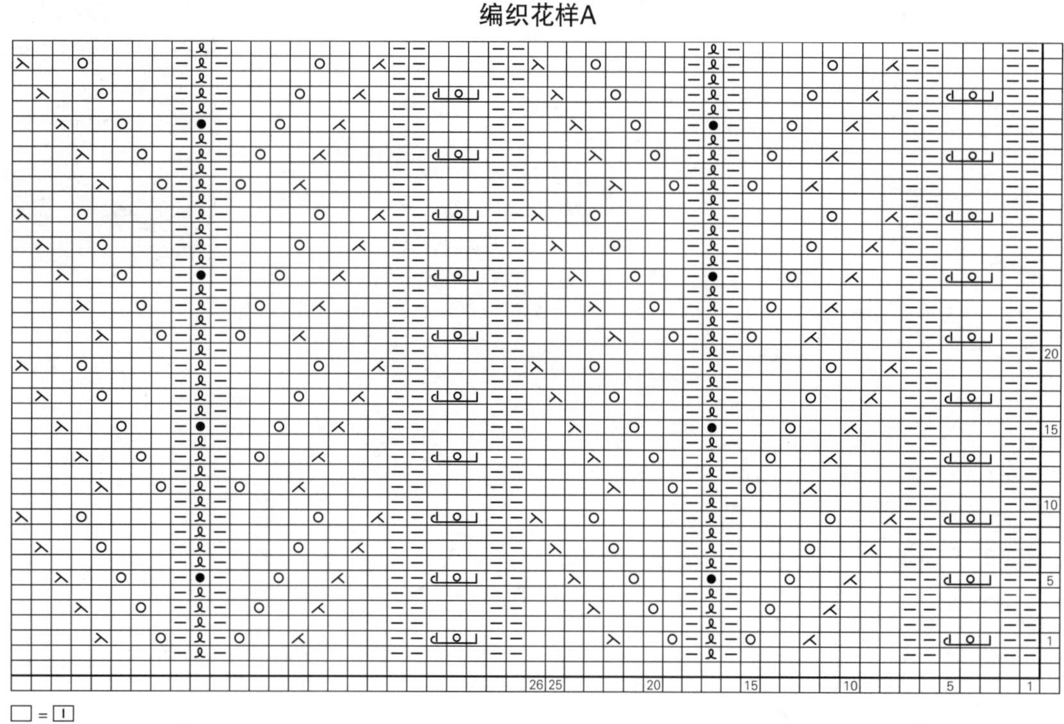

□ = 丨

= 穿过右针的盖针

● = 3针3行的枣形针

边缘编织

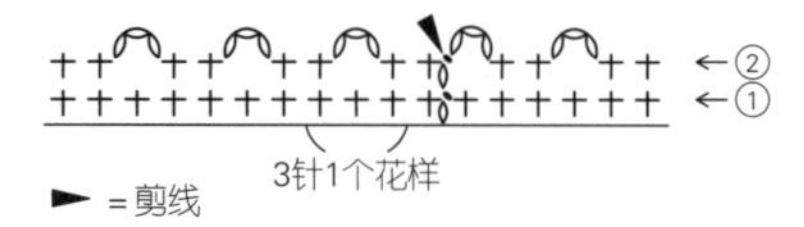

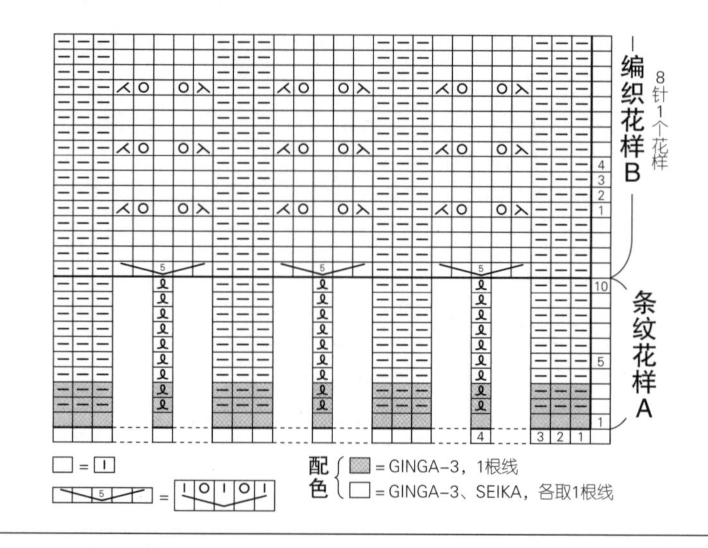

▶接第165页

帽子

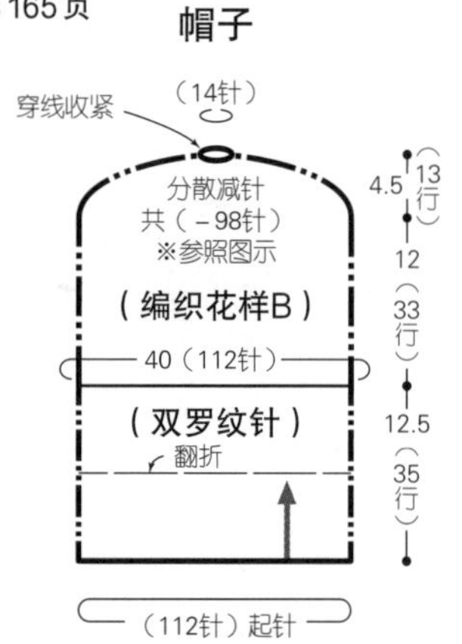

※除指定以外均用6号针，
1根段染线和1根原白色线合股编织
※穿线收紧的方法请参照第138页

双罗纹针

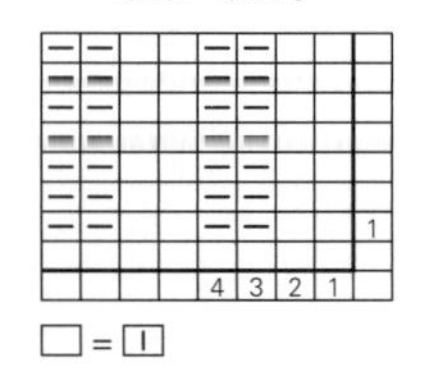

□ = 丨

编织花样A的编织方法

用1根段染线和1根原白色线合股编织下针。
编织过程中，当段染线编织至指定颜色时，
将其中1根线放置一边，编织枣形针。
编织枣形针的线请参照下表。

	段染线的颜色	编织枣形针的线（1根线）
前身片	粉红色	段染（粉红色）
	蓝色	原白色
后身片	黄绿色	段染（黄绿色）
	蓝色	原白色
右袖	黄色	段染（黄色）
	粉红色	原白色
左袖	蓝色	段染（蓝色）
	粉红色	原白色

枣形针的编织方法

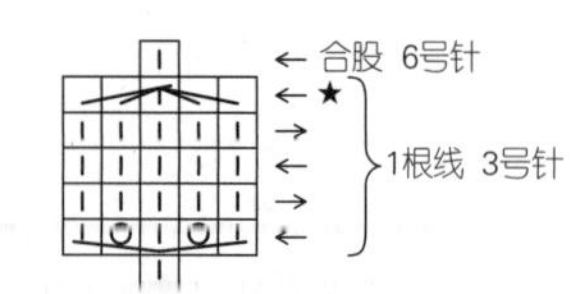

※最后一行先将★行的针目移至左棒针上，
再与前面暂停编织的线一起编织（下针）
※看着反面编织枣形针的情况，
编织下一行时调整一下，使枣形针露出正面

编织花样B的编织方法

用1根段染线和1根原白色线合股编织双罗纹针。
编织过程中，当段染线编织至指定颜色时，
将其中1根线放置一边，编织枣形针。
（颜色在上针部分变化时，继续编织至下针部分再编织枣形针）
※编织终点的3行无须编织枣形针

段染线的颜色	编织枣形针的线（1根线）
黄绿色	段染（黄绿色）
蓝色	原白色

帽子的分散减针

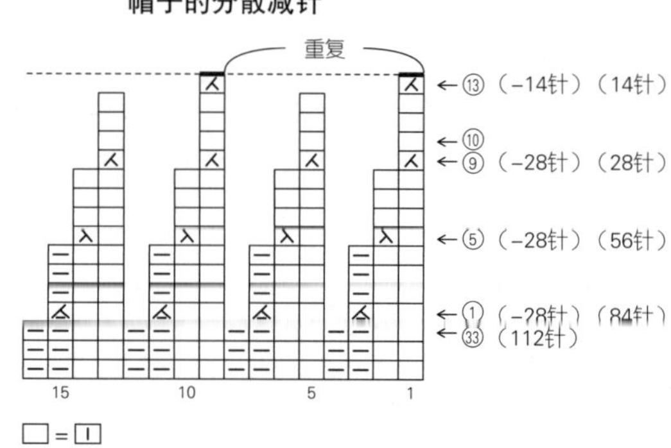

□ = 丨

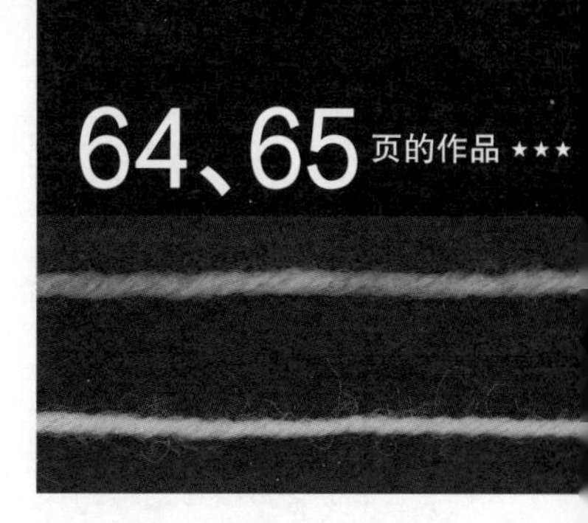

材料

[套头衫] Opal毛线 Relief 2 紫色系段染（9662 FLIEDER）270g/3团，Uni 原白色（3081 NATURAL WHITE）270g/3团

[帽子] Opal毛线 Relief 2 紫色系段染（9662 FLIEDER）50g/1团，Uni 原白色（3081 NATURAL WHITE）50g/1团

工具

棒针6号、3号

成品尺寸

[套头衫] 胸围98cm，衣长49.5cm，连肩袖长68cm

[帽子] 头围40cm，深22.5cm

编织密度

10cm×10cm面积内：编织花样A 21针，29.5行；编织花样B 28针，27.5行

编织要点

●套头衫…前身片另线锁针起针后，按编织花样A和起伏针编织，注意第1行是从反面编织的行。编织花样A参照编织方法，一边编织一边加入枣形针。领窝参照图示加减针。编织终点做休针处理。后身片从前身片的休针以及另线锁针起针上挑针，按前身片的要领编织。将☆的休针与解开锁针起针后的针目做下针无缝缝合，肩部做挑针缝合。衣袖从解开起针后的针目以及休针上挑针，按编织花样A和桂花针环形编织。袖下参照图示减针。编织终点做下针织下针、上针织上针的伏针收针。衣领挑取指定数量的针目后，环形编织桂花针。编织终点与袖口一样收针。

●帽子…手指挂线起针后，环形编织双罗纹针。接着参照编织方法按编织花样B编织。参照图示分散减针。编织终点穿线收紧。

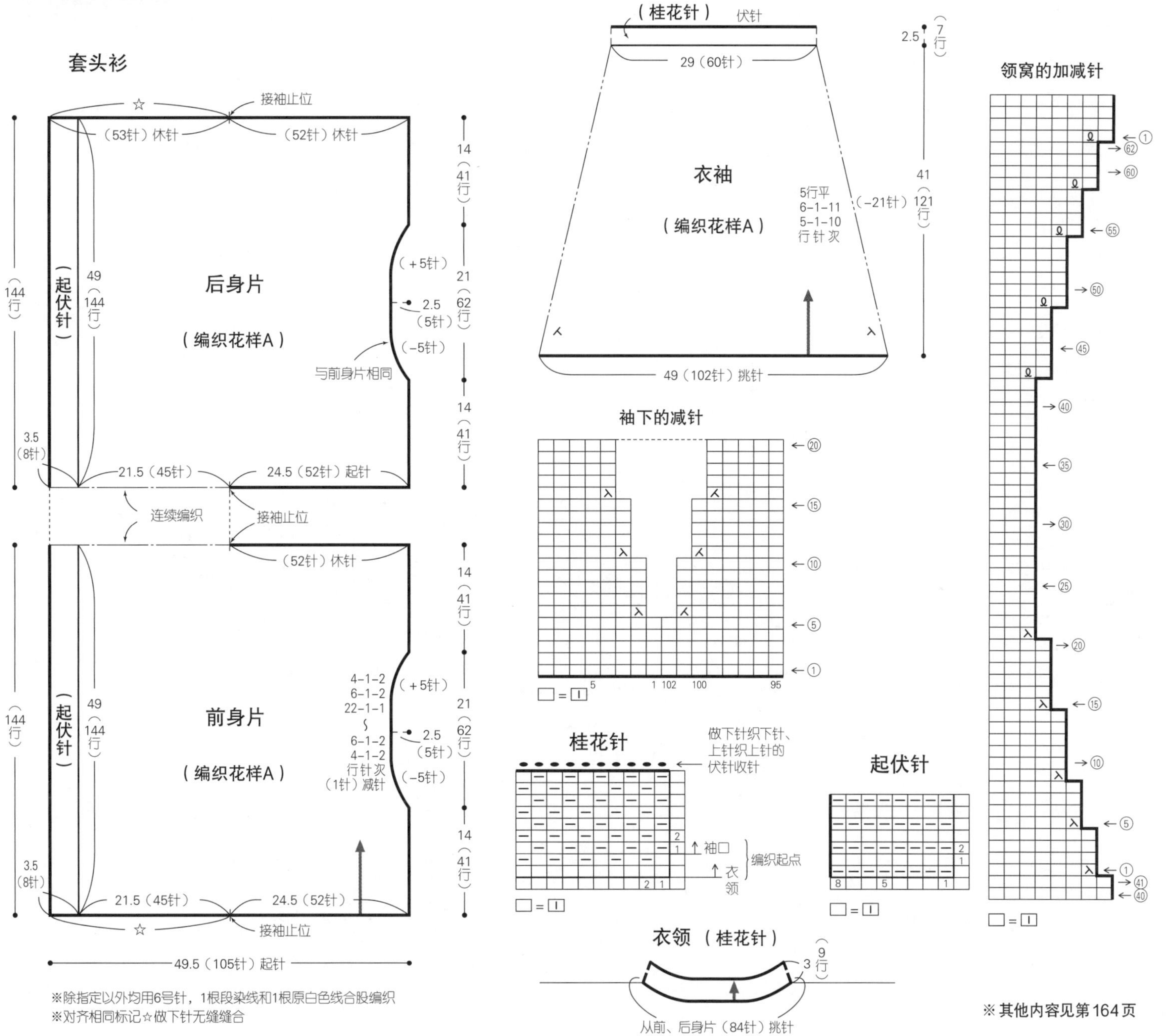

※其他内容见第164页

材料

[狗狗毛衫] 奥林巴斯 Tree House Palace 藏青色(421) 40g/1团，蓝绿色(415) 30g/1团，原白色(401) 10g/1团

[套头衫] 奥林巴斯 Tree House Palace 灰色(417) 145g/4团，粉红色(408) 115g/3团，原白色(401) 20g/1团；直径13mm的纽扣3颗

工具

棒针7号、5号、6号、8号

成品尺寸

[狗狗毛衫] 腰围49cm，长32.5cm

[套头衫] 胸围90cm，衣长45.5cm，连肩袖长53.5cm

编织密度

10cm×10cm面积内：下针条纹A、B均为21针，29行

编织要点

●狗狗毛衫…手指挂线起针，背部按编织花样、条纹花样和下针条纹A编织，腹部按单罗纹针和下针条纹A编织。减2针及以上时做伏针减针，减1针时立起侧边1针减针。加针是在1针内侧做扭针加针。编织终点做休针处理。对齐相同标记做挑针缝合。衣领挑取指定数量的针目后，一边调整编织密度一边做下针编织和编织花样。编织终点做下针织下针、上针织上针的伏针收针。袖口环形编织单罗纹针，编织终点做单罗纹针收针。

●套头衫…身片手指挂线起针后，按编织花样和下针条纹B编织。前身片从门襟处分成左右两部分编织。减2针及以上时做伏针减针，减1针时立起侧边1针减针。左门襟从身片挑针后编织单罗纹针，编织终点做下针织下针、上针织上针的伏针收针。肩部做盖针接合。衣袖从身片挑取指定数量的针目后，按下针条纹B和编织花样编织。减针时立起侧边1针减针。编织终点与左门襟一样收针。胁部、袖下做挑针缝合。衣领的底座、衣领从身片挑取指定数量的针目后，一边调整编织密度一边按单罗纹针和编织花样编织。参照图示留出扣眼。编织终点与左门襟一样收针。参照图示编织右门襟内层，缝在身片的指定位置。最后缝上纽扣。

狗狗毛衫

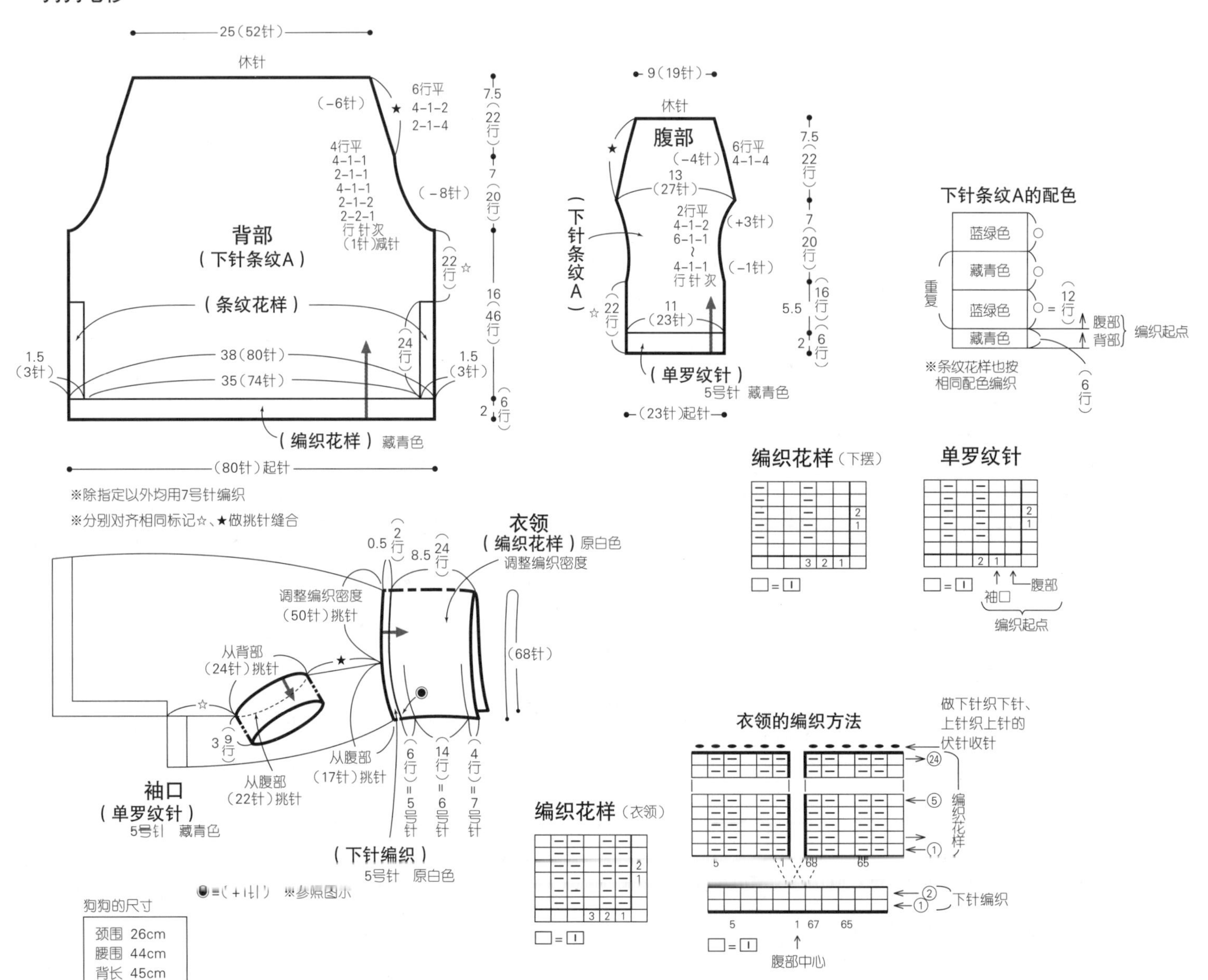

套头衫

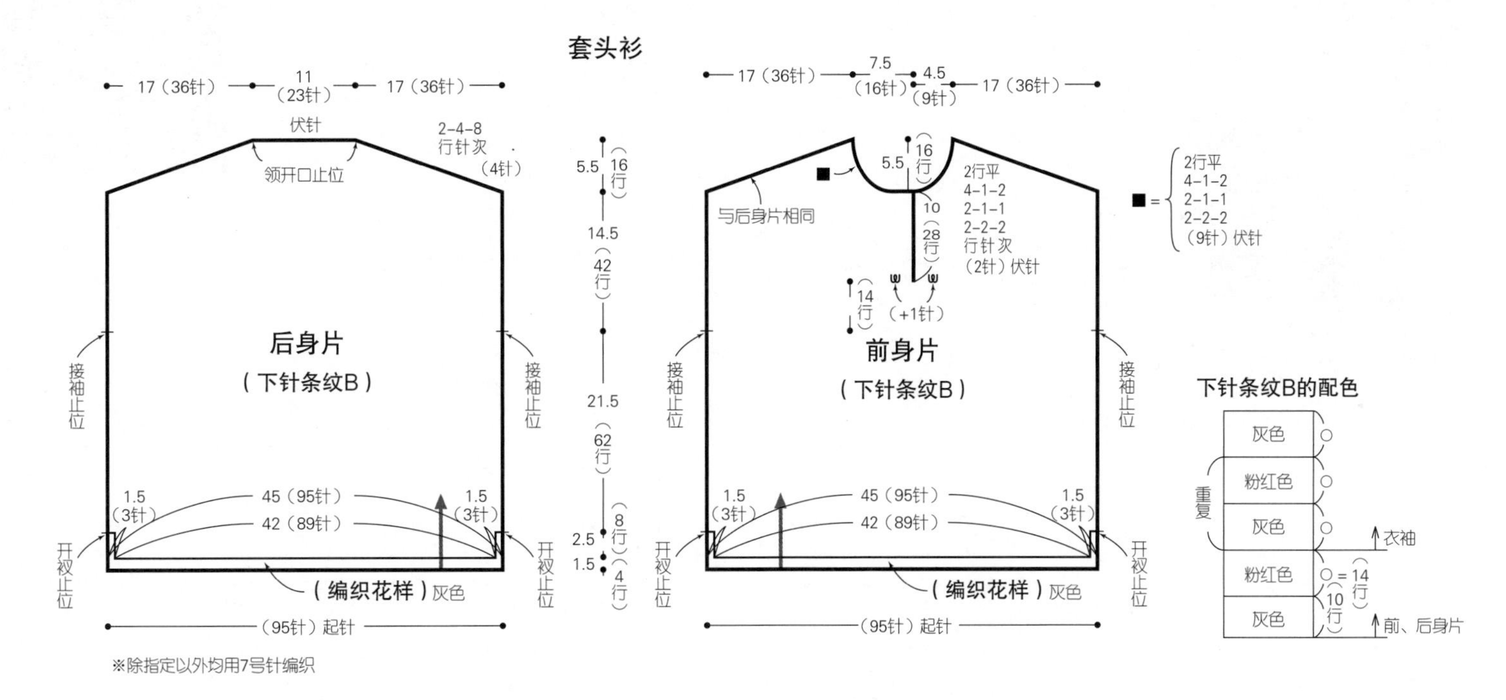

※除指定以外均用7号针编织

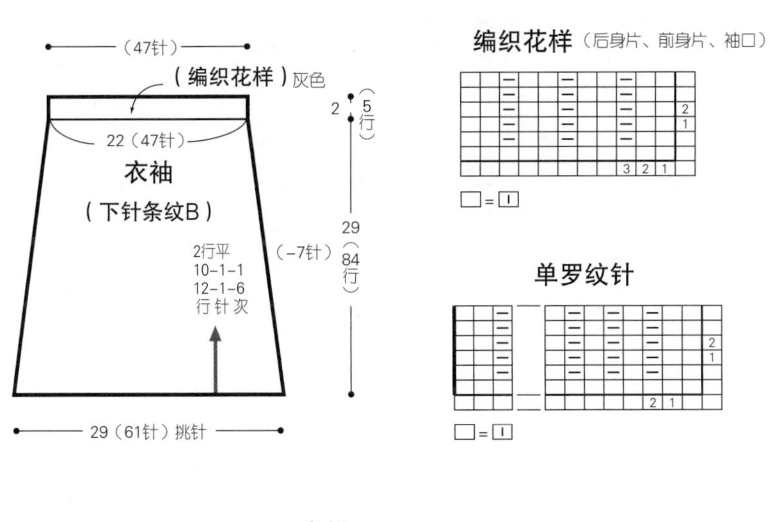

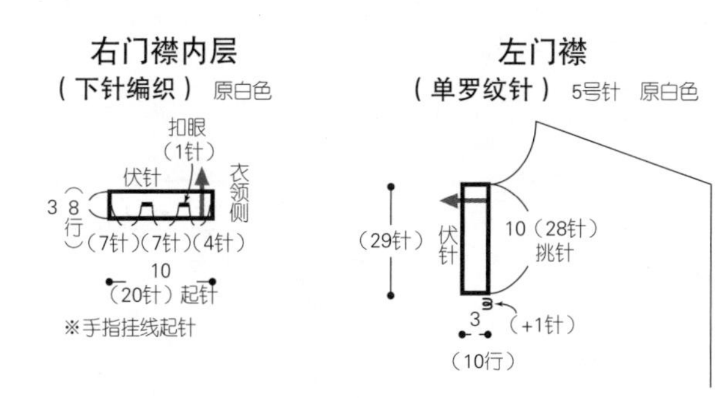

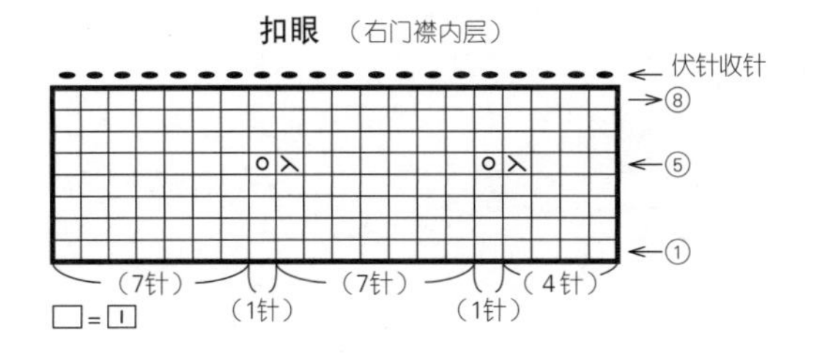

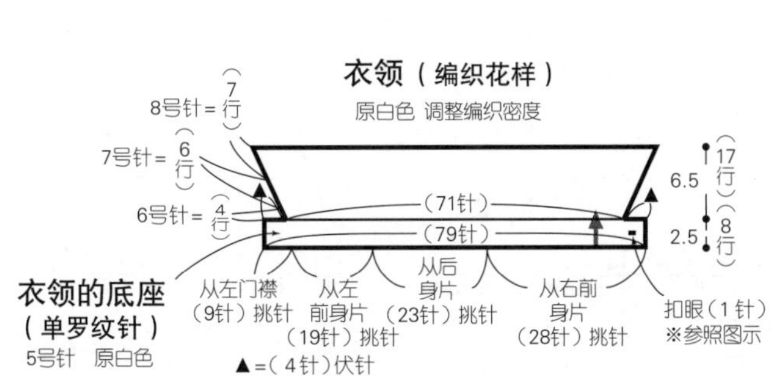

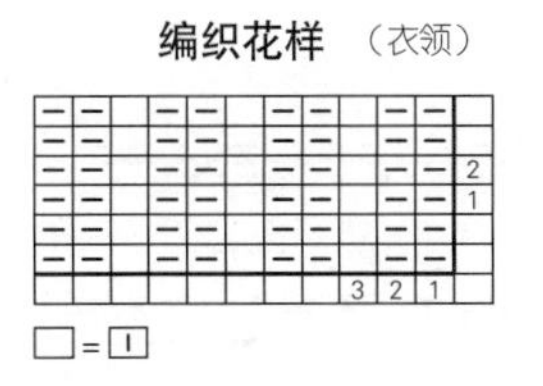

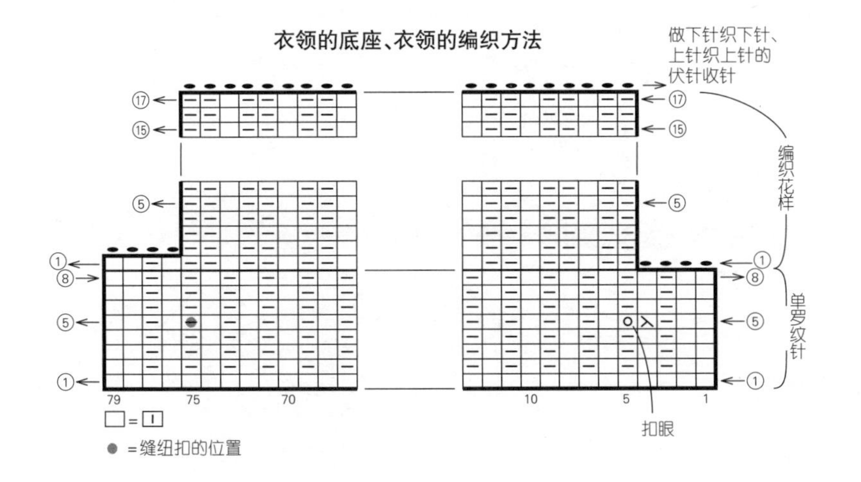

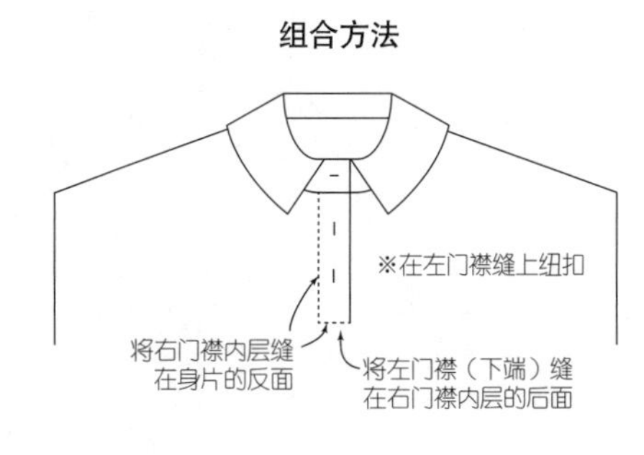

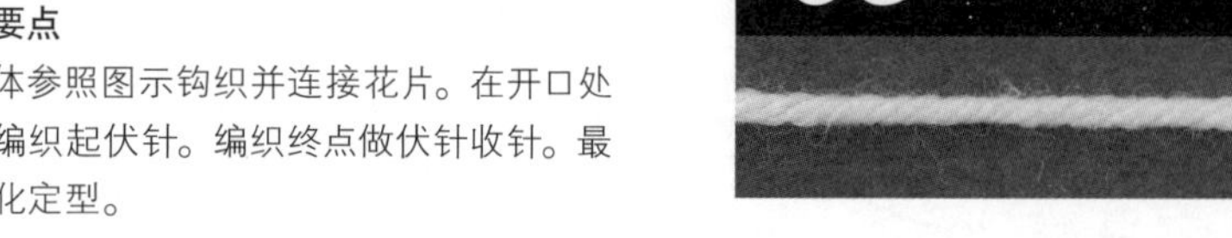

材料

芭贝 Princess Anny 深绿色(511) 30g/1团，粉红色(544) 25g/1团，水蓝色(534) 25g/1团

工具

棒针3号

成品尺寸

宽13cm，高12.5cm（毡化后实测）

宽15cm，高15cm（毡化前实测）

编织密度

花片的大小请参照图示

编织要点

●主体参照图示钩织并连接花片。在开口处环形编织起伏针。编织终点做伏针收针。最后毡化定型。

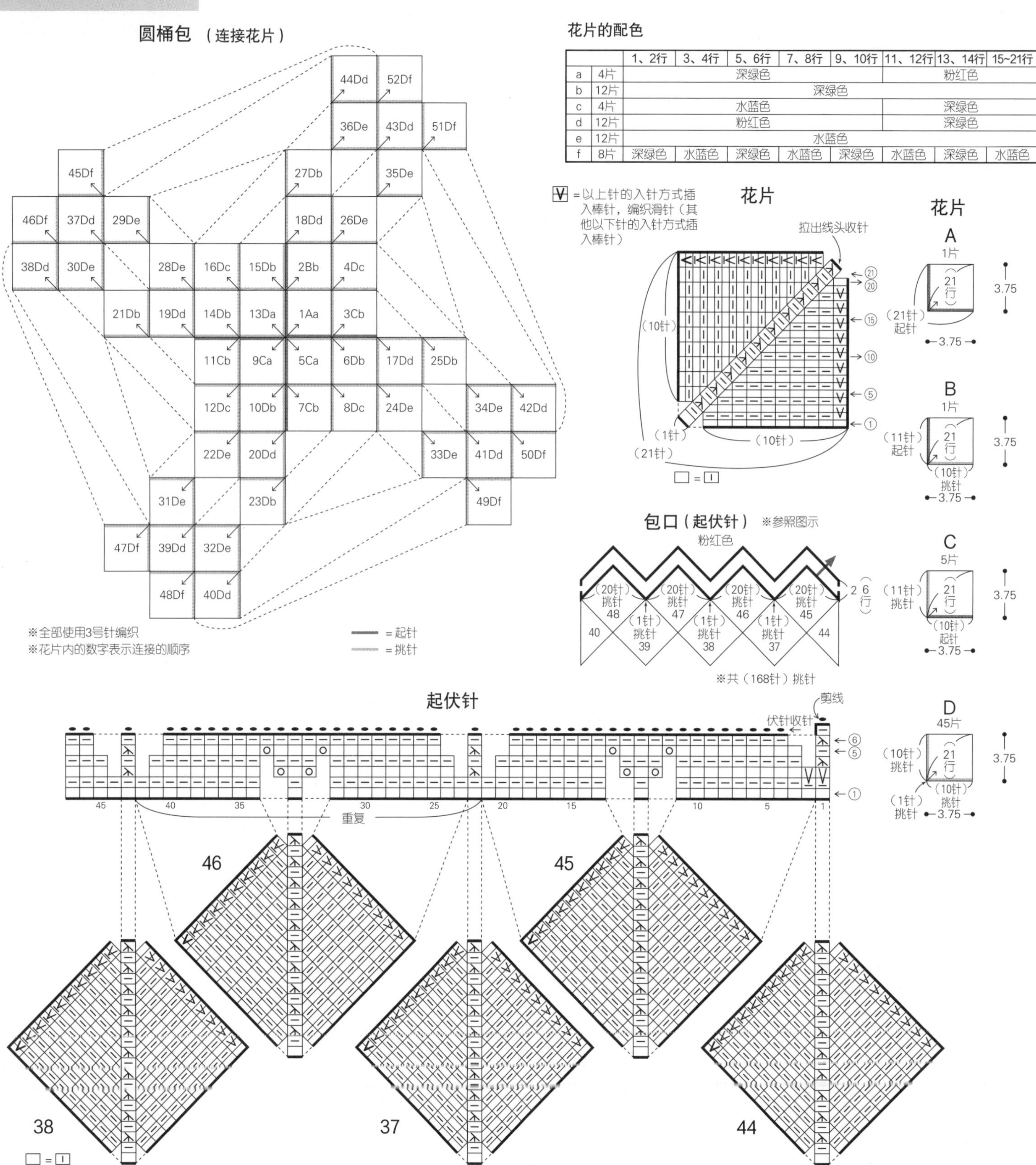

		1、2行	3、4行	5、6行	7、8行	9、10行	11、12行	13、14行	15~21行
a	4片	深绿色					粉红色		
b	12片	深绿色							
c	4片	水蓝色					深绿色		
d	12片	粉红色					深绿色		
e	12片	水蓝色							
f	8片	深绿色	水蓝色	深绿色	水蓝色	深绿色	水蓝色	深绿色	水蓝色

花片的连接方法

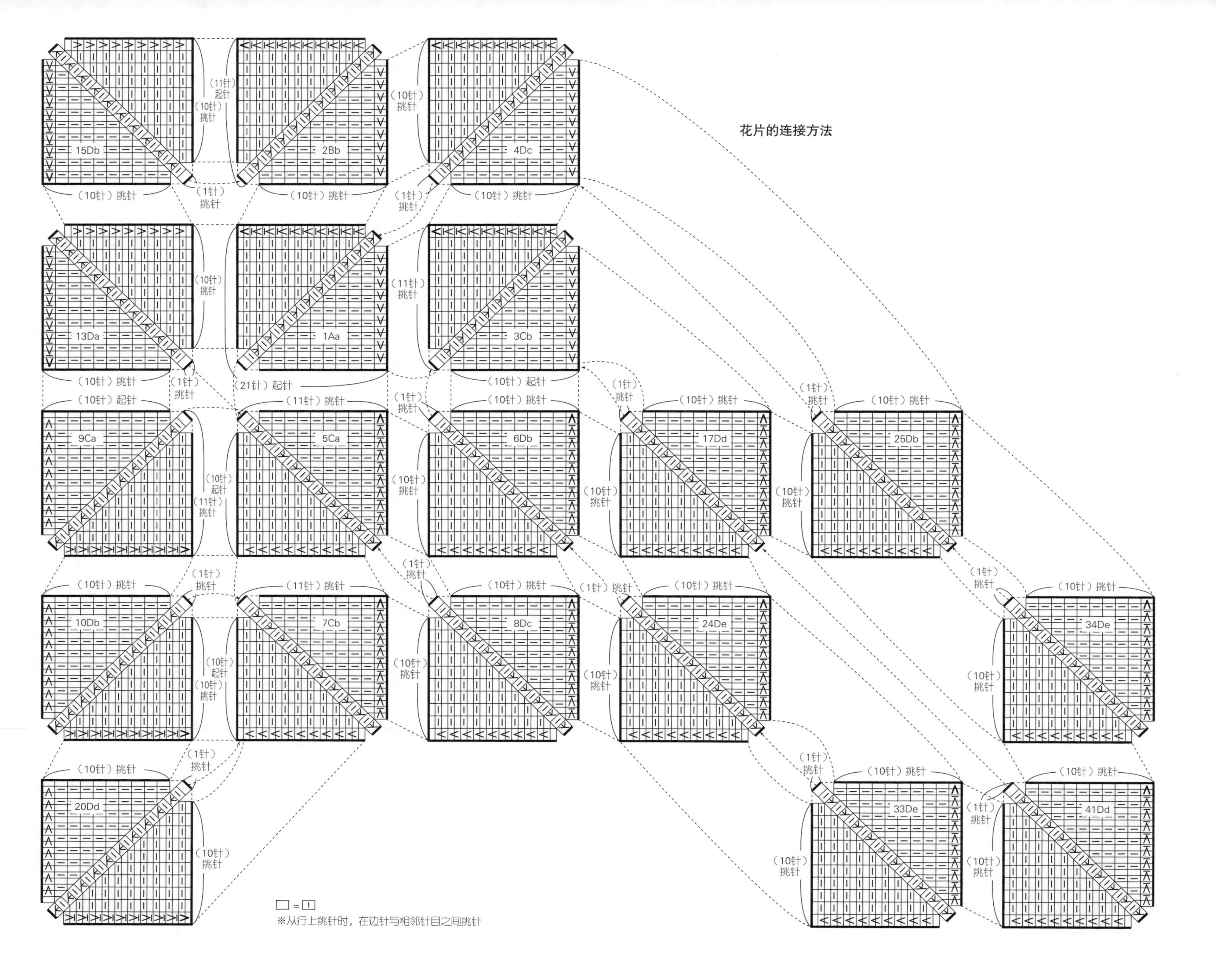
15Db
2Bb
4Dc
13Da
1Aa
3Cb
9Ca
5Ca
6Db
17Dd
25Db
10Db
7Cb
8Dc
24De
34De
20Dd
33De
41Dd
（10针）挑针
（11针）起针
（1针）挑针
（11针）挑针
（21针）起针
（10针）起针
□ = ⊟
※从行上挑针时，在边针与相邻针目之间挑针

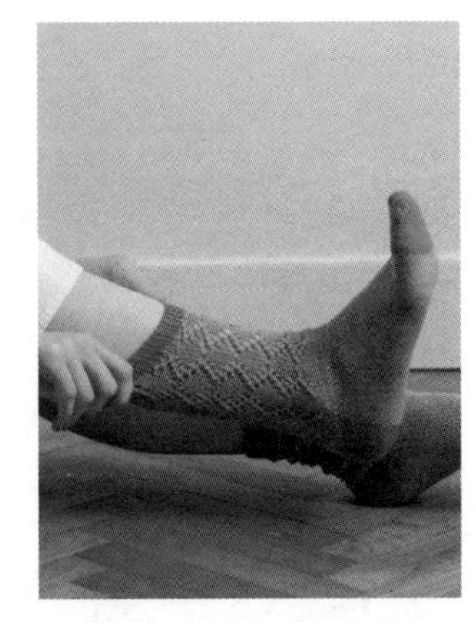

材料

Ski毛线 Ski Score 浅灰蓝色(28) 50g/2团，橘红色(25) 15g/1团

工具

棒针1号

成品尺寸

袜底长22cm，袜高21cm

编织密度

10cm×10cm面积内：下针编织31针，46行；编织花样B 28针，48行

编织要点

●用“8字起针法”起针后，开始环形编织下针。参照图示加针。将袜面的针目休针，袜跟按下针编织和编织花样A做往返编织。接着从袜跟和袜面的休针处挑针，按下针、编织花样B、单罗纹针环形编织。编织终点做单罗纹针收针。

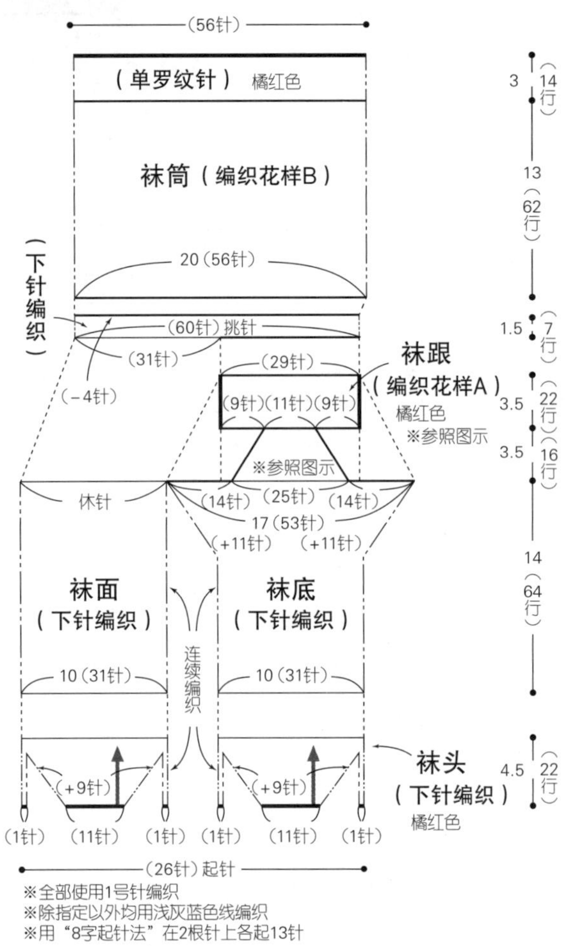

编织花样B

□ = |

8字起针法

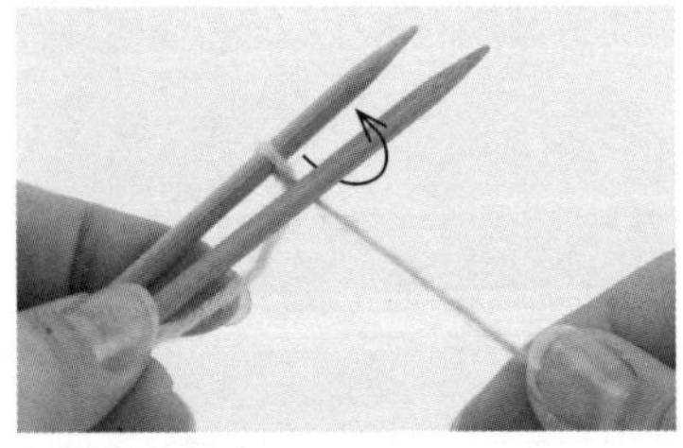

1 将环形针的2根针并在一起拿好，用线头打结制作1个线环套在上侧的棒针上，拉动线头收紧线环。接着如箭头所示绕线。

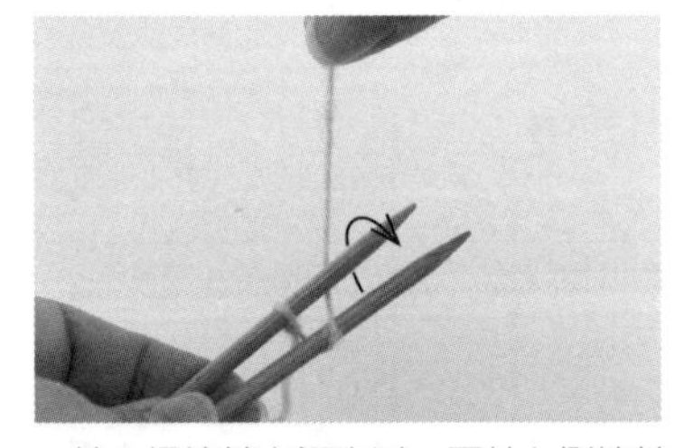

2 从2根棒针之间穿过，再从上侧棒针的后面往前呈8字形绕线。

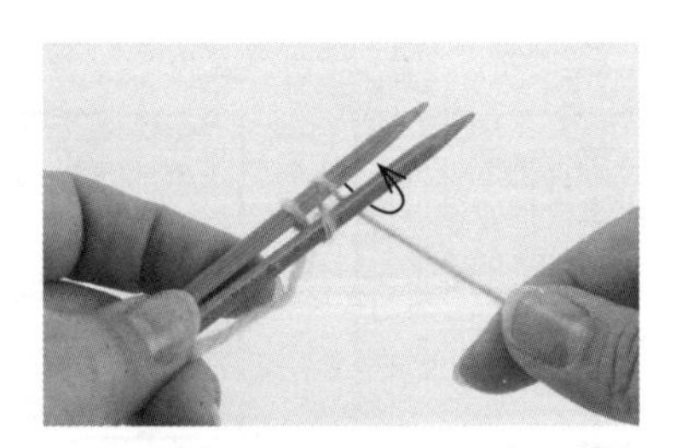

3 从2根棒针之间穿过，再从下侧棒针的后面往前绕线。

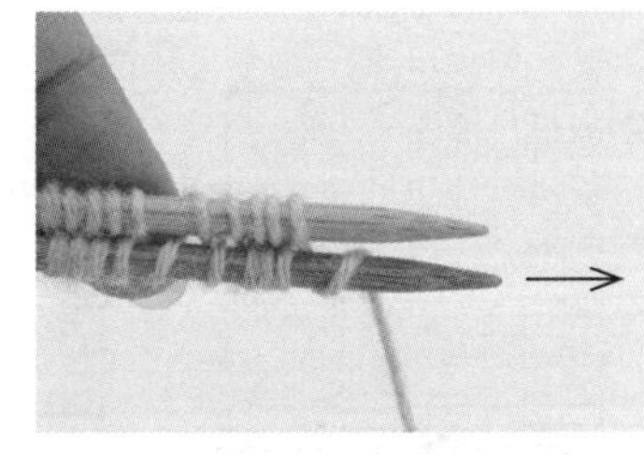

4 重复步骤2、3，在2根棒针上绕出所需针数。最后压住线以免松开，抽出下侧的棒针。

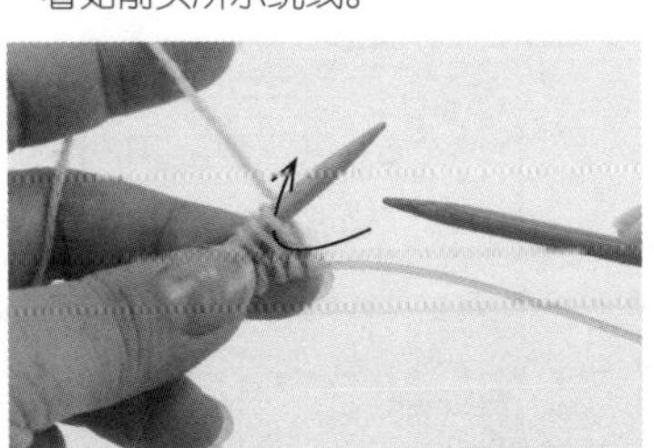

5 在左棒针上的针目里插入右棒针。

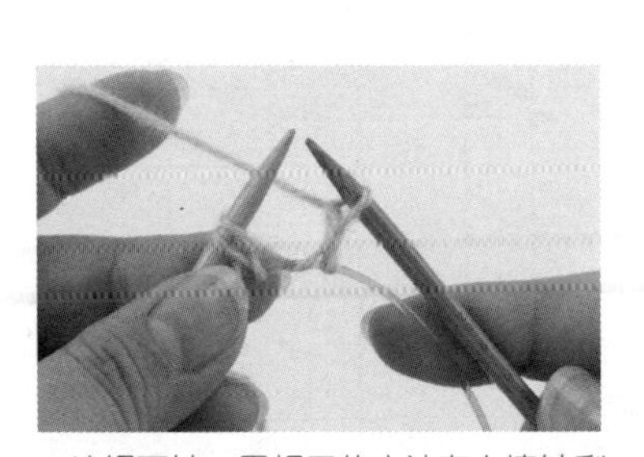

6 编织下针。用相同的方法在左棒针剩下的针目里编织下针。

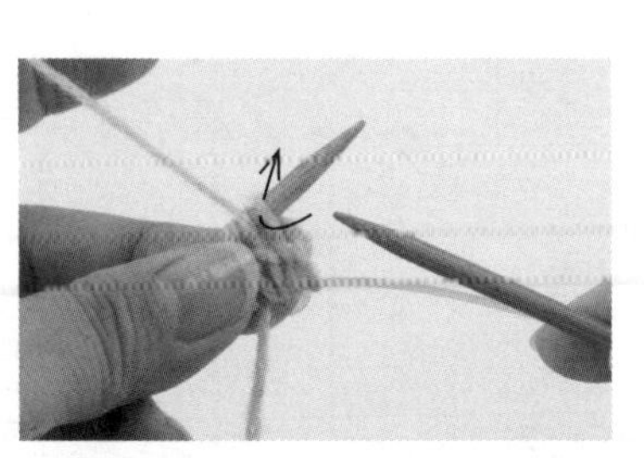

7 翻转织物重新拿好，将针绳上的针目移至左棒针上，接着在左棒针上的针目里编织下针。

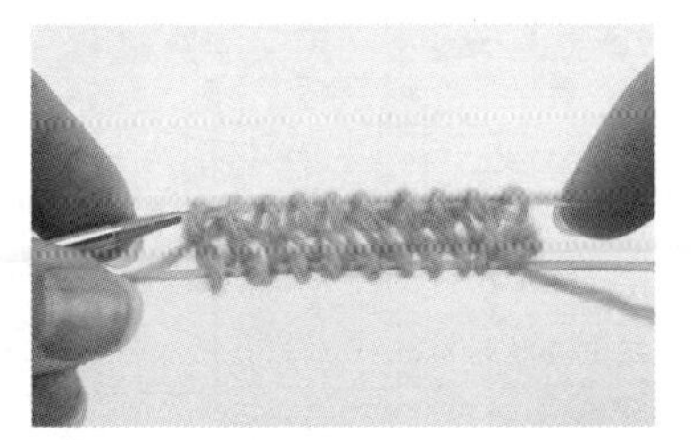

8 第1行完成后的状态。

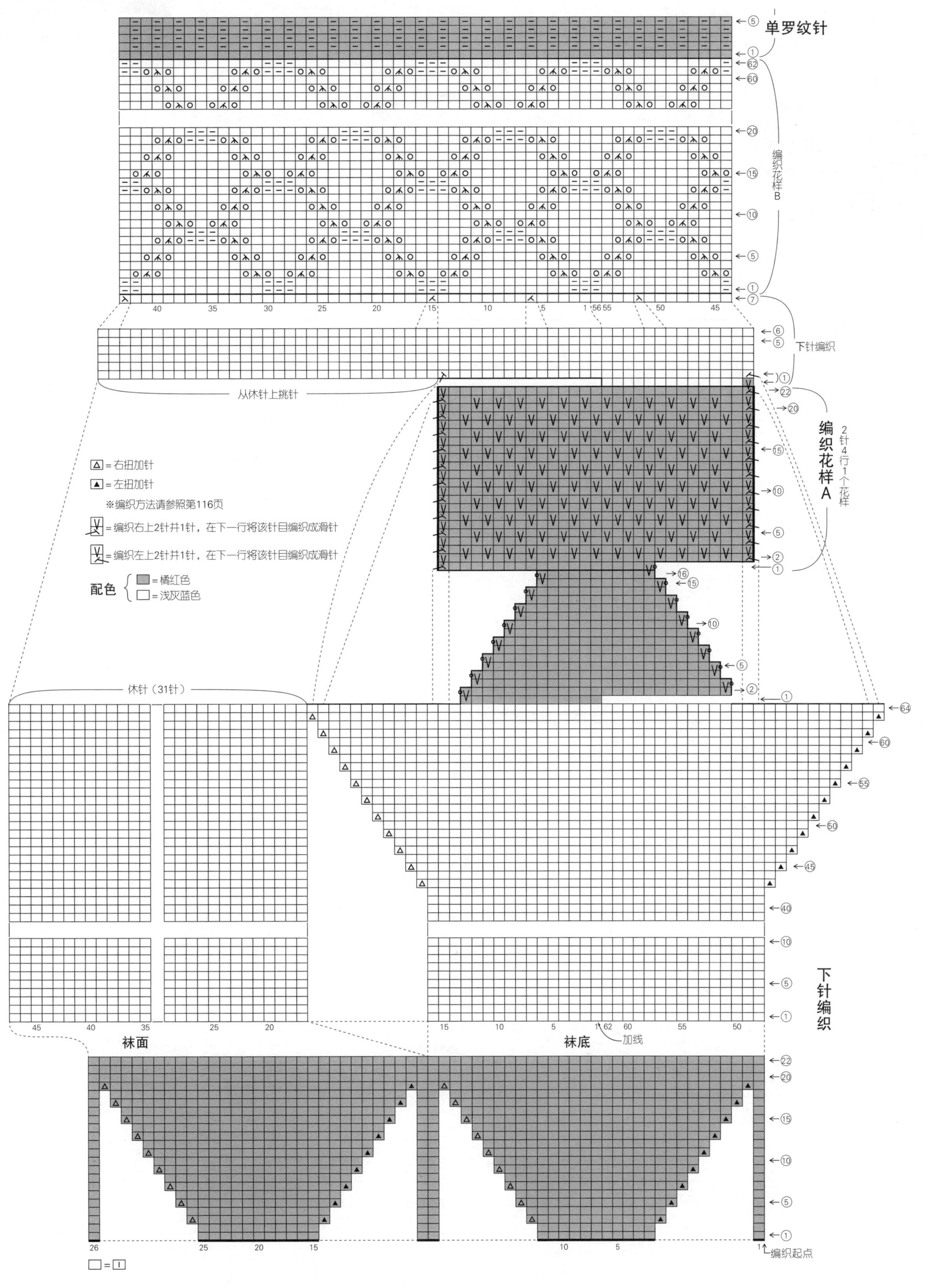

单罗纹针
编织花样B
下针编织
从休针上挑针
编织花样A
2针4行1个花样
△=右扭加针
▲=左扭加针
※编织方法请参照第116页
=编织右上2针并1针，在下一行将该针目编织成滑针
=编织左上2针并1针，在下一行将该针目编织成滑针
配色
=橘红色
=浅灰蓝色
休针（31针）
下针编织
袜面
袜底
加线
编织起点

材料

Hobbyra Hobbyre Wool Sweet 米色(42) 160g/4团，乳黄色(45) 60g/2团，原白色(31)、灰蓝色(38)、灰色(43)、粉红色(46)、绿色(49) 各40g/各1团，红紫色(36)、蓝绿色(39)、黄绿色(40)、浅粉色(47)、紫色(48) 各30g/各1团

工具

钩针5/0号

成品尺寸

纵向69cm，横向102cm

编织密度

花片的边长为11cm

编织要点

●钩织并连接花片。从第2片花片开始，在最后一行一边钩织一边与相邻花片做连接。最后在周围钩织边缘。

盖毯

(边缘编织) 米色

转角(3针)挑针　(233针)挑针　转角(3针)挑针

(155针)挑针

(连接花片)

D 54	B 53	F 52	D 51	B 50	F 49	D 48	B 47	F 46
C 45	A 44	E 43	C 42	A 41	E 40	C 39	A 38	E 37
B 36	F 35	D 34	B 33	F 32	D 31	B 30	F 29	D 28
A 27	E 26	C 25	A 24	E 23	C 22	A 21	E 20	C 19
F 18	D 17	B 16	F 15	D 14	B 13	F 12	D 11	B 10
E 9	C 8	A 7	E 6	C 5	A 4	E 3	C 2	A 1

1.5 (2行)　66 (6片)　1.5 (2行)

1.5 (2行)　99 (9片)　1.5 (2行)

11　11

※全部使用5/0号针钩织
※花片内的数字表示连接的顺序

▷ = 加线
▶ = 剪线

花片 54片

11　11

① ⑤ ⑥

花片的配色

	第1行	第2行	第3行	第4行	第5行	第6行	片数
A	紫色	浅粉色	灰蓝色	粉红色	蓝绿色	米色	各9片
B	浅粉色	红紫色	原白色	灰蓝色	乳黄色		
C	蓝绿色	黄绿色	乳黄色	紫色	粉红色		
D	红紫色	原白色	绿色	乳黄色	灰色		
E	乳黄色	紫色	浅粉色	原白色	黄绿色		
F	灰蓝色	乳黄色	红紫色	灰色	绿色		

花片转角的连接方法

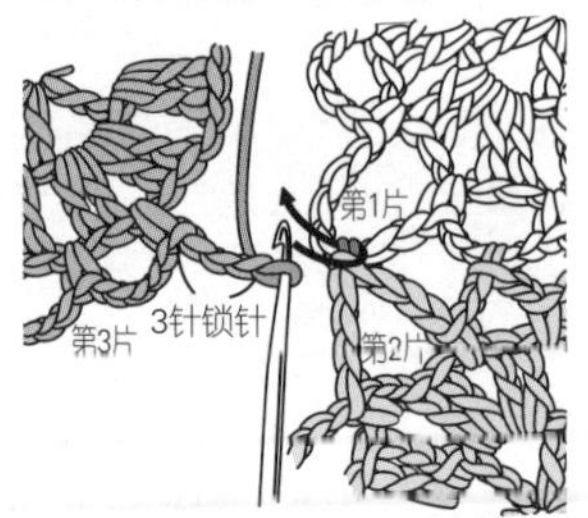

1 第3片花片钩织至连接位置前的3针锁针，从上方将钩针插入第2片花片的引拔针根部的2根线里。

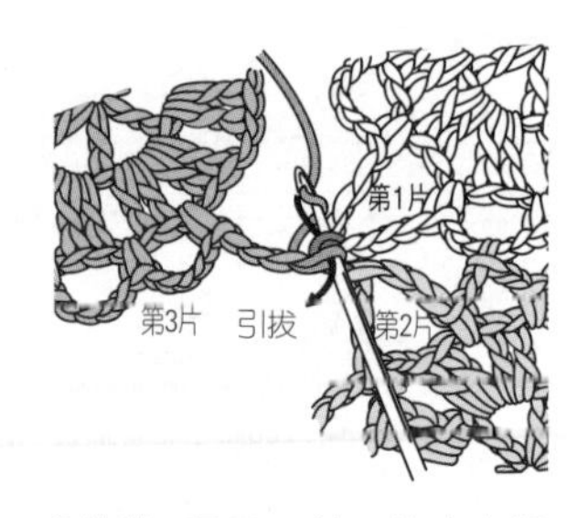

2 挂线后引拔。第4片也在相同位置引拔。

花片的连接方法

▷ =加线
► =剪线

73 页的作品 ★★★

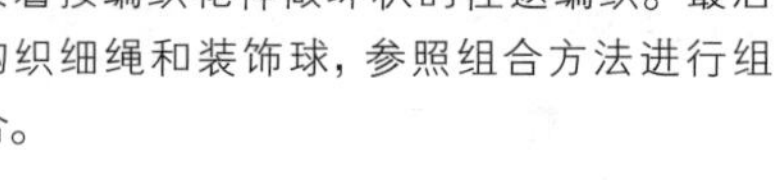

材料

Hobbyra Hobbyre Roving Ruru 粉红色、橘黄色和灰色系段染(44) 80g/2团

工具

钩针5/0号

成品尺寸

宽18cm，深18cm

编织密度

编织花样的1个花样4.5cm，10cm18.5行

编织要点

●底部环形起针后钩织长针。参照图示加针。接着按编织花样做环状的往返编织。最后钩织细绳和装饰球，参照组合方法进行组合。

收纳包

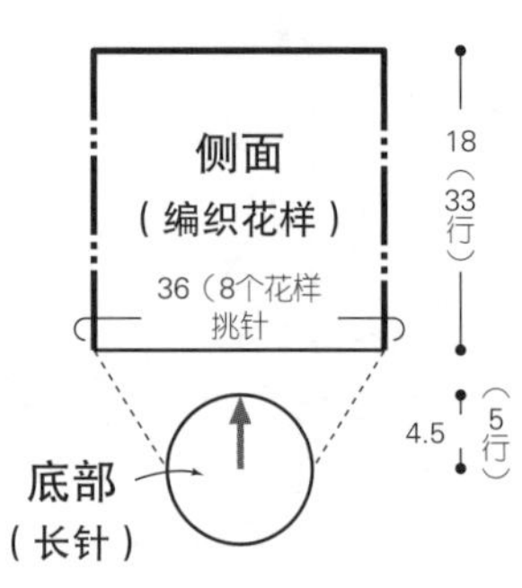

※全部使用5/0号针钩织
※除指定以外均用1根线钩织

细绳 2根
（罗纹绳）2根线

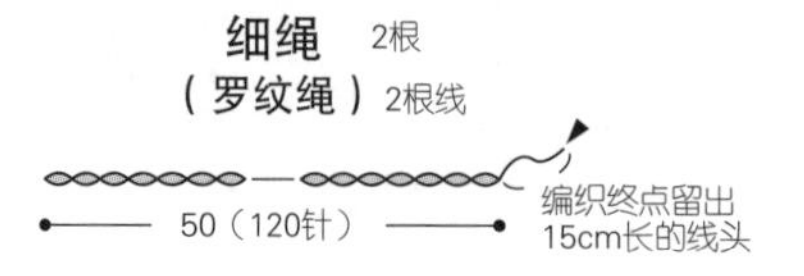

组合方法

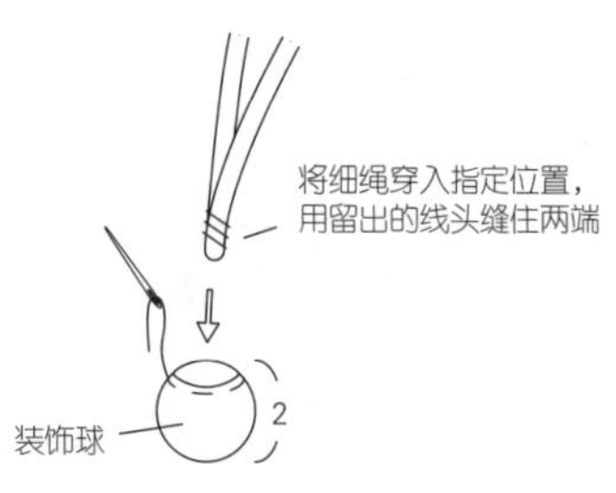

将细绳末端插入装饰球，用留出的线头在最后一行的针目里穿线收紧，再缝住细绳

装饰球 2个

► = 剪线

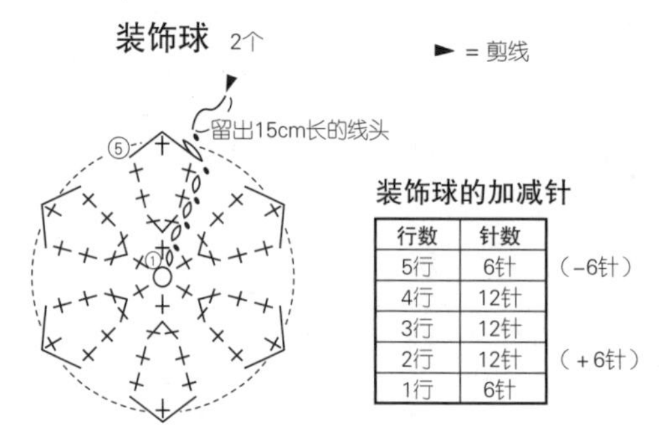

装饰球的加减针

行数	针数	
5行	6针	（-6针）
4行	12针	
3行	12针	
2行	12针	（+6针）
1行	6针	

罗纹绳

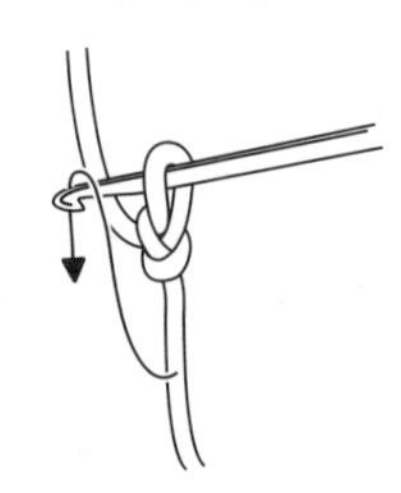

1 留出3倍于想要编织长度的线头，起1针。将线头从前往后挂在钩针上。

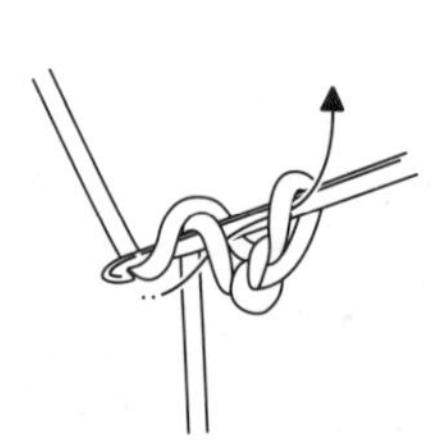

2 挂线，引拔穿过针上的线头和1个线圈。

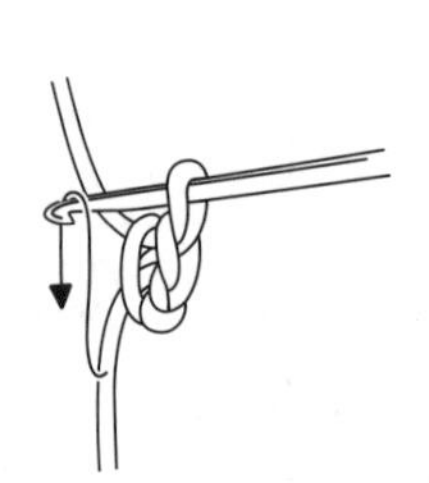

3 将线头从前往后挂在钩针上。

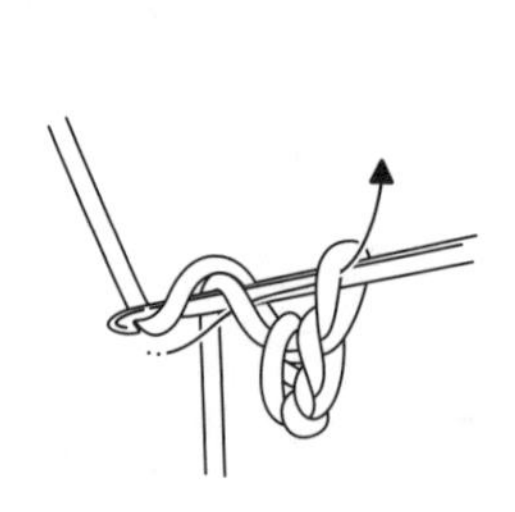

4 引拔穿过针上的线头和1个线圈。

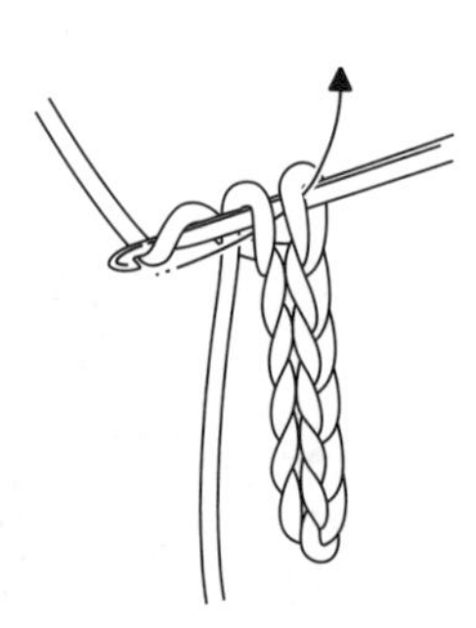

5 重复步骤3、4。最后钩1针锁针，将线拉出。

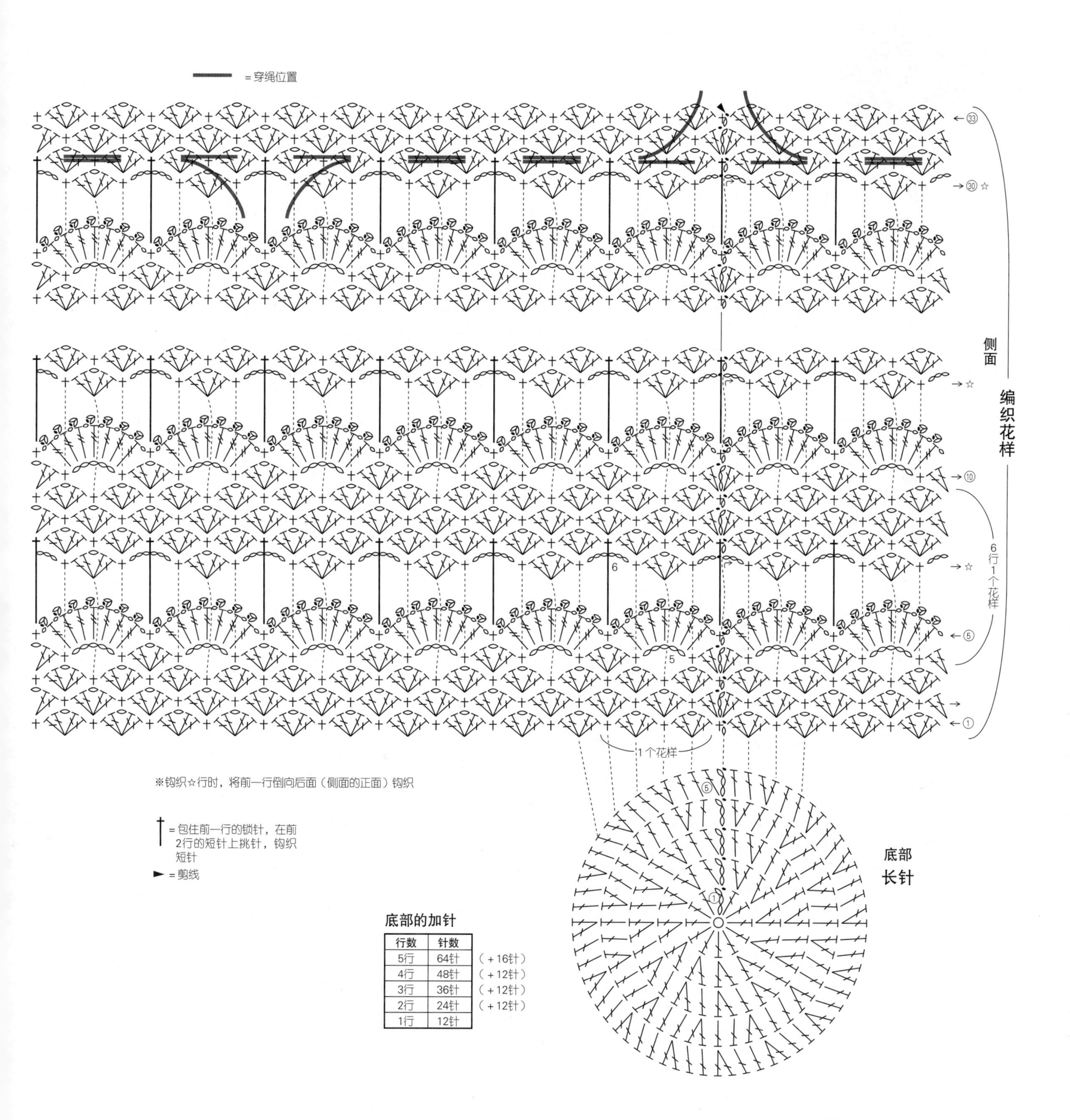

底部的加针

行数	针数	
5行	64针	（+16针）
4行	48针	（+12针）
3行	36针	（+12针）
2行	24针	（+12针）
1行	12针	

材料

Joint Air Tulle 橄榄绿色(236) 400g/3团

工具

钩针8mm、7mm

成品尺寸

宽40cm，深28cm

编织密度

10cm×10cm面积内：编织花样10.5针，5.5行

编织要点

●锁针起针后，底部钩织短针。参照图示加针，注意第6行看着反面钩织引拔针。接着按编织花样环形钩织侧面。包口、提手钩织短针。最后在包口和提手边缘钩织1行引拔针。

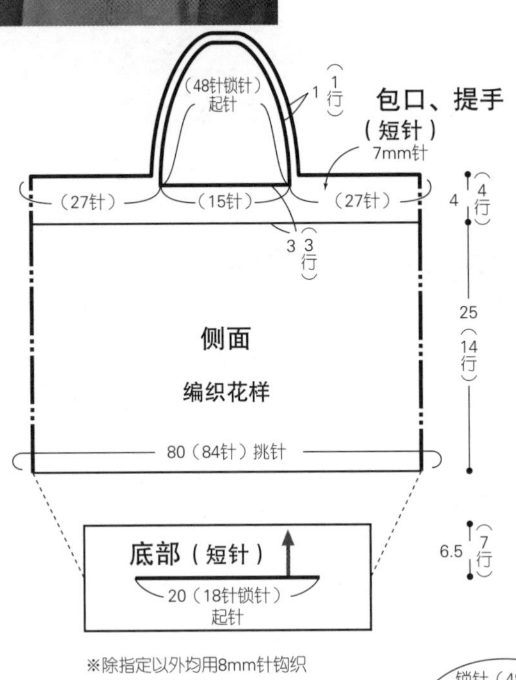

※除指定以外均用8mm针钩织

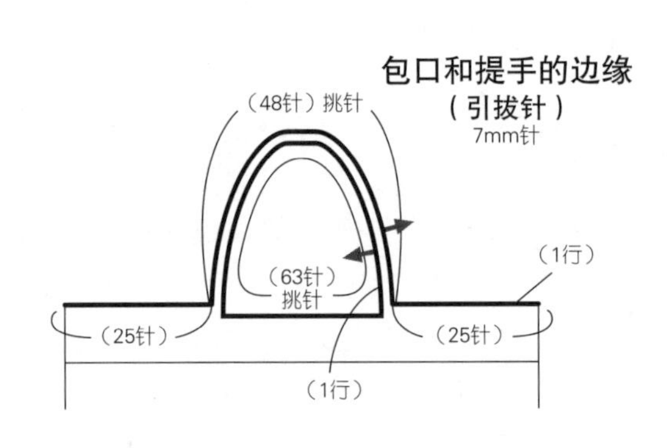

包口、提手的钩织方法

①钩织3行后将线放置一边，暂停编织。
②加线钩织提手的(48针)锁针，在指定的短针上引拔后将线剪断。
③用刚才暂停编织的线继续钩织第4行的短针，接着钩织引拔针。
④在提手的内侧钩织1行引拔针。

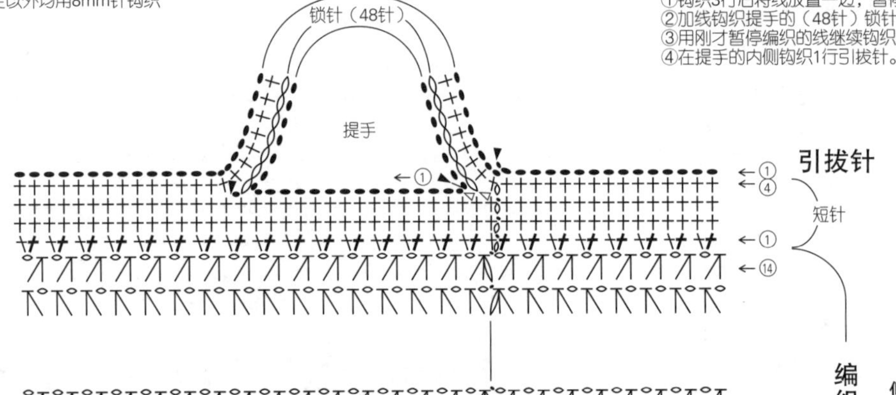

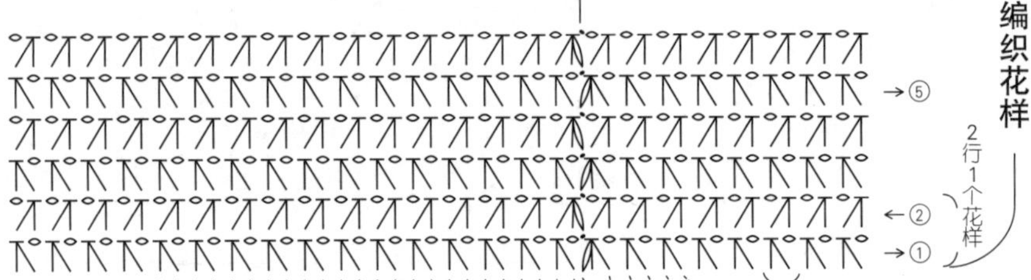

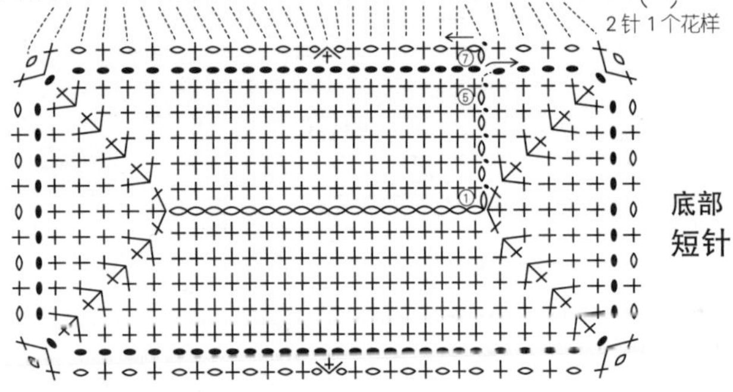

底部的加针

行数	针数	
7行	84针	(+10针)
6行	74针	
5行	74针	(+8针)
4行	66针	(+8针)
3行	58针	(+8针)
2行	50针	(+8针)
1行	42针	

※底部的第6行看着反面在第5行上挑针钩织引拔针，第7行在第6行的引拔针上挑针钩织

材料

Joint Air Tulle 巧克力色（140）260g/2团

工具

钩针 8mm

成品尺寸

宽 35cm，深 20.5cm

编织密度

10cm×10cm 面积内：编织花样 9 针，10 行

编织要点

●锁针起针后，底部钩织短针。参照图示加针。接着按编织花样和反短针环形钩织侧面。按编织花样钩织 5 行左右后，另取 1 团线在底部的第 4 行上钩织 1 行引拔针。最后钩织提手，缝在指定位置。

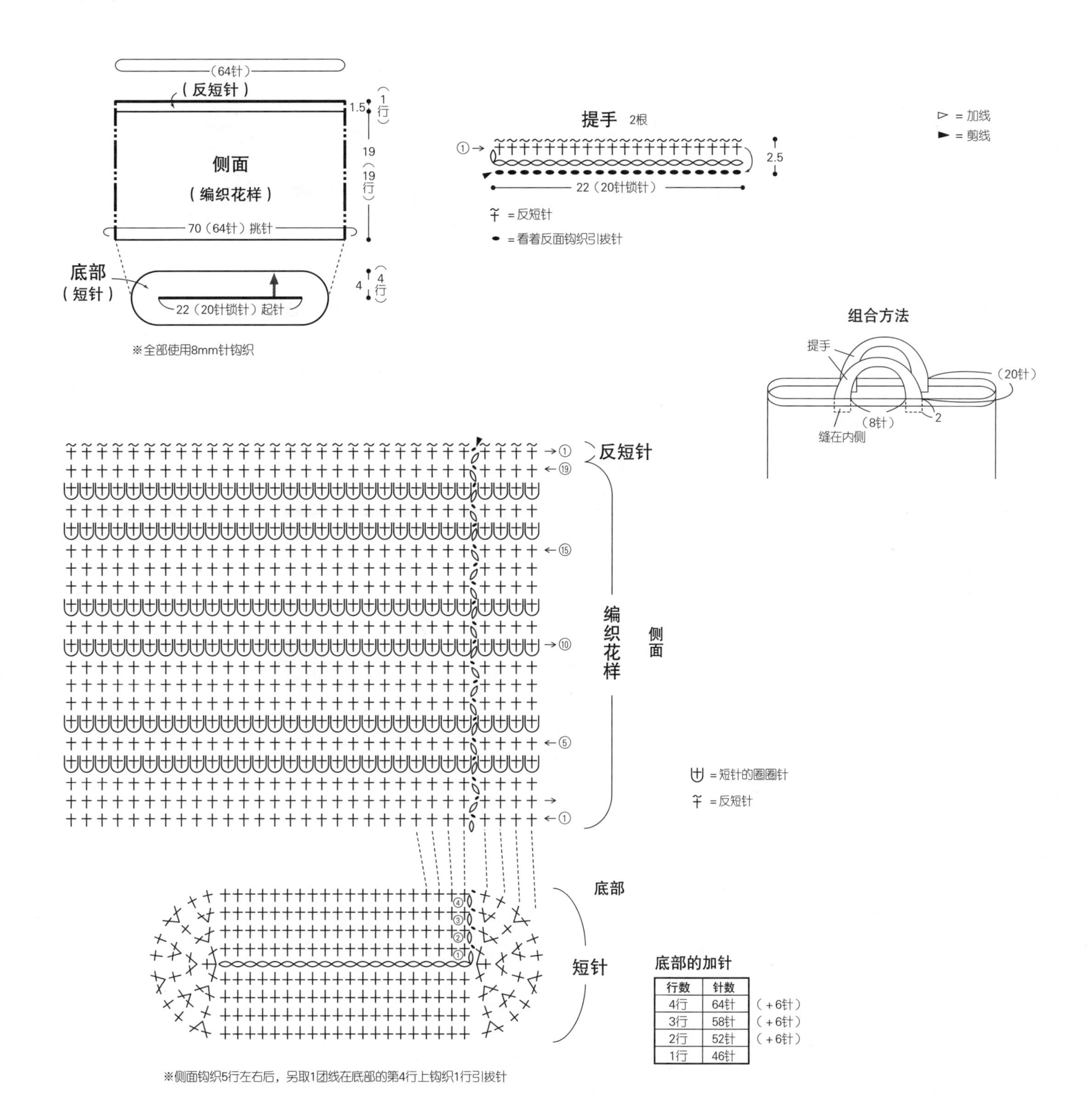

底部的加针

行数	针数	
4行	64针	（+6针）
3行	58针	（+6针）
2行	52针	（+6针）
1行	46针	

材料

钻石线 Tasmanian Merino 原白色(702) 450g/12团

工具

棒针7号、6号、5号、4号

成品尺寸

胸围94cm，肩宽32cm，衣长55.5cm，袖长52cm

编织密度

10cm×10cm面积内：编织花样B 31针，31行

编织要点

●身片、衣袖…另线锁针起针后开始编织。身片按编织花样A、B编织，衣袖按编织花样A'、B编织。参照图示分散减针。袖窿、领窝、袖山参照图示减针。袖下的加针是在1针内侧做扭针加针。下摆、袖口解开起针时的锁针挑针后编织起伏针，编织终点做上针的伏针收针。

●组合…肩部做盖针接合，胁部、袖下做挑针缝合。衣领从领窝以及共线锁针起针上挑针，参照图示按编织花样C编织。编织终点做扭针的单罗纹针收针。再将起针时的锁针缝在前领窝上。衣袖与身片之间做引拔接合。

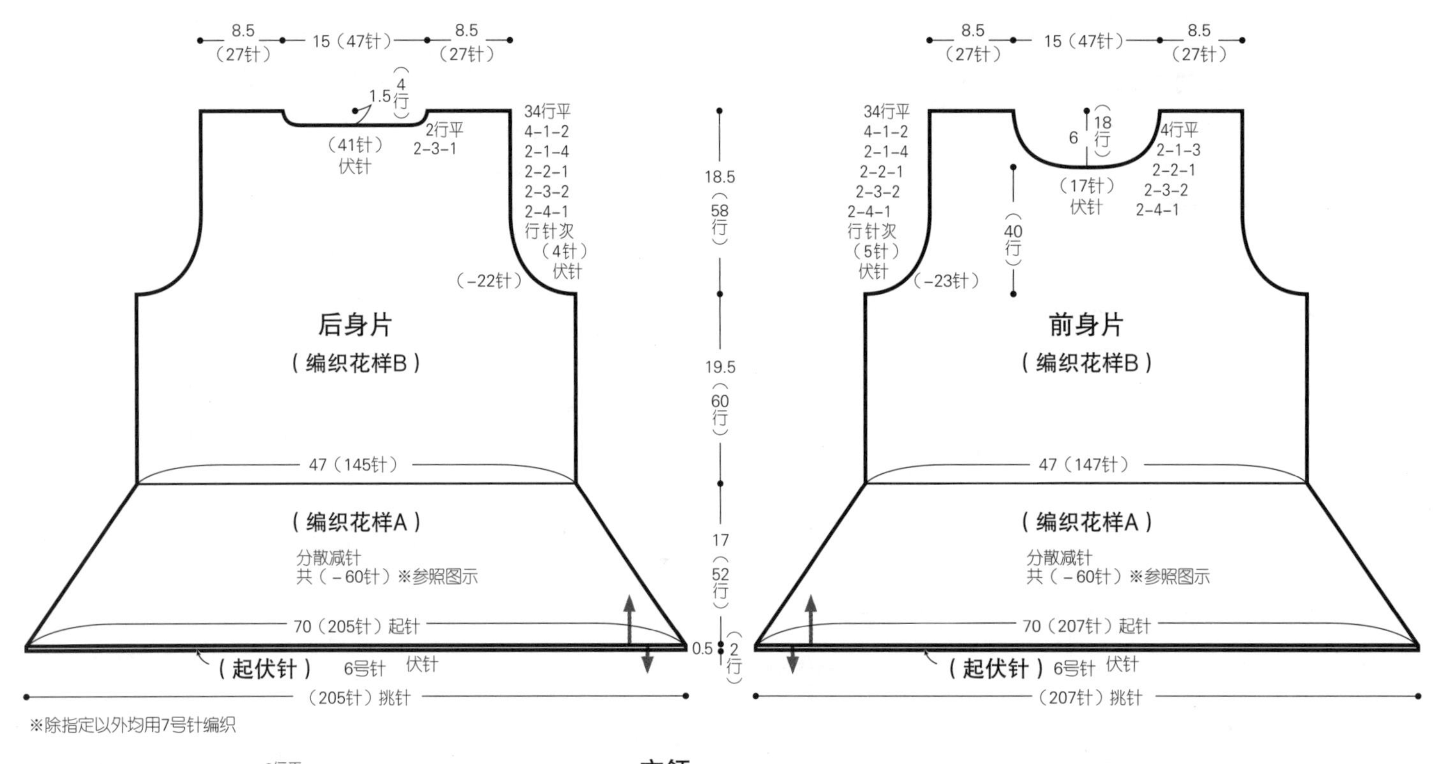

※除指定以外均用7号针编织

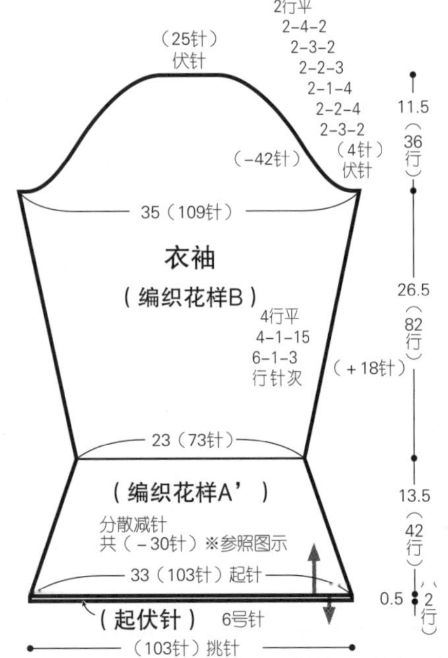

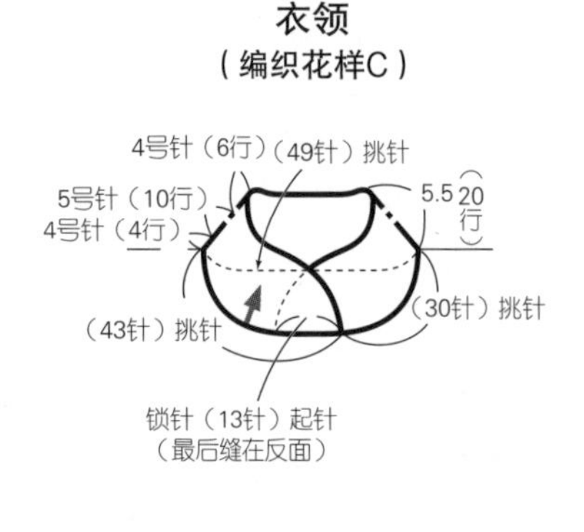

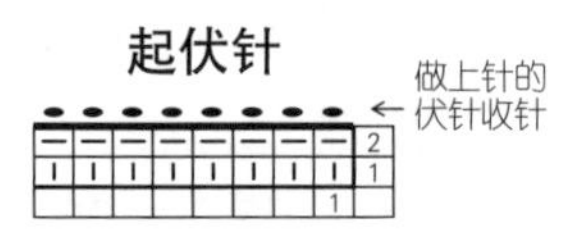

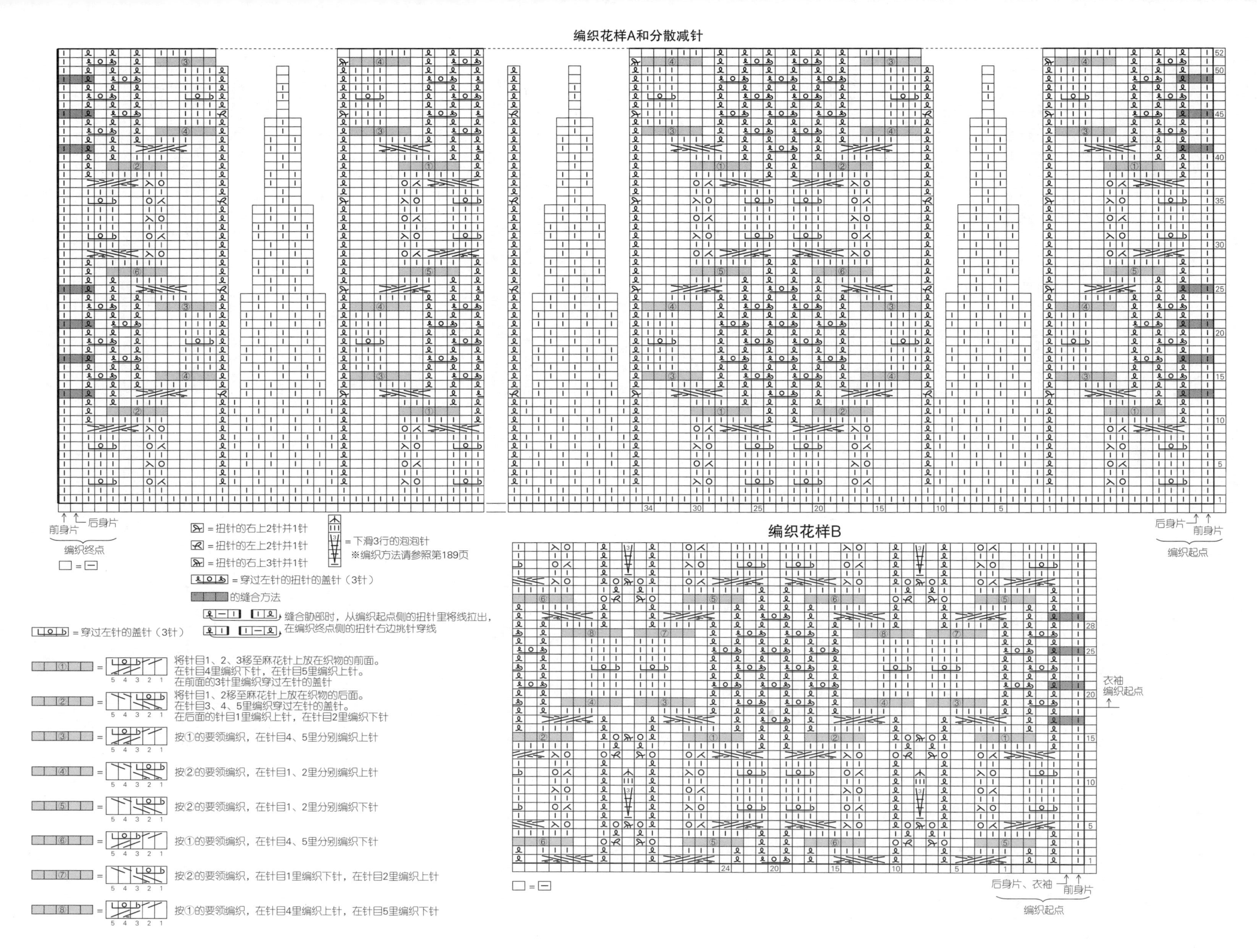

编织花样A和分散减针
前身片
后身片
编织终点
□ = ㅡ
= 扭针的右上2针并1针
= 扭针的左上2针并1针
= 扭针的右上3针并1针
= 下滑3行的泡泡针
※编织方法请参照第189页
= 穿过左针的扭针的盖针（3针）
的缝合方法
缝合胁部时，从编织起点侧的扭针里将线拉出，
在编织终点侧的扭针右边挑针穿线
= 穿过左针的盖针（3针）
将针目1、2、3移至麻花针上放在织物的前面。
在针目4里编织下针，在针目5里编织上针。
在前面的3针里编织穿过左针的盖针
将针目1、2移至麻花针上放在织物的后面。
在针目3、4、5里编织穿过左针的盖针。
在后面的针目1里编织上针，在针目2里编织下针
按①的要领编织，在针目4、5里分别编织上针
按②的要领编织，在针目1、2里分别编织上针
按②的要领编织，在针目1、2里分别编织下针
按①的要领编织，在针目4、5里分别编织下针
按②的要领编织，在针目1里编织下针，在针目2里编织上针
按①的要领编织，在针目4里编织上针，在针目5里编织下针
编织起点
编织花样B
衣袖
编织起点
后身片、衣袖
前身片
编织起点
□ = ㅡ

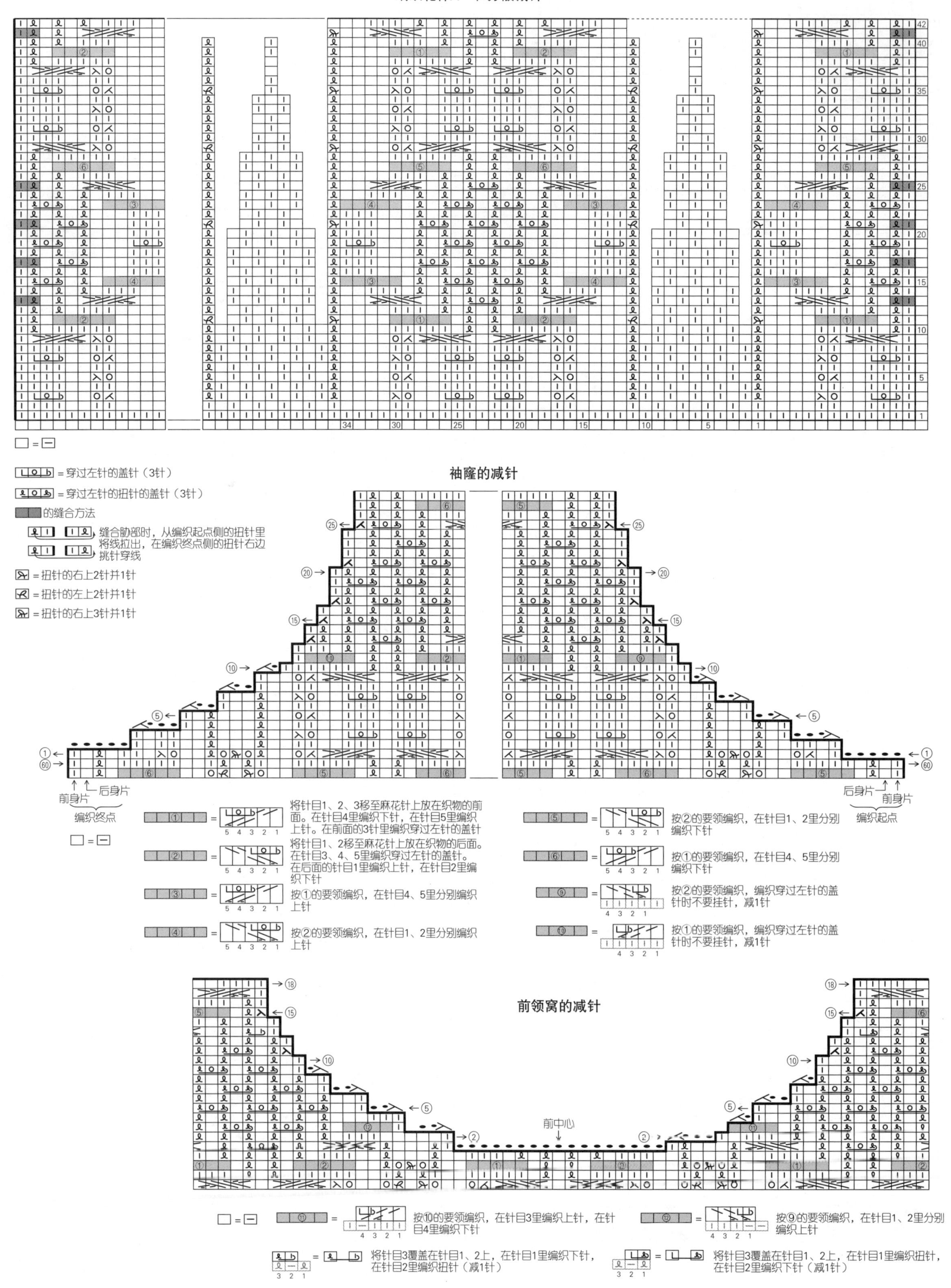
编织花样A’和分散减针
□=⊟
=穿过左针的盖针（3针）
=穿过左针的扭针的盖针（3针）
的缝合方法
缝合肋部时，从编织起点侧的扭针里将线拉出，在编织终点侧的扭针右边挑针穿线
=扭针的右上2针并1针
=扭针的左上2针并1针
=扭针的右上3针并1针
袖窿的减针
前身片
后身片
编织终点
编织起点
将针目1、2、3移至麻花针上放在织物的前面。在针目4里编织下针，在针目5里编织上针。在前面的3针里编织穿过左针的盖针
将针目1、2移至麻花针上放在织物的后面。在针目3、4、5里编织穿过左针的盖针。在后面的针目1里编织上针，在针目2里编织下针
按①的要领编织，在针目4、5里分别编织上针
按②的要领编织，在针目1、2里分别编织上针
按②的要领编织，在针目1、2里分别编织下针
按①的要领编织，在针目4、5里分别编织下针
按②的要领编织，编织穿过左针的盖针时不要挂针，减1针
按①的要领编织，编织穿过左针的盖针时不要挂针，减1针
前领窝的减针
前中心
按⑩的要领编织，在针目3里编织上针，在针目4里编织下针
按⑨的要领编织，在针目1、2里分别编织上针
将针目3覆盖在针目1、2上，在针目1里编织下针，在针目2里编织扭针（减1针）
将针目3覆盖在针目1、2上，在针目1里编织扭针，在针目2里编织下针（减1针）

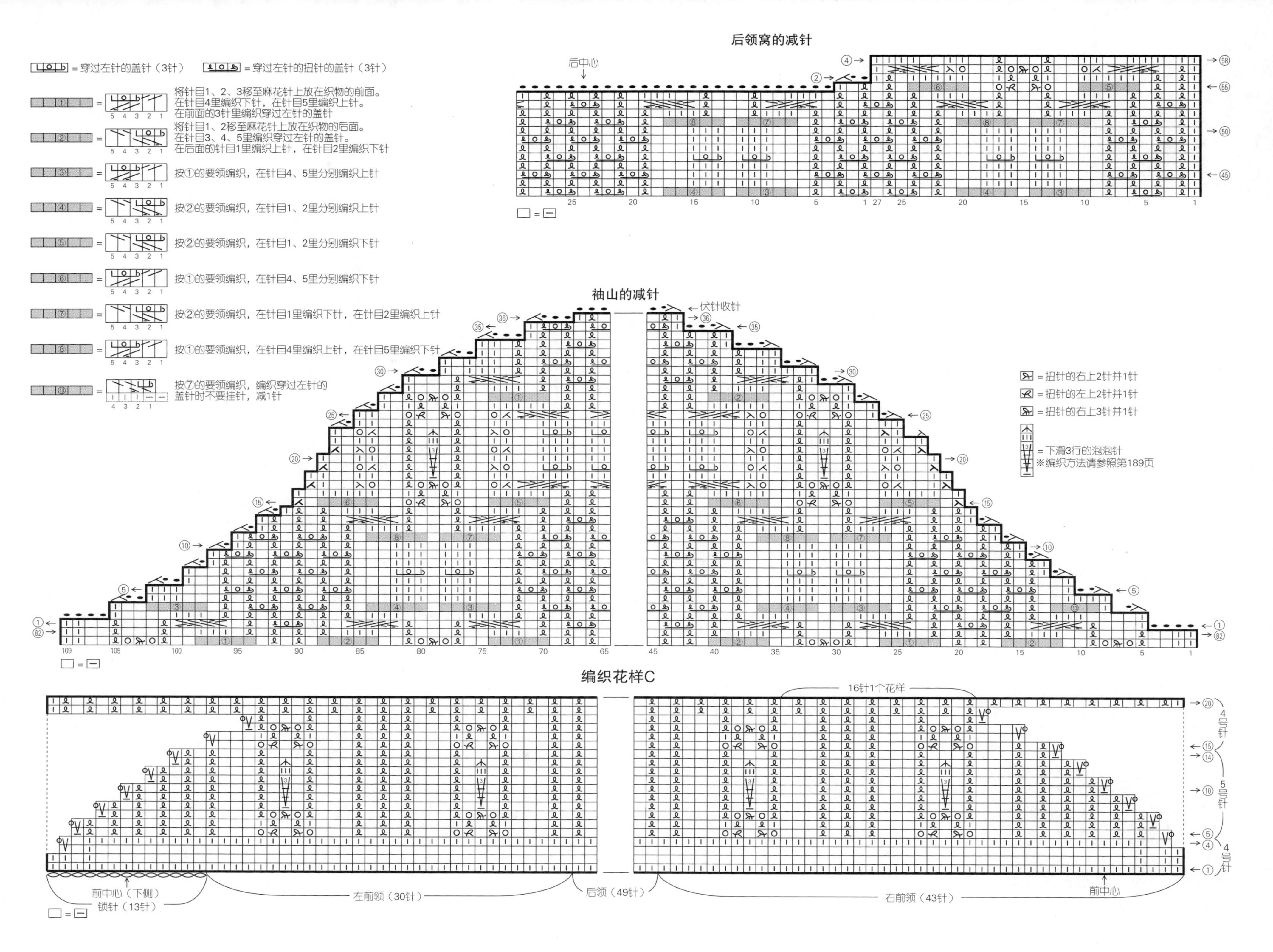

后领窝的减针
后中心
□ = ⊟
= 穿过左针的盖针（3针）
= 穿过左针的扭针的盖针（3针）
将针目1、2、3移至麻花针上放在织物的前面。在针目4里编织下针，在针目5里编织上针。在前面的3针里编织穿过左针的盖针
将针目1、2移至麻花针上放在织物的后面。在针目3、4、5里编织穿过左针的盖针。在后面的针目1里编织上针，在针目2里编织下针
按①的要领编织，在针目4、5里分别编织上针
按②的要领编织，在针目1、2里分别编织上针
按②的要领编织，在针目1、2里分别编织下针
按①的要领编织，在针目4、5里分别编织下针
按②的要领编织，在针目1里编织下针，在针目2里编织上针
按①的要领编织，在针目4里编织上针，在针目5里编织下针
按⑦的要领编织，编织穿过左针的盖针时不要挂针，减1针
袖山的减针
伏针收针
= 扭针的右上2针并1针
= 扭针的左上2针并1针
= 扭针的右上3针并1针
= 下滑3行的泡泡针
※编织方法请参照第189页
编织花样C
16针1个花样
4号针
5号针
前中心（下侧）
锁针（13针）
左前领（30针）
后领（49针）
右前领（43针）
前中心

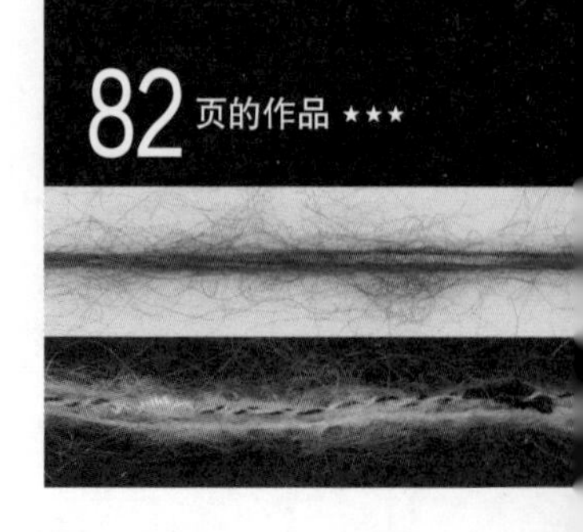

材料

K's K CASSATA 白色系混染(47) 100g/2团，DRAGÉE白色(2) 50g/2团、黑色(40) 15g/1团；直径22mm的装饰纽扣2颗

工具

棒针9号、8号，钩针6/0号

成品尺寸

胸围94cm，肩宽35cm，衣长49.5cm

编织密度

10cm×10cm面积内：条纹花样A 17针，26.5行

编织要点

●身片…另线锁针起针后，按条纹花样A编织。袖窿、后领窝减2针及以上时做伏针减针，减1针时立起侧边1针减针。前领窝在边针和第2针里编织2针并1针。下摆解开起针时的锁针挑针后，按条纹花样B编织。编织终点从反面做伏针收针。装饰口袋从指定位置挑针后，按起伏针和边缘编织B编织。口袋侧边用卷针缝与身片缝合。

●组合…肩部做盖针接合，胁部做挑针缝合。袖口挑取指定数量的针目后，按条纹花样C环形编织。编织终点做伏针收针。衣领挑取指定数量的针目后，按条纹花样D环形编织。参照图示减针。编织终点做上针的伏针收针。在下摆边按边缘编织A做环状的往返编织。最后在指定位置缝上装饰纽扣。

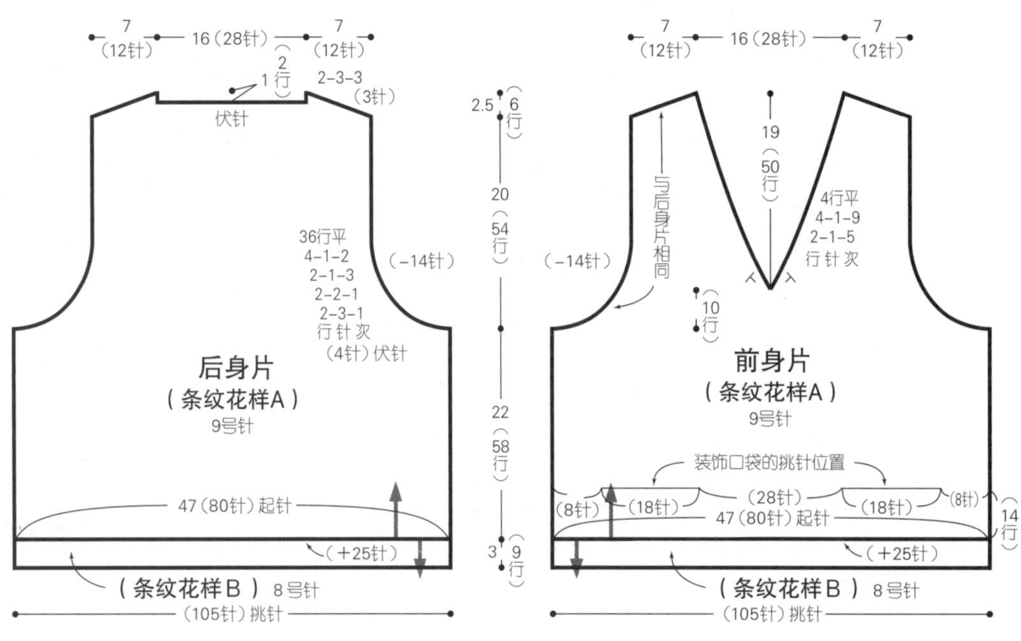

※装饰口袋在条纹花样A第14行的上线圈里挑针编织

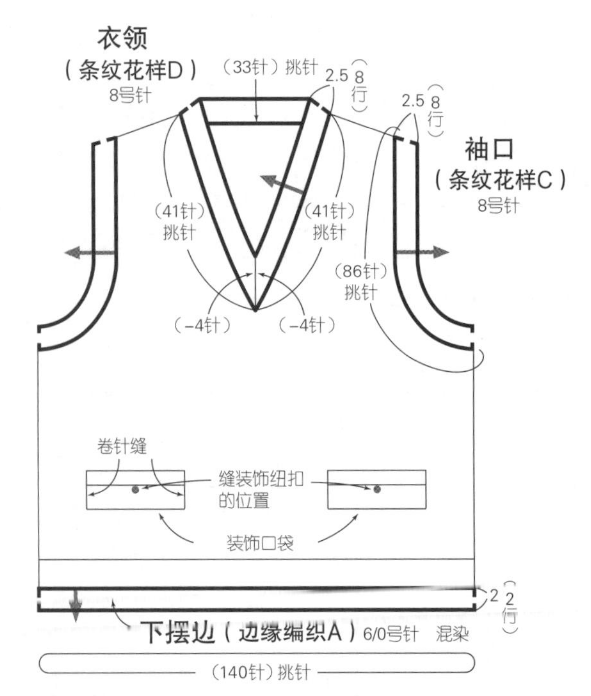

※将装饰纽扣重叠在装饰口袋和前身片上缝好

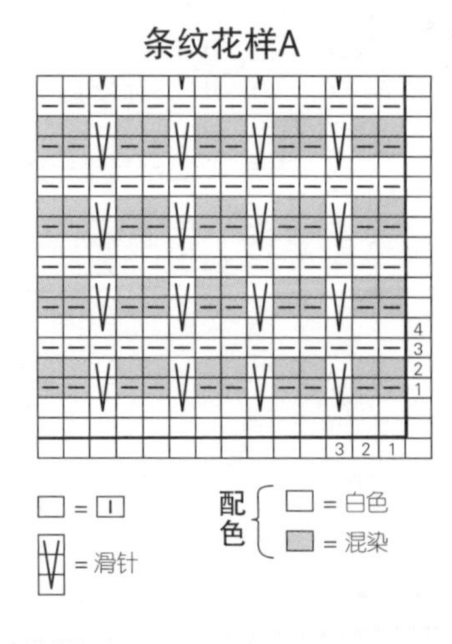

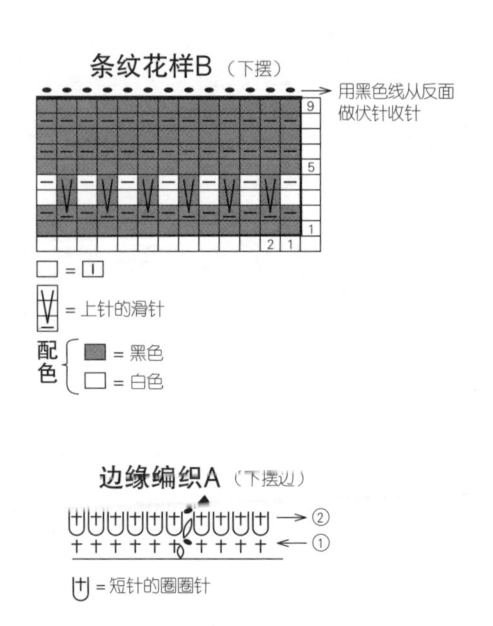

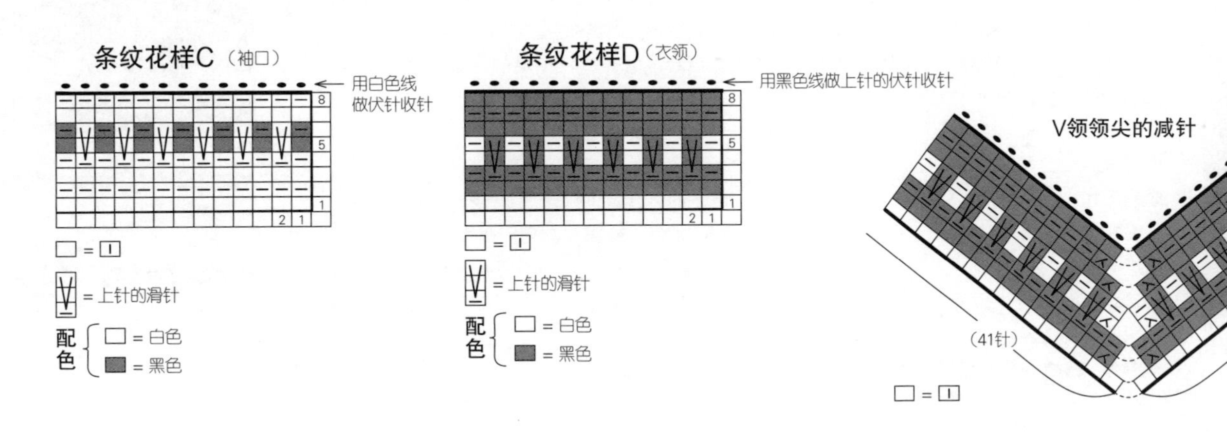

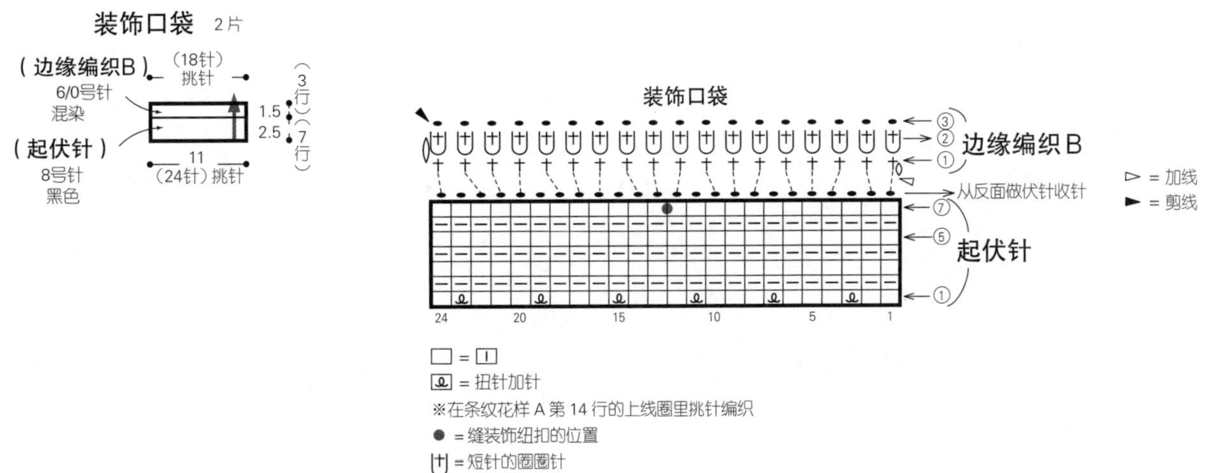

滑针（2行）

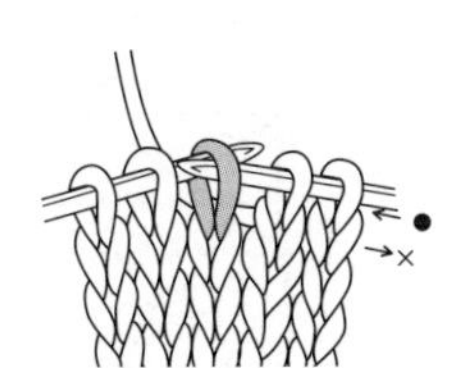

1 ×行编织成下针。●行将线放在后面，不编织，将针目直接移至右棒针上。在下一个针目里编织下针。

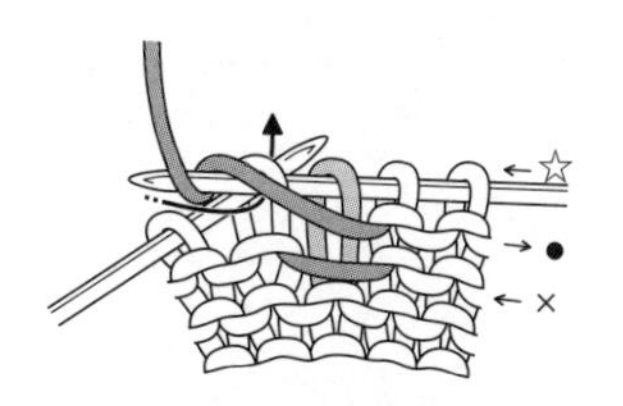

2 ☆行将线放在前面，不编织，将针目直接移至右棒针上。在下一个针目里编织上针。

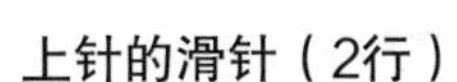

上针的滑针（2行）

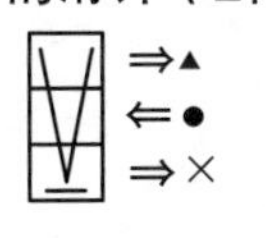

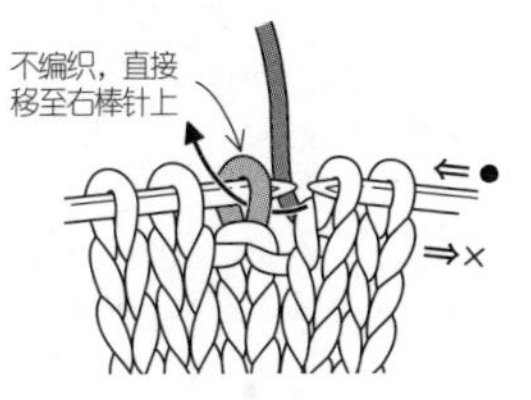

1 ×行编织成上针。●行将线放在后面，不编织，将针目直接移至右棒针上。

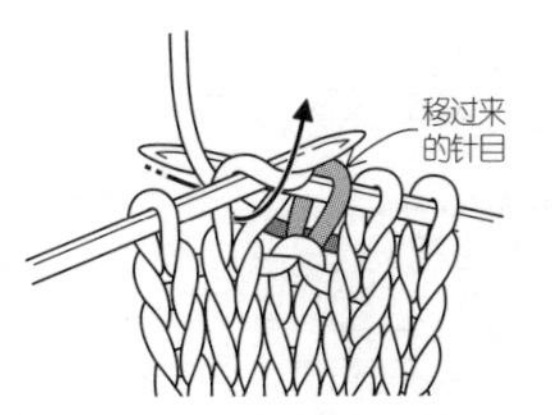

2 在下一个针目里插入棒针，编织下针。

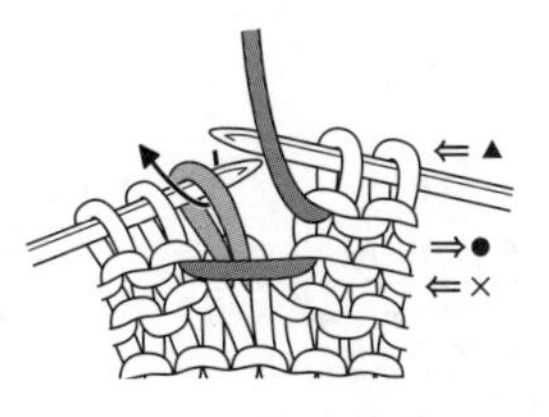

3 ▲行将线放在前面，不编织，将针目直接移至右棒针上。

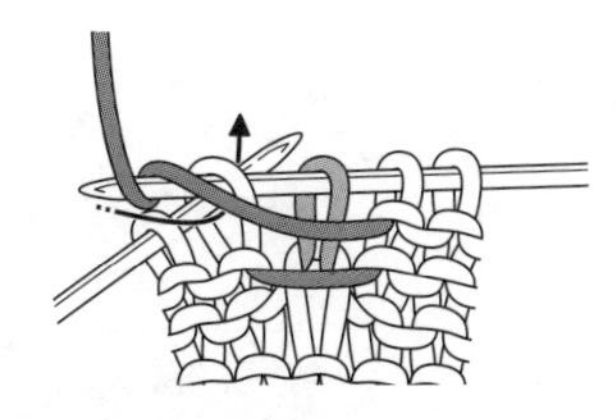

4 在下一个针目里编织上针。上针的滑针（2行）就完成了。

短针的圈圈针

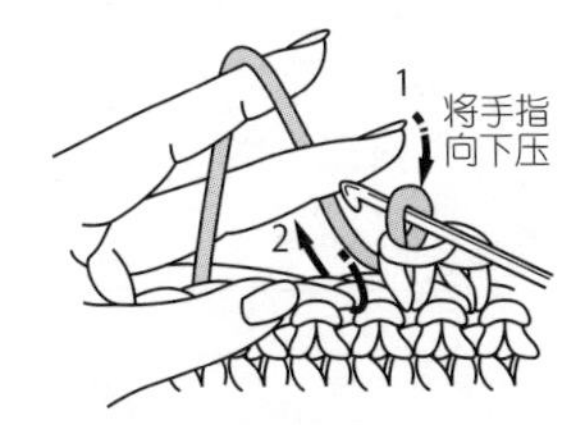

1 将左手中指放在线上，压在织物的后面，如箭头所示插入钩针。

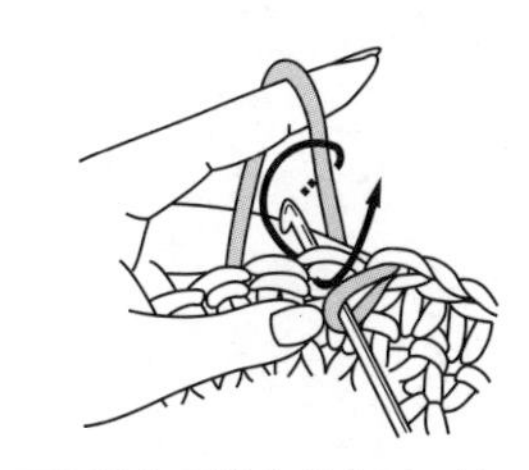

2 压住织物和线的状态下，挂线后拉出。

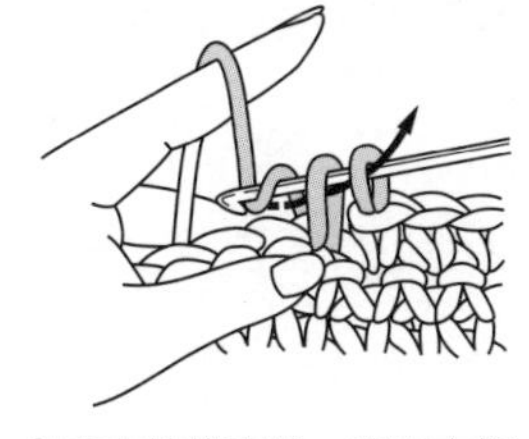

3 再次挂线引拔，退出中指。

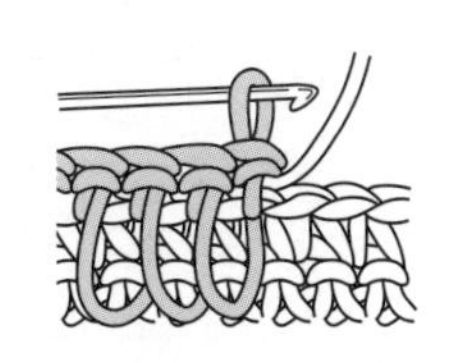

4 短针的圈圈针完成。线圈出现在反面。

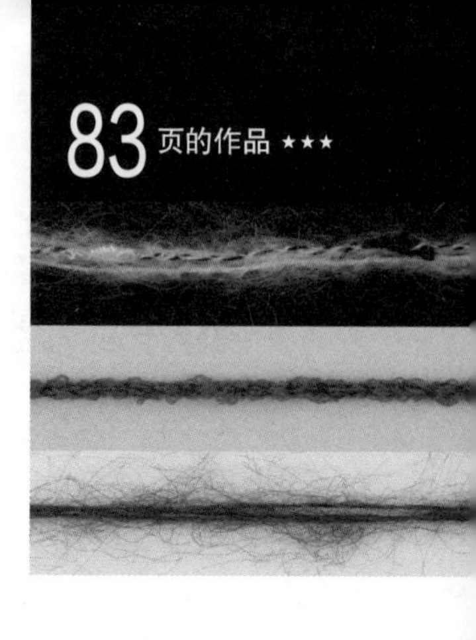

材料

K's K CASSATA 灰色和黑色系混染(50) 130g/3团，MACARON 黑色(30) 80g/2团，DRAGÉE白色(2) 75g/3团、黑色(40) 50g/2团；直径22mm的纽扣7颗

工具

棒针10号、9号

成品尺寸

胸围101.5cm，衣长48.5cm，连肩袖长68cm

编织密度

10cm×10cm面积内：条纹花样18针，29行

编织要点

●身片、衣袖…另线锁针起针后，按条纹花样编织。在前身片的口袋位置编入另线。腋下针目做伏针收针。插肩线和前领窝立起侧边1针减针，后领窝做伏针减针。袖下的加针是在1针内侧做扭针加针。

●组合…解开口袋位置的另线挑针，编织口袋内层和袋口。袖口解开起针时的锁针挑针后，按条纹边缘A编织。编织终点从反面做伏针收针。插肩线、胁部、袖下做挑针缝合，腋下的针目做下针无缝缝合。下摆前后连起来与袖口一样编织。前门襟和衣领按条纹边缘B编织。在右前门襟留出扣眼。编织终点与下摆一样收针。最后在左前门襟和袋口缝上纽扣。

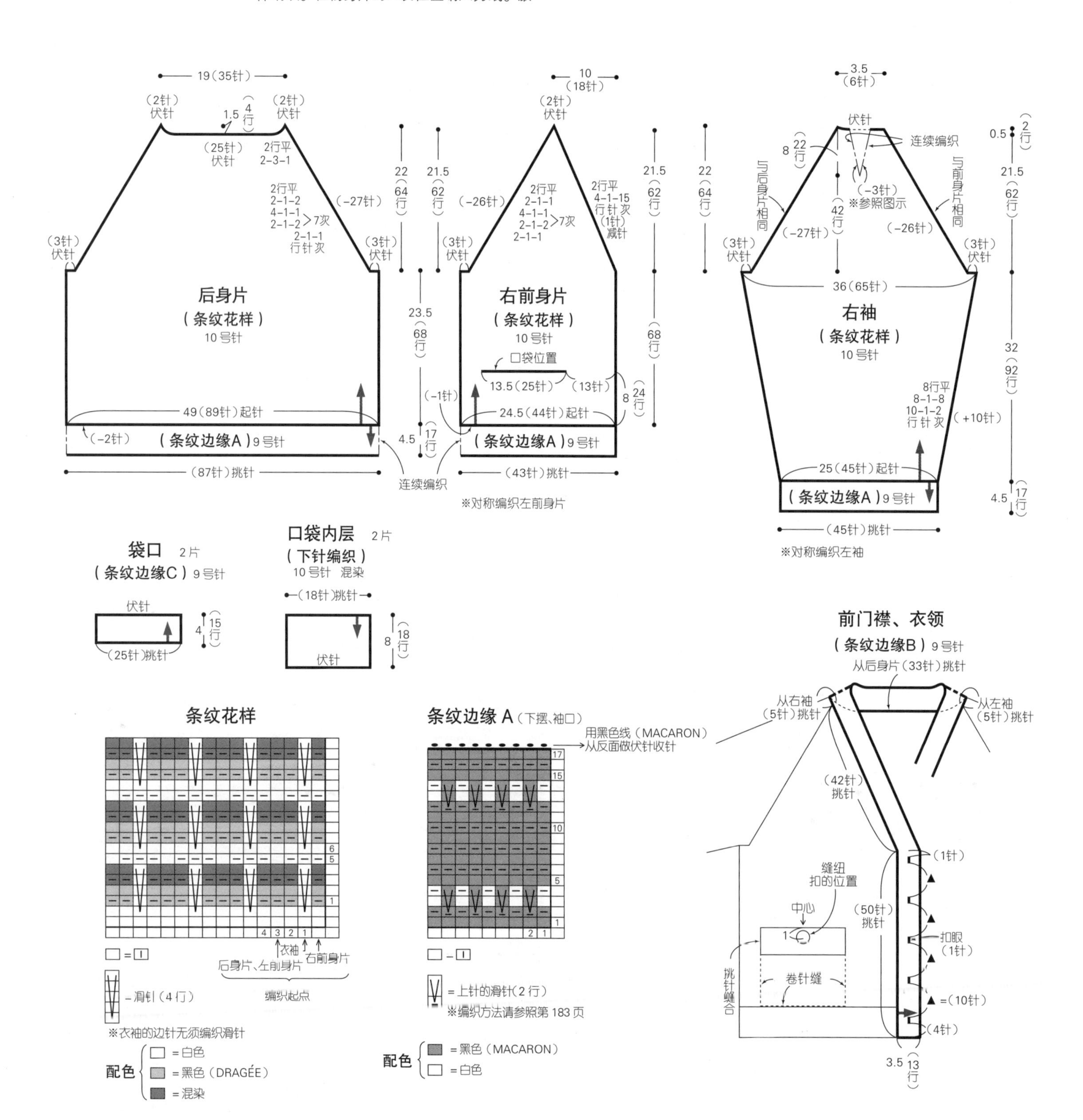

右袖插肩线和中心的减针

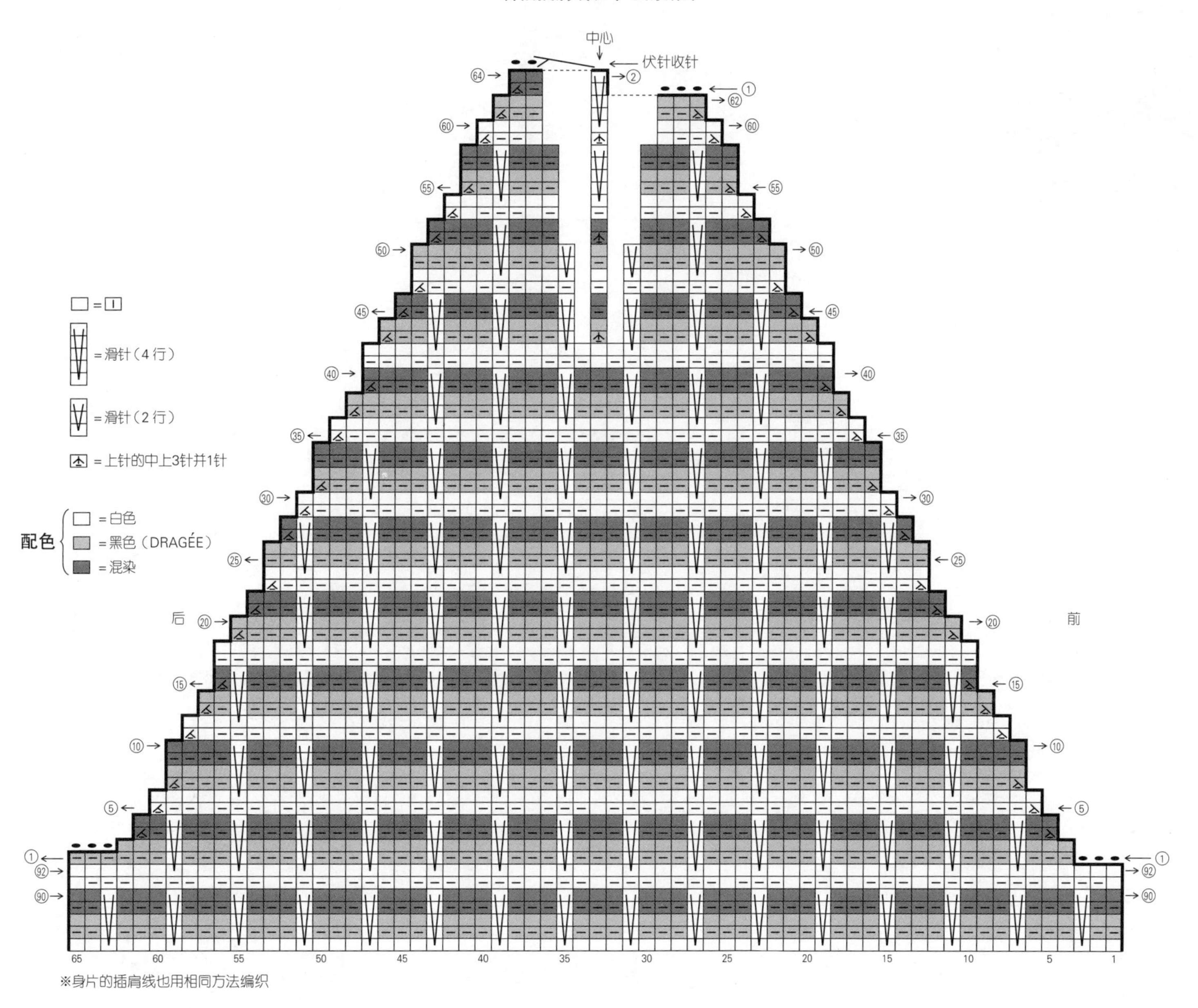

※身片的插肩线也用相同方法编织

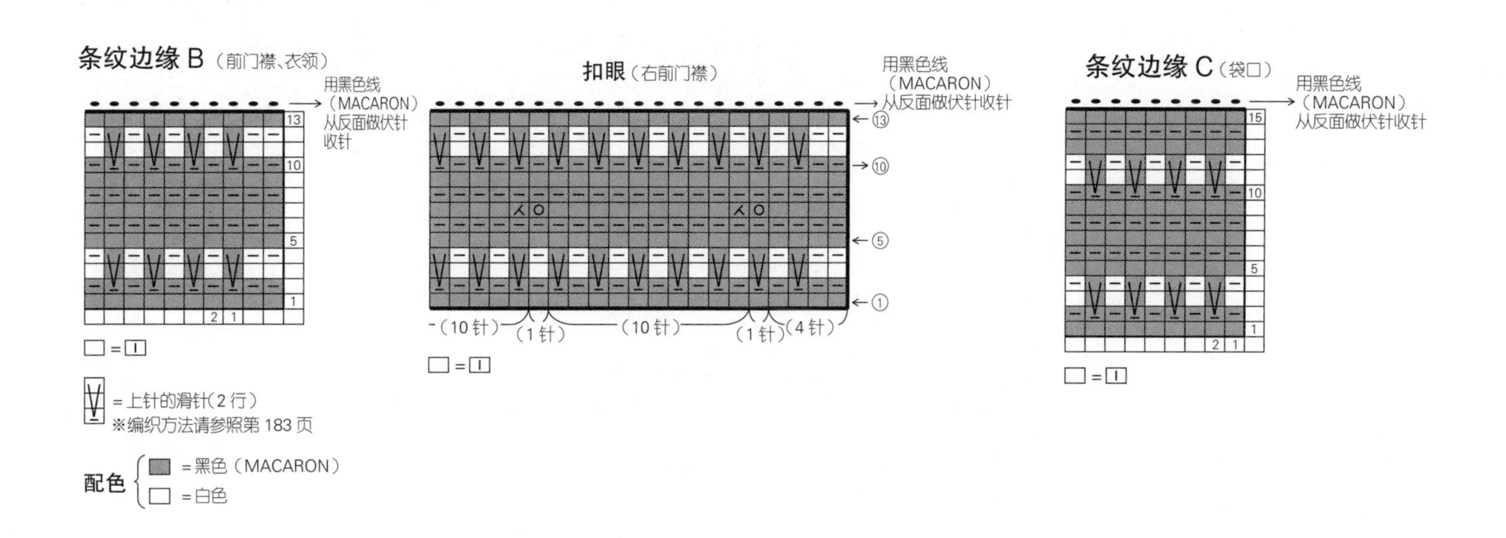

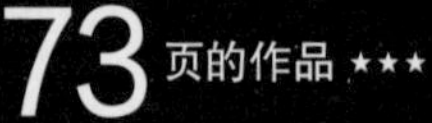

材料

Hobbyra Hobbyre Roving Ruru 紫色、粉红色和黄色系段染(43) 140g/4团

工具

钩针6/0号

成品尺寸

颈围118.5cm，宽19.7cm

编织密度

花片的大小请参照图示

10cm×10cm面积内：编织花样21.5针，13.5行

编织要点

●钩织并连接花片。从第2片花片开始，在最后一行一边钩织一边与相邻花片做连接。接着从连接花片上挑针，按编织花样环形钩织。

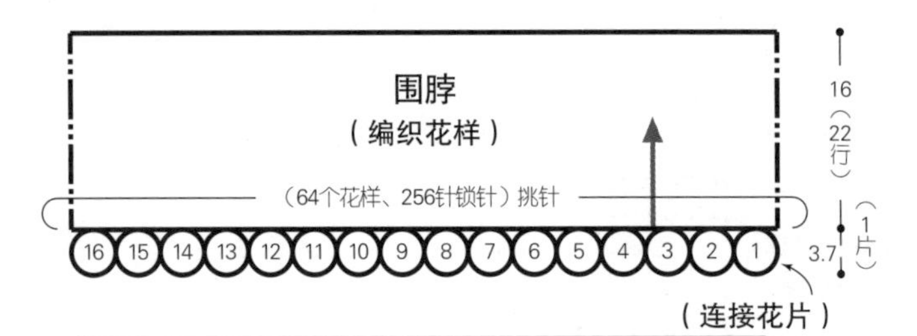

118.5 (32片)

※全部使用6/0号针钩织
※花片内的数字表示连接的顺序

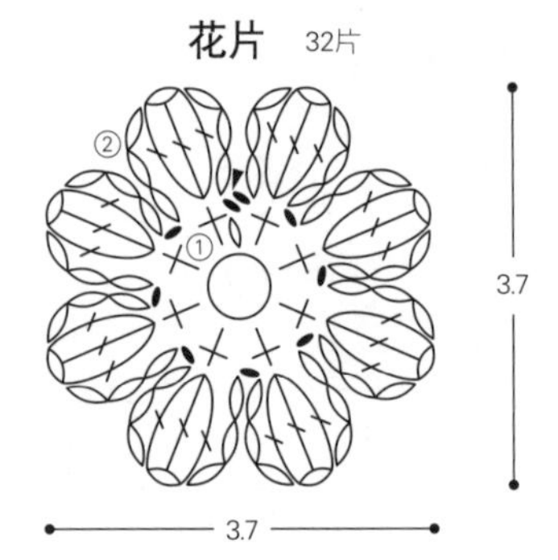

▷ = 加线
◀ = 剪线
= 3针长针的爆米花针

花片的连接方法

爆米花针收紧后取下钩针，
在待连接的爆米花针的收紧针目里插入钩针，
然后在刚才取下的针目里插入钩针拉出。
接着钩3针锁针

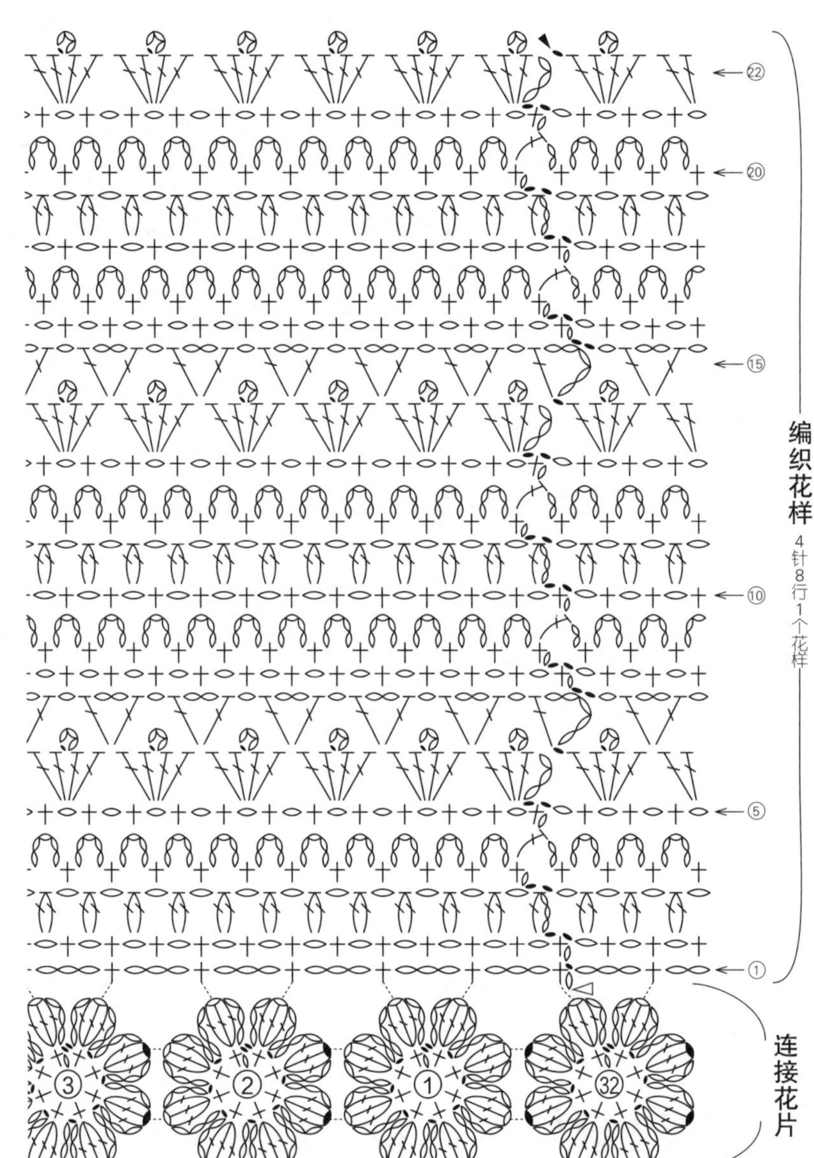

※第7、第15行的长针在前一行的长针与长针之间整段挑针钩织

5针长针的爆米花针

(从1针里挑针)

※作品中为3针长针

1 在1针里钩入5针长针，暂时取下钩针，在第1针长针以及刚才取下的线圈里插入钩针。

2 将刚才取下的线圈从第1针里拉出。

3 再钩1针锁针收紧。5针长针的爆米花针(从1针里挑针)就完成了。

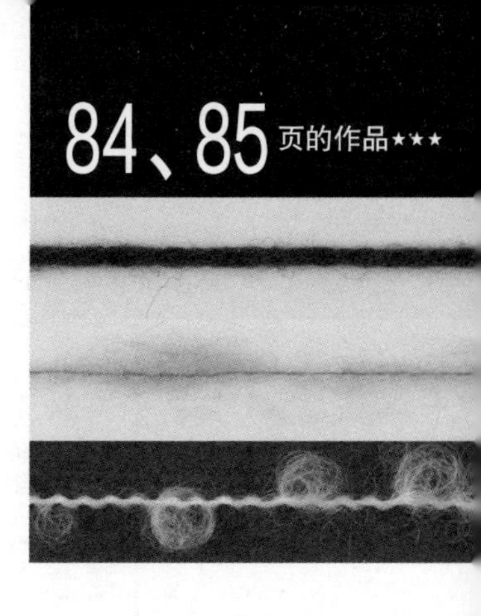

材料

[围脖A] NV YARN NAMIBUTO 葱绿色(9) 65g/2团，LOOP 深褐色(204)20g/1团

[围脖B] NV YARN NAMIBUTO 葱绿色(9) 65g/2团，MOHAIR 橙色(104)、金黄色(106) 各15g/各1团

[露指手套] NV YARN NAMIBUTO 葱绿色(9) 35g/1团

工具

编织机Amimumemo（6.5mm），钩针3/0号

成品尺寸

[围脖A、B] 颈围60cm，宽20cm

[露指手套] 手掌围18cm，长17.5cm

编织密度

10cm×10cm面积内：下针编织15针、15行（D=10），18针、20行（D=8），20针、28行（D=7）；编织花样A 25针、25行

编织花样B的1个花样12针4cm，10cm28行

编织要点

●围脖A、B…另色线起针后开始编织，织片a、b用指定的线做下针编织，织片c按编织花样A编织。参照组合方法做下针无缝缝合，连接成环形。

●露指手套…另色线起针后，做下针编织和编织花样B。侧边留出拇指孔做挑针缝合。最后在编织起点与编织终点环形钩织边缘整理形状。

围脖的组合方法（通用）

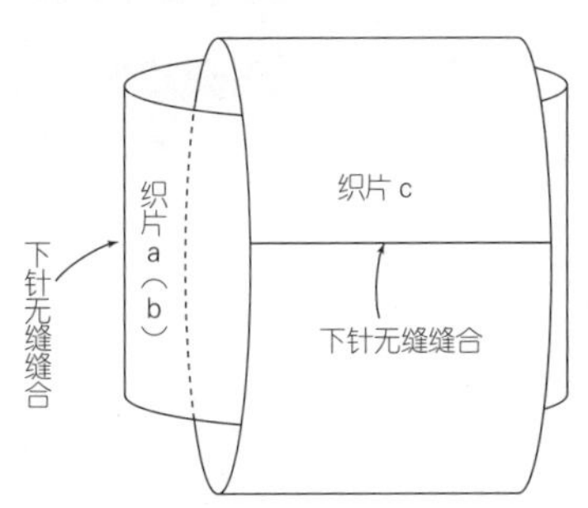

※围脖A将织片a、围脖B将织片b做下针无缝缝合，连接成环形。
接着将织片c穿入织片a（b）做下针无缝缝合

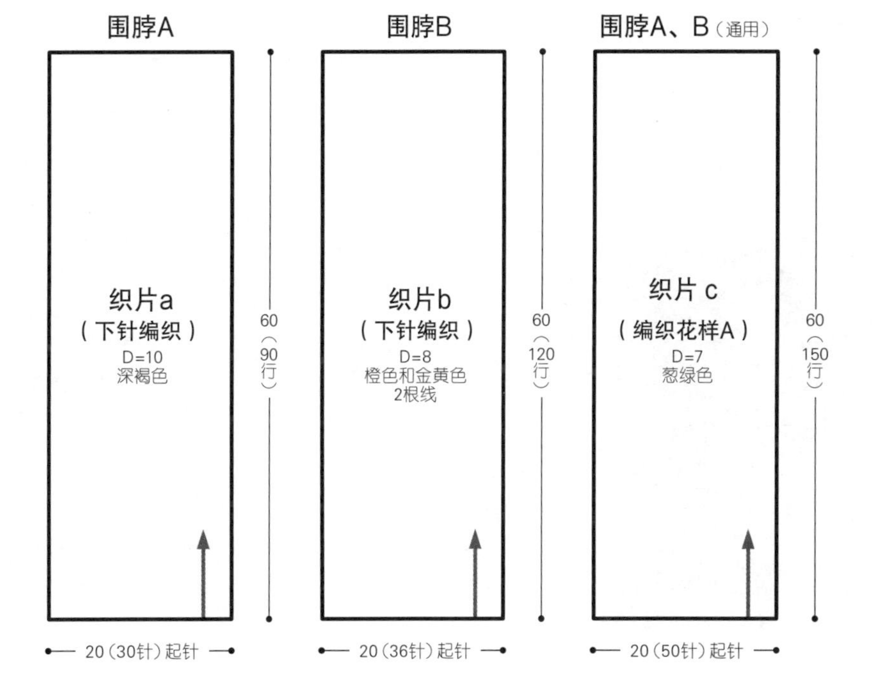

编织花样A

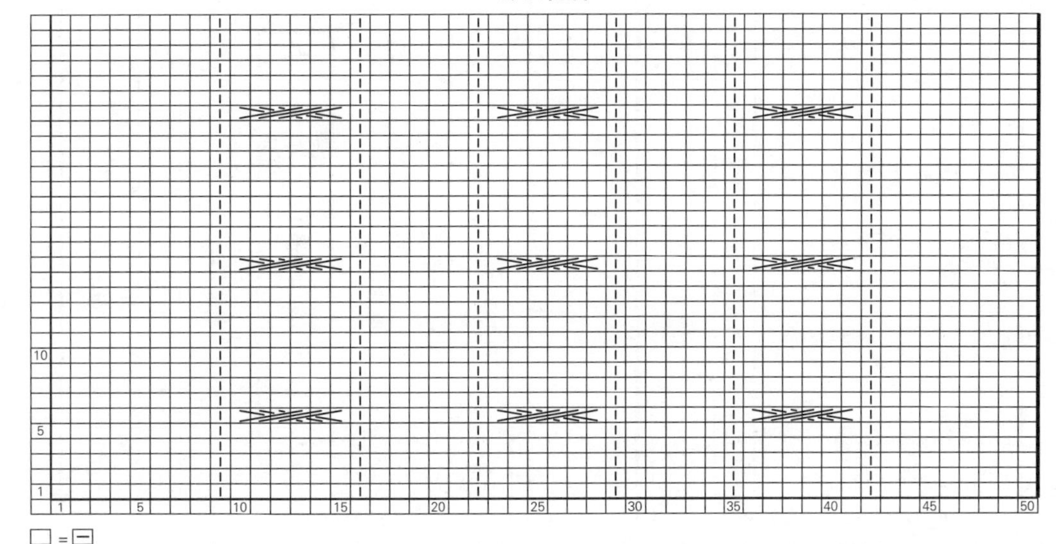

□=⊟

※符号图表示的是挂在编织机上的状态

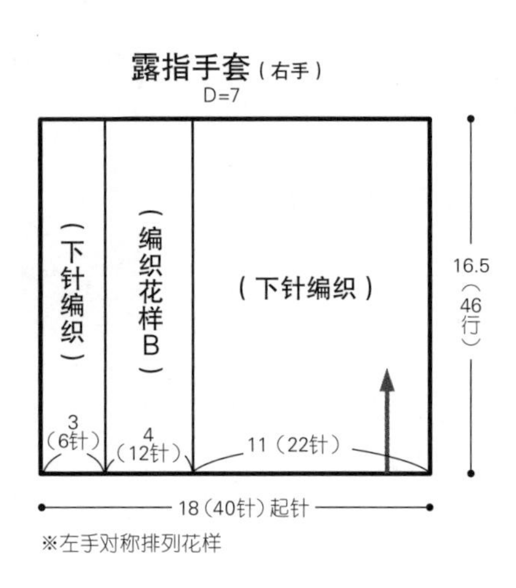

※左手对称排列花样

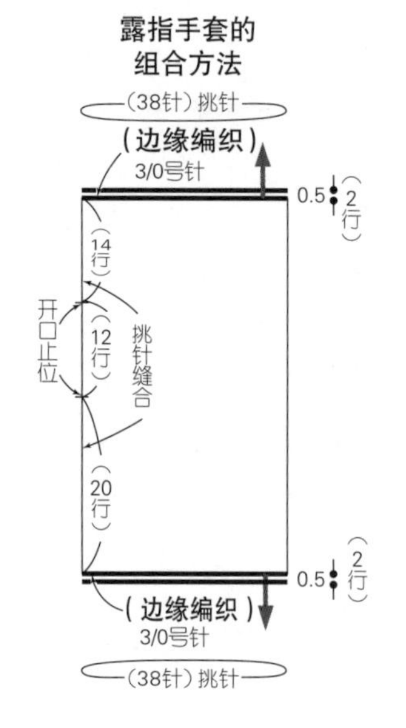

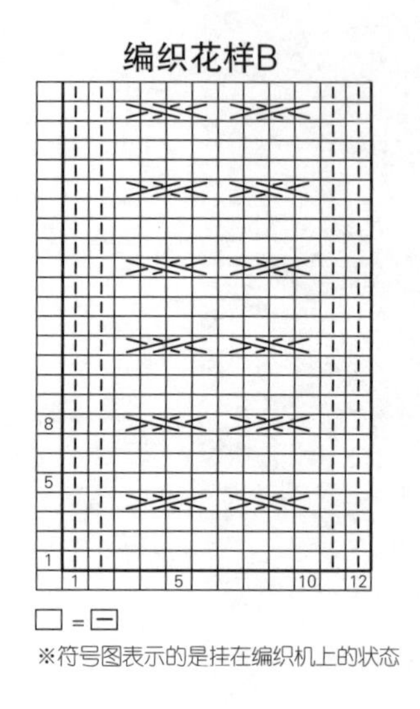

※符号图表示的是挂在编织机上的状态

边缘编织

② ①

► = 剪线

材料

芭贝 British Eroika 米色(143) 540g/11团

工具

编织机 Amimumemo（6.5mm）

成品尺寸

胸围102cm，衣长62cm，连肩袖长70.5cm

编织密度

10cm×10cm面积内：下针编织16针，20行；编织花样A、A'均为1个花样10针4.5cm，10cm20行；编织花样B的1个花样17针8cm，10cm20行

编织要点

●身片、衣袖…单罗纹针起针后，开始编织单罗纹针。接着参照图示，做下针编织和编织花样A、A'、B，因为编织机是看着反面编织，所以要注意花样的排列。前身片减1针。花样的编织方法参照第87页。肩部、前领窝做引返编织，在袖下加针。

●组合…衣领与身片一样起针后编织单罗纹针。右肩、衣领与身片之间、左肩、衣袖与身片之间分别做机器缝合。胁部、袖下、衣领侧边做挑针缝合。

86页的作品★★★

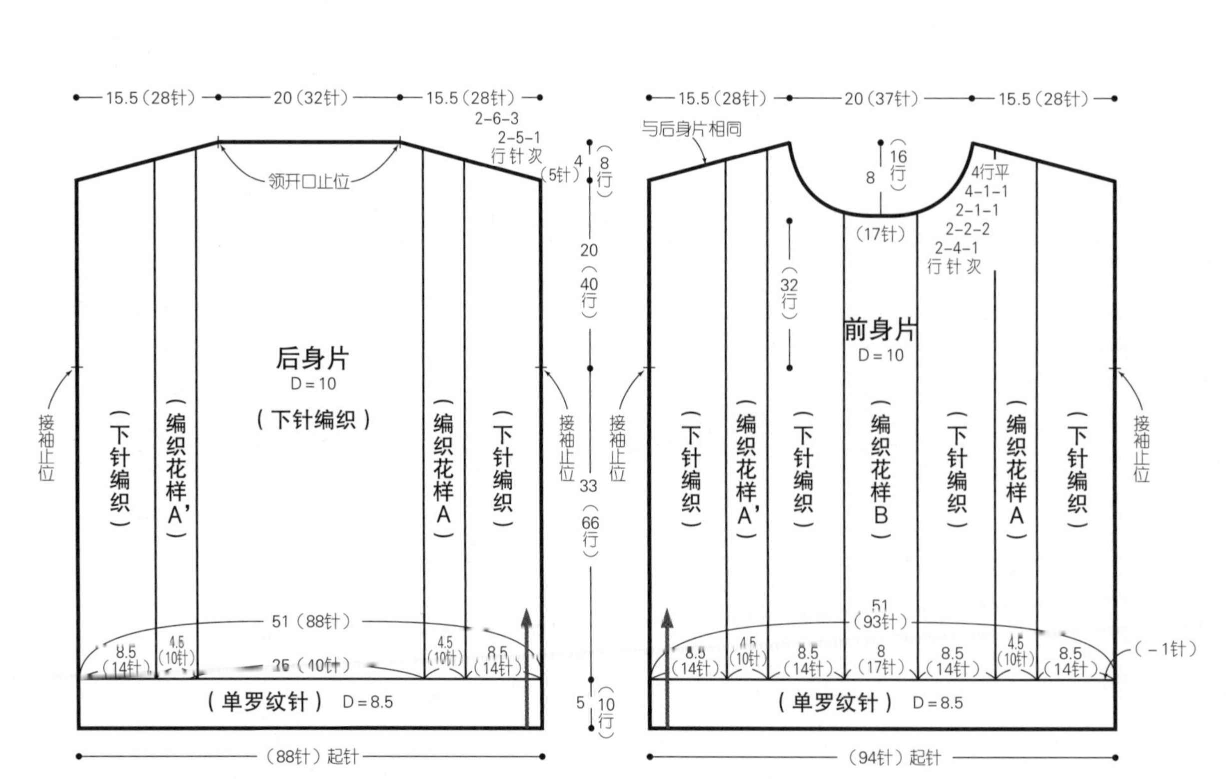

※准备起针的3行用D=8编织

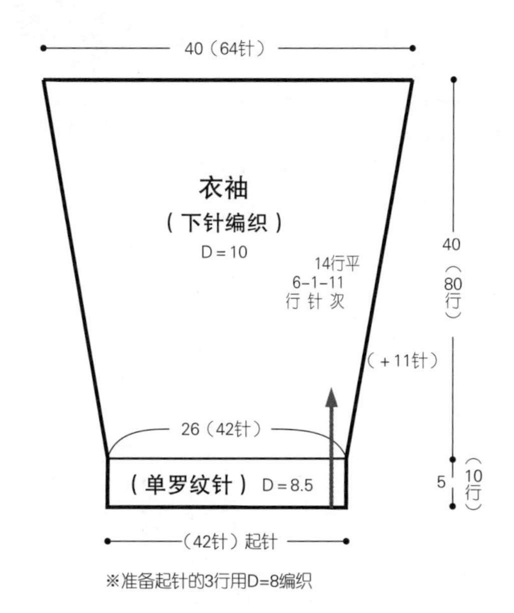

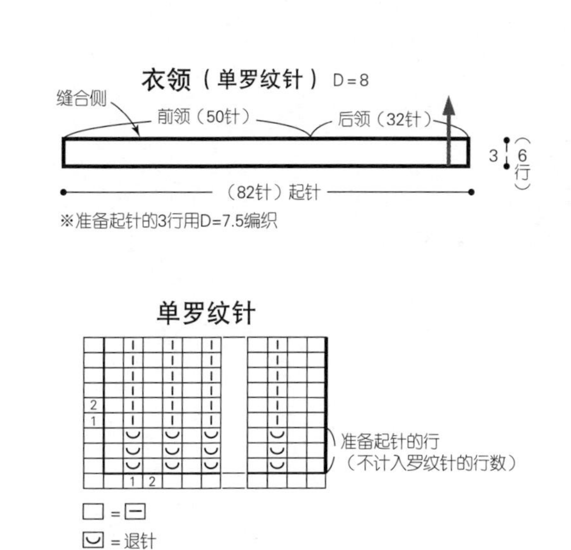

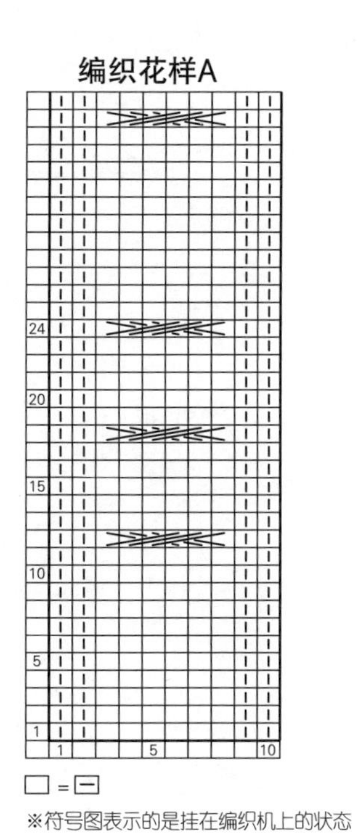

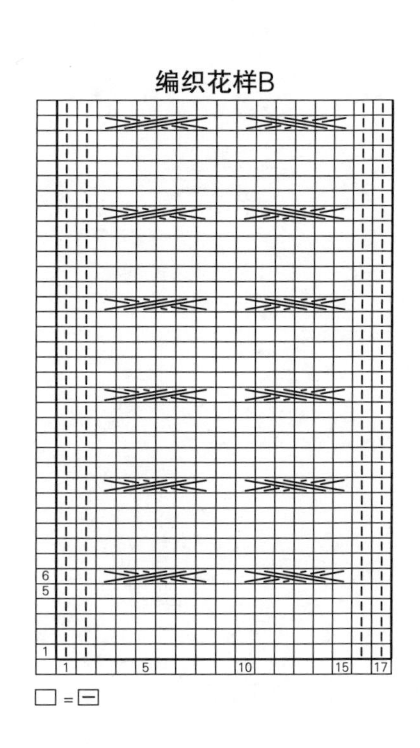

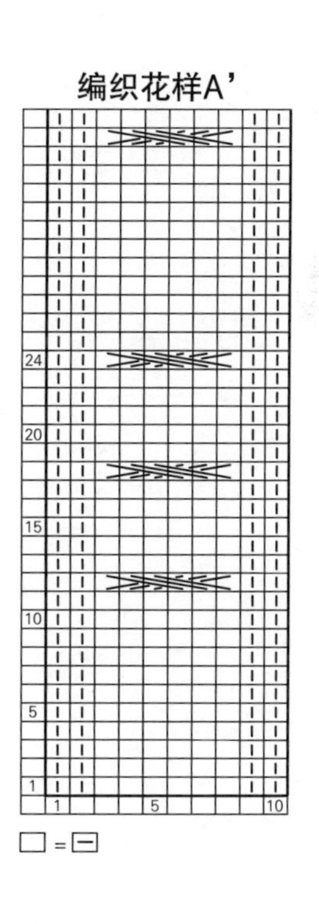

□＝⊟

※符号图表示的是挂在编织机上的状态

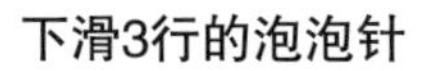

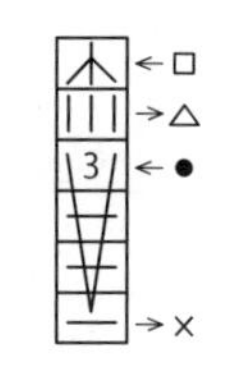

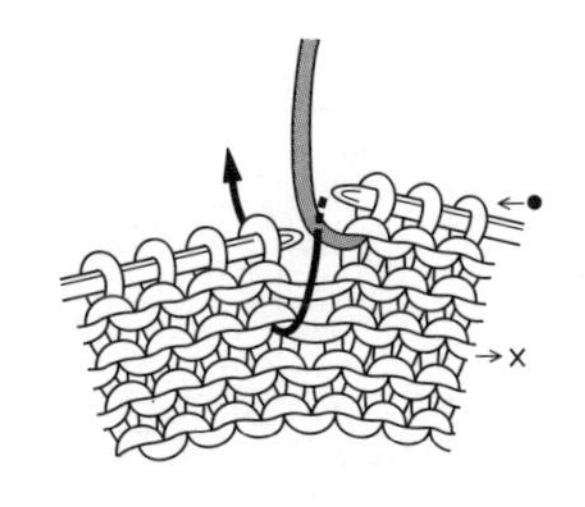

1 如箭头所示在前3行（×）的针目里插入右棒针，拉出高度编织下针。

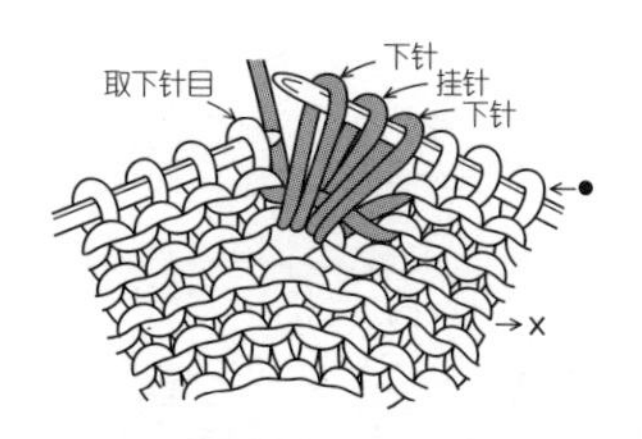

2 挂针，在同一个针目里插入棒针编织下针，取下左棒针上的针目解开。

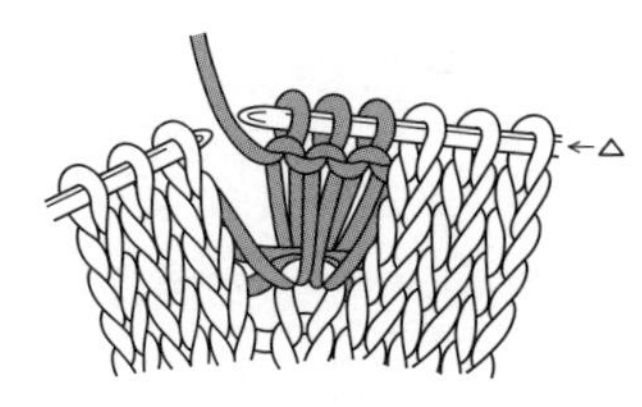

3 下一行从反面照常编织上针。

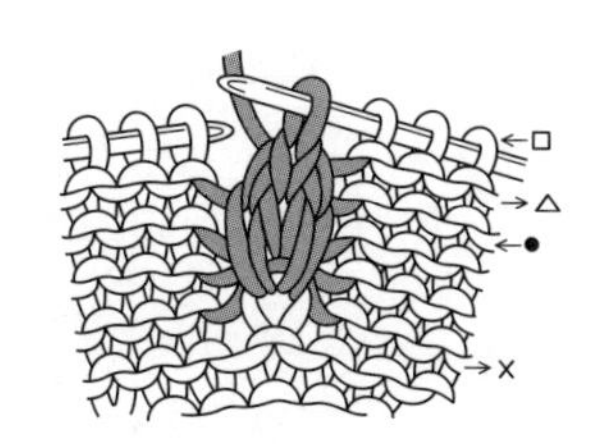

4 图中口标记行，在这3针里编织中上3针并1针，完成。

材料

DMC Cordonnet Special 80号 白色(BLANC);纸包花艺铁丝35号;定型喷雾剂(NEO Rcir);黏合剂;液体染料(Roapas Rosti),使用颜色请参照下页表

工具

蕾丝针14号

成品尺寸

参照图示

编织要点

●钩织花朵、花蕾、叶子。用指定颜色染色后晾干,整理形状,再喷上定型喷雾剂。参照组合方法,在花朵、花蕾、叶子上插入铁丝,一边涂上黏合剂一边在铁丝上绕线制作茎部。给茎部以及用于制作花粉的线染色,茎部晾干后喷上定型喷雾剂。将用于制作花粉的线剪碎,用黏合剂粘贴在花朵的中心。

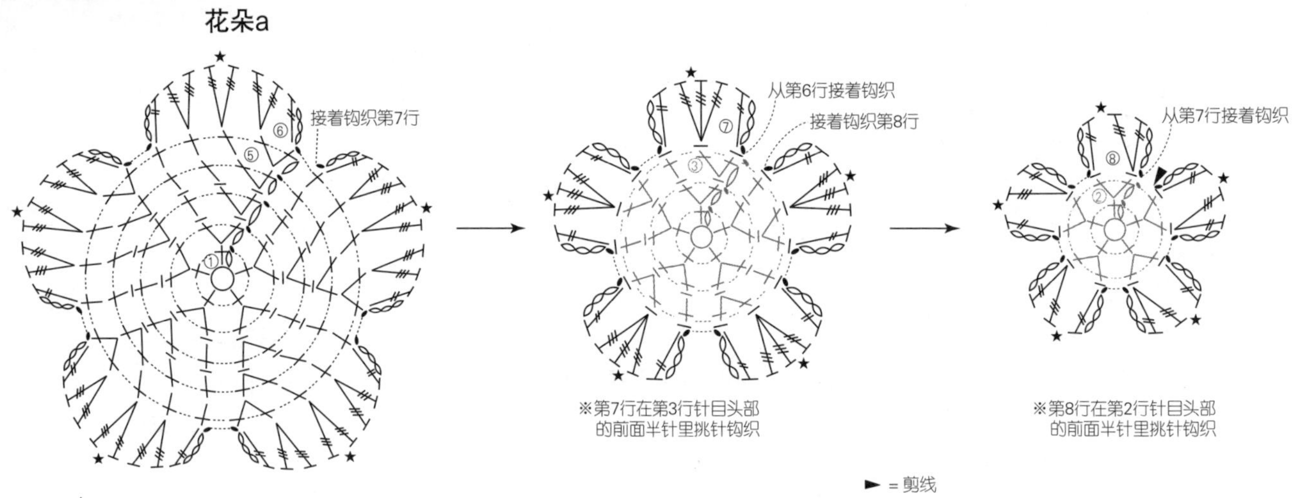

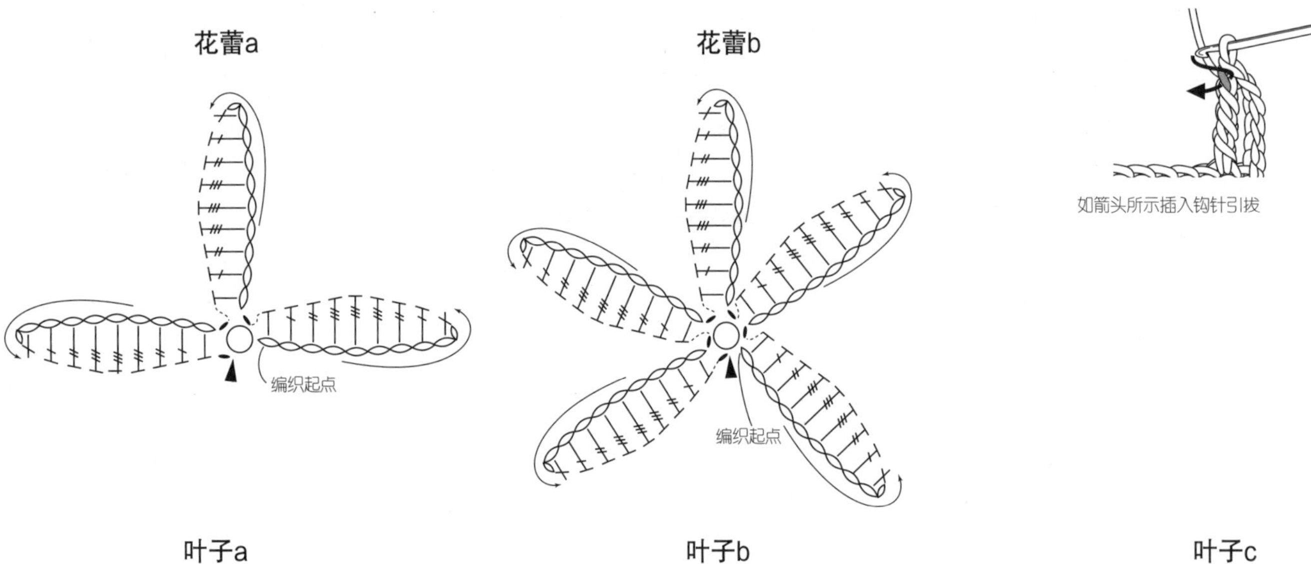

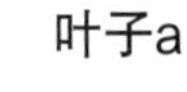

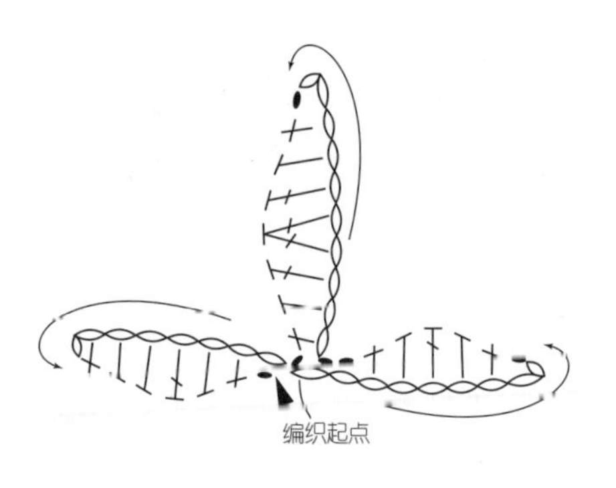

叶子b

编织起点

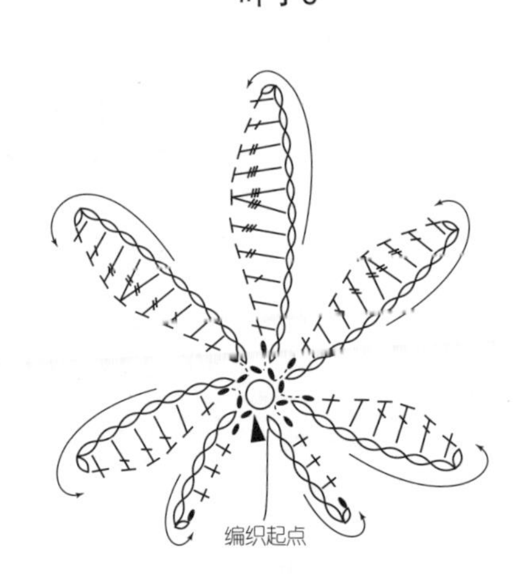

花朵b

④ ③ ② ①

★ = 在3卷长针的根部1根线里挑针引拔

► = 剪线

部件的数量和使用染料的颜色

	A右	A左	B右	B左
花朵a+叶子a	3枝	4枝	3枝	
花朵b+叶子a				5枝
花蕾a+叶子a	2枝	1枝	1枝	1枝
花蕾b+叶子a			1枝	
叶子b		1片		
叶子c	2片	1片		
花朵、花蕾的颜色	红色 黄色 绿色	红色 黑色 紫色	黑色 紫色	红色 黑色 紫色 绿色
叶子的颜色	绿色 黄色	绿色 黄色 黑色	绿色 黄色 红色	绿色 黄色 黑色
花粉的颜色	黄色			

※全部使用14号蕾丝针钩织

组合方法

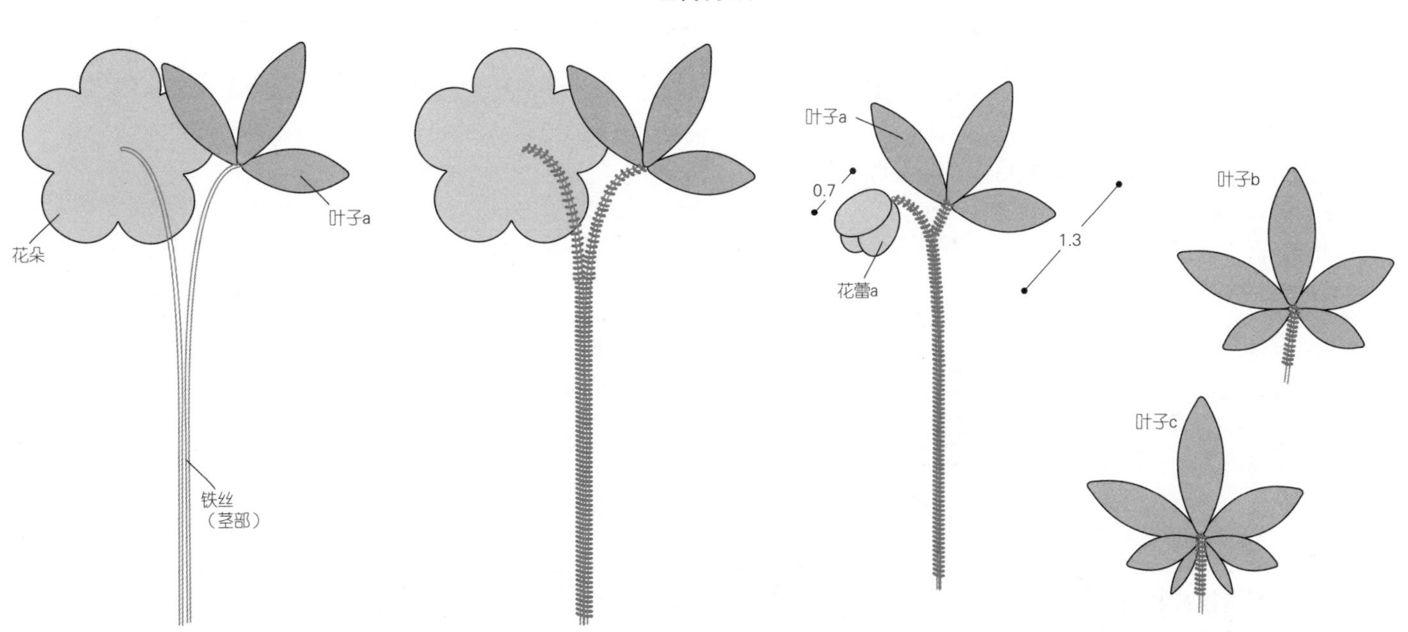

①分别在花朵（花蕾）的后侧中心和叶子的中心穿入铁丝，对折。

②分别在铁丝上一边涂上黏合剂一边绕线，中途将所有铁丝并在一起，用相同方法继续绕线。

※花蕾+叶子和叶子b、c也用相同方法组合

Photographers: Shigeki Nakashima, Hironori Handa, Toshikatsu Watanabe, Bunsaku Nakagawa, Noriaki Moriya
Original Japanese edition published in Japan by NIHON VOGUE Corp.
Simplified Chinese translation rights arranged with BEIJING Vogue Dacheng Craft Co., Ltd.

备案号：豫著许可备字-2023-A-0064

图书在版编目（CIP）数据

毛线球. 48，致敬经典的冬日编织 / 日本宝库社编著；蒋幼幼，如鱼得水译. —郑州：河南科学技术出版社，2024.3
ISBN 978-7-5725-1489-0

Ⅰ. ①毛…　Ⅱ. ①日…　②蒋…　③如…　Ⅲ. ①绒线－手工编织－图解　Ⅳ. ①TS935.52-64

中国国家版本馆CIP数据核字(2024)第058004号

出版发行：河南科学技术出版社
地址：郑州市郑东新区祥盛街27号　　邮编：450016
电话：（0371）65737028　　65788613
网址：www.hnstp.cn
策划编辑：仝广娜
责任编辑：梁　娟　葛鹏程
责任校对：刘逸群　王晓红
封面设计：张　伟
责任印制：徐海东
印　　刷：北京盛通印刷股份有限公司
经　　销：全国新华书店
开　　本：635 mm × 965 mm　1/8　　印张：24　　字数：370千字
版　　次：2024年3月第1版　　2024年3月第1次印刷
定　　价：69.00元

如发现印、装质量问题，影响阅读，请与出版社联系并调换。